第1編

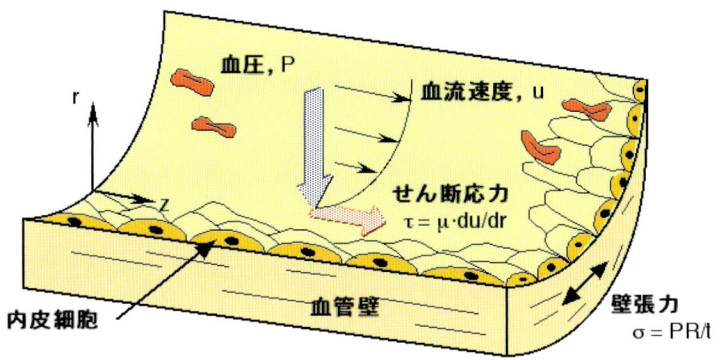

図 1.1　血管壁を構成する細胞に作用する外力

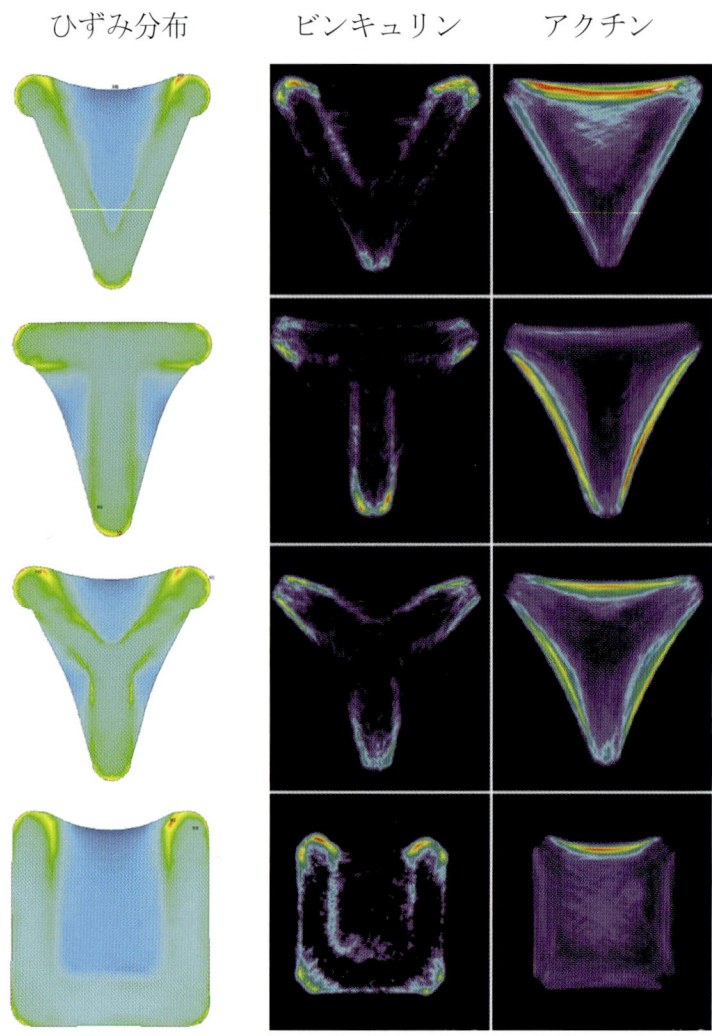

図 2.13 ストレスファイバと焦点接着斑および細胞内ひずみの空間分布の関係．左側の列は，アルファベット文字形状を持つ構造物が一様に収縮したとしたときに構造解析で得られるひずみ分布（文献[15]より引用改変）．暖色系の色ほど高いひずみ値を示す．本物の細胞（右側の二つの列）を観察すると，ひずみが大きいと予測された箇所に細胞接着斑タンパク質の一つビンキュリンが現れる．またひずみが小さい場所にアクチン(ストレスファイバの主成分)が現れる．

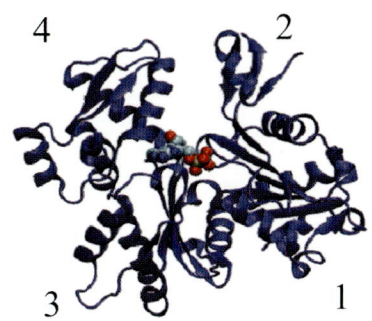

図 3.4　アクチン単量体の分子構造．ヌクレオチド(ATP または ADP)がドメイン間の溝に結合．

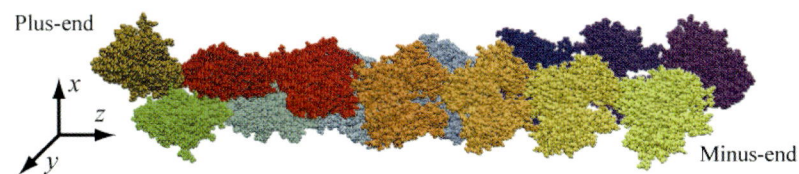

図 3.7　14 個のアクチンサブユニットからなるアクチンフィラメント分子モデル

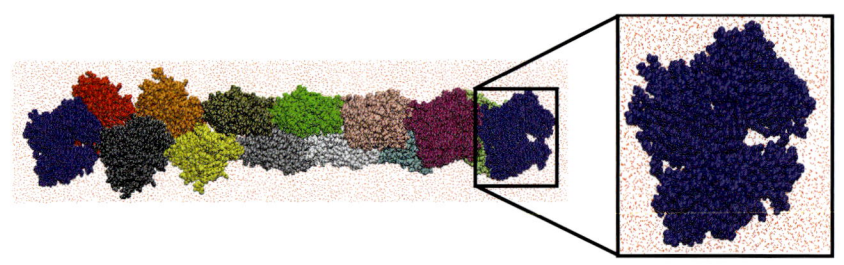

図 3.9 分子動力学シミュレーションにおけるアクチンフィラメントの分子構造モデル

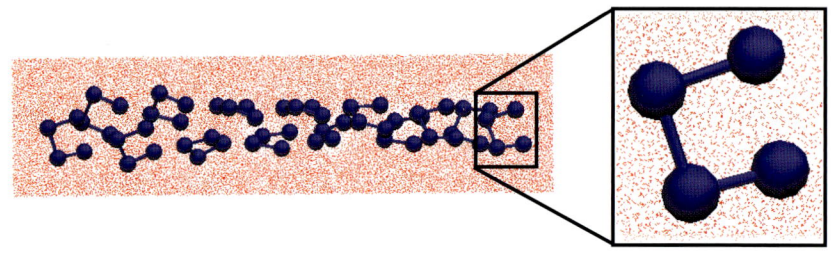

図 3.10 粗視化分子動力学シミュレーションにおけるアクチンフィラメントモデル

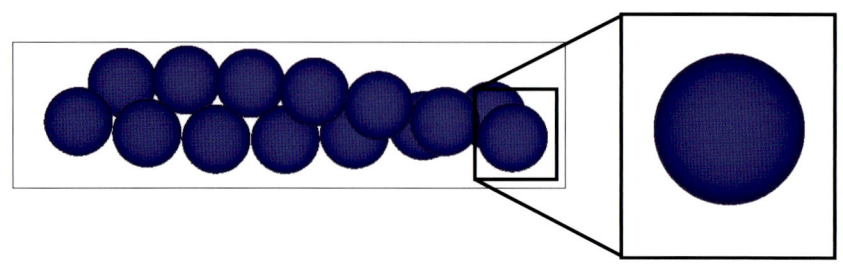

図 3.11 ブラウン動力学法におけるアクチンフィラメントモデル

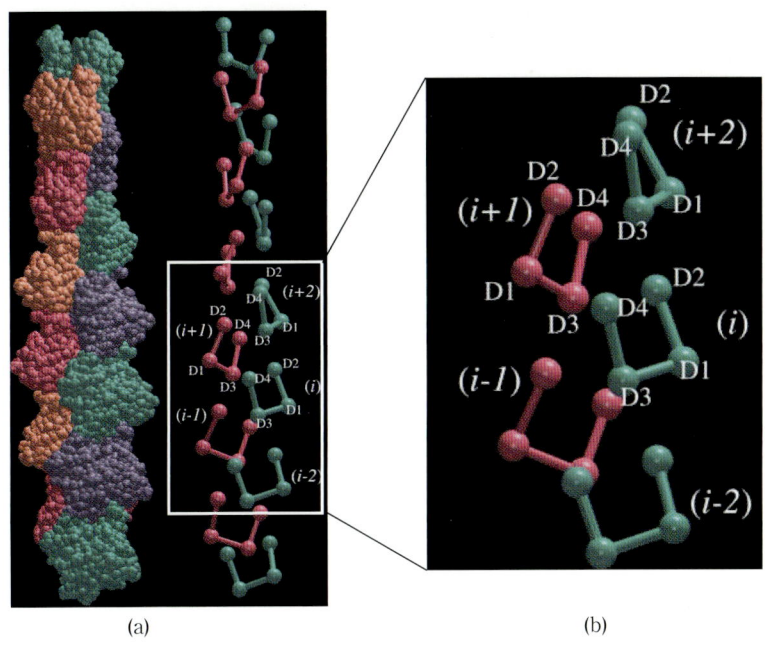

図 3.12 アクチンフィラメントモデル：(a) 全原子モデルと粗視化モデル，(b) 粗視化モデルの拡大図．文献[27]から改変．

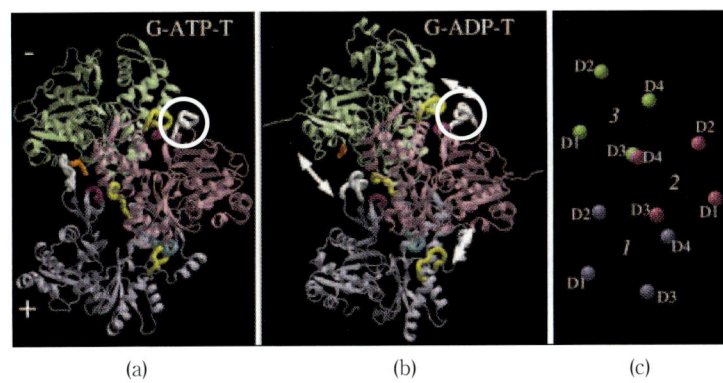

図 3.13 アクチン分子の構造：(a) ATP 結合アクチン単量体, (b) ADP 結合アクチン単量体, (c) 粗視化アクチン 3 量体モデル．文献[26]から改変

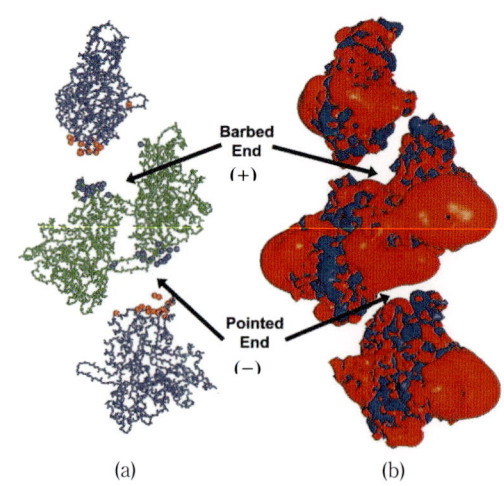

図 3.14 アクチン分子の重合モデル：(a) 原子スケールモデル　(b) 静電ポテンシャル等値面図．文献 [36] から改変

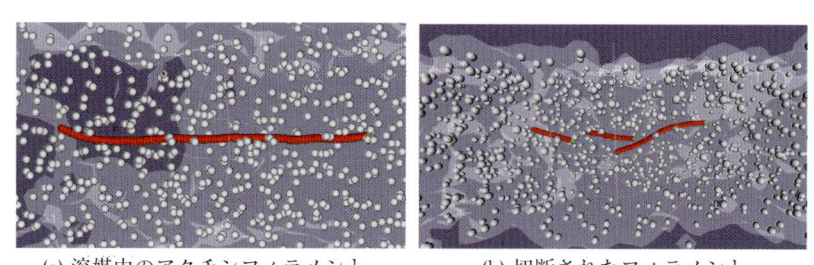

(a) 溶媒中のアクチンフィラメント　　　　(b) 切断されたフィラメント

図 3.17 溶媒中で熱ゆらぎによる変形を伴うフィラメントの挙動（Cellon, VCAD Solutions 社による表示）

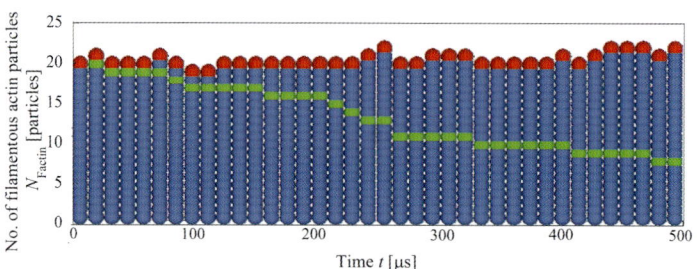

図 3.18 アクチンフィラメント内での粒子の流れ [37]

第 2 編

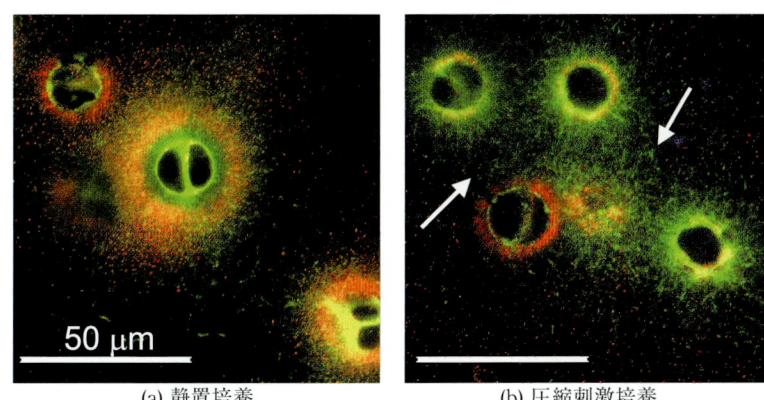

(a) 静置培養   (b) 圧縮刺激培養

図 1.2　軟骨細胞・アガロースゲル複合体培養試験における免疫染色画像
（青：タイプ I コラーゲン，緑：タイプ II コラーゲン，赤：コンドロイチン硫酸）[20]

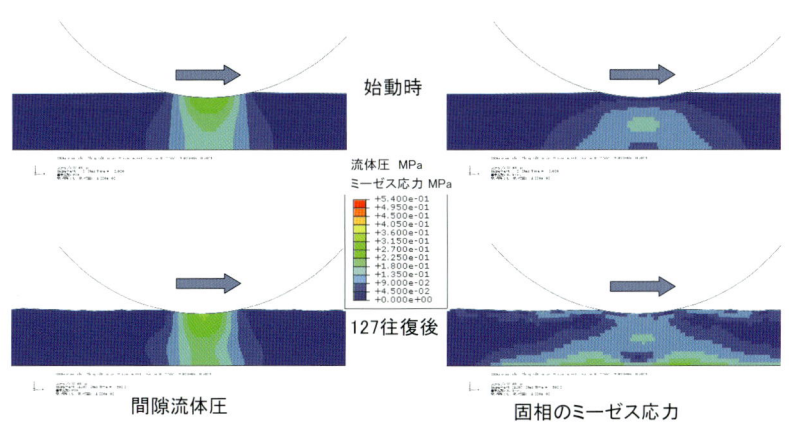

図 3.15　軟骨上を接触域が移動する場合の間隙流体圧と固相ミーゼス応力[41]

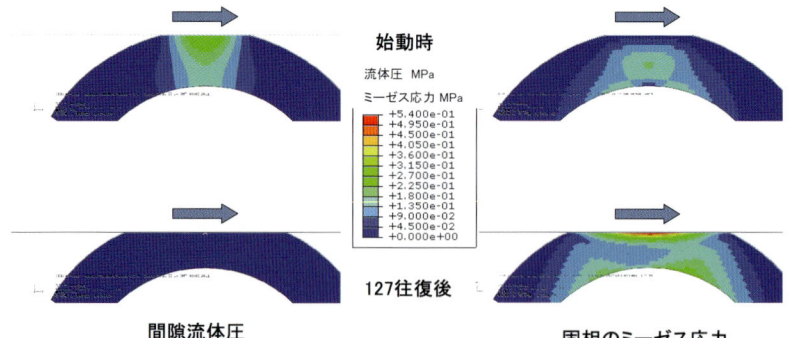

図 3.16　軟骨上の接触域が移動しない場合の間隙流体圧と固相ミーゼス応力[41]

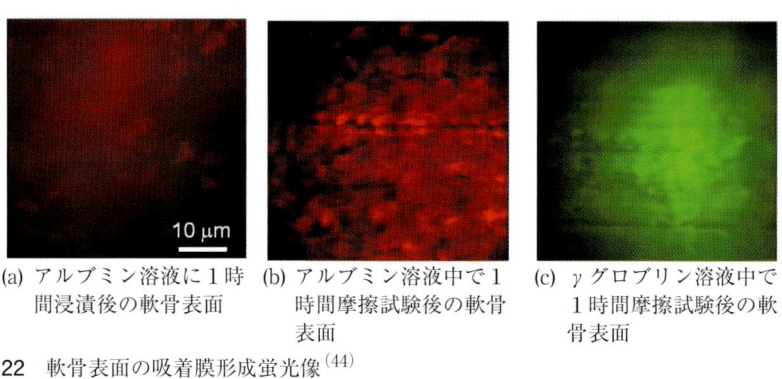

(a) アルブミン溶液に1時間浸漬後の軟骨表面
(b) アルブミン溶液中で1時間摩擦試験後の軟骨表面
(c) γグロブリン溶液中で1時間摩擦試験後の軟骨表面

図 3.22　軟骨表面の吸着膜形成蛍光像[44]

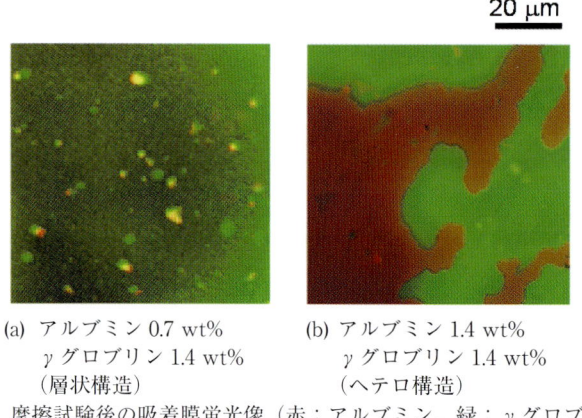

(a) アルブミン 0.7 wt%　γグロブリン 1.4 wt%（層状構造）
(b) アルブミン 1.4 wt%　γグロブリン 1.4 wt%（ヘテロ構造）

図 3.42　摩擦試験後の吸着膜蛍光像（赤：アルブミン、緑：γグロブリン）[43]

機械工学最前線

バイオメカニクスの最前線

日本機械学会 ── 編

佐藤正明, 出口真次, 安達泰治, 村上輝夫, 廣川俊二 ── 著

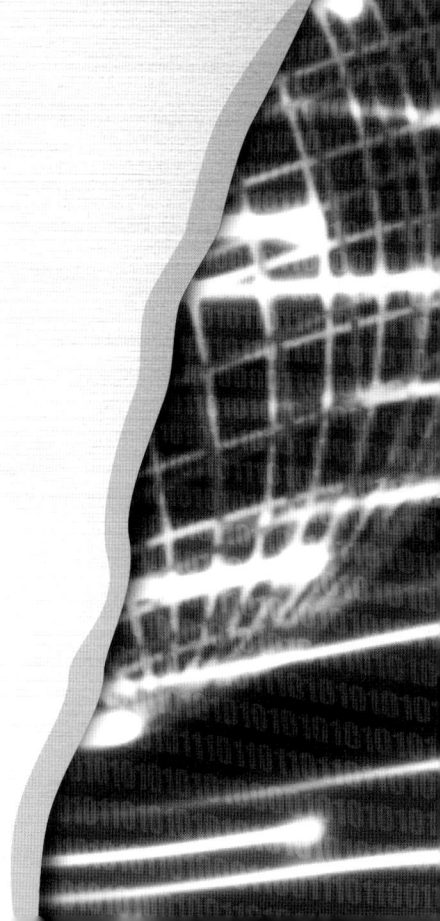

共立出版

「機械工学最前線」刊行の趣旨

　20世紀から今日にかけて科学技術の進歩にはめざましいものがあり，21世紀にはその進展がますます加速しているようです．機械工学の分野も例外ではありません．このような状況にあって，各分野はますます細分化され，最先端の現状を捉えるのは容易なことではありません．

　機械工学各分野の最先端の概要を伝える書籍はこれまでも多数刊行されておりますが，そのほとんどが基礎的な知識を持たずに読める入門書レベルのものです．専門的な内容を持っていても分厚い専門書であるか，1つのテーマに割り当てられているページ数が限られているものがほとんどのようです．高度で専門的な内容を知りたい場合には分厚い外国語の専門書や学術論文に取り組まざるを得ません．そのため，新しい研究分野に取り組もうとしている意欲的な学生や，専門的なレベルで新しい分野の概要を知りたい技術者の方々にとって適切な書籍が非常に少ないのが現状です．そこで学部高学年から大学院の学生，企業の技術者の方々を主な対象とした，手頃な分量で機械工学の最先端の内容を専門的なレベルで紹介する「機械工学最前線」シリーズを刊行することにいたしました．本シリーズで提供される最先端の内容が，新しい研究分野に取り組む足がかりや，新しい技術開発の一助となることを期待して刊行するものです．

　なお，本シリーズは日本機械学会出版事業部会にて企画され，各巻のテーマや執筆者などについては出版分科会において検討・採択されました．

平成19年2月
井門　康司

「機械工学最前線」シリーズ（日本機械学会編）
出版分科会

　　　主査　井門　康司　（名古屋工業大学）
　　　幹事　杉村　丈一　（九州大学）
　　　委員（五十音順）
　　　　　　井上　裕嗣　（東京工業大学）
　　　　　　押野谷康雄　（東海大学）
　　　　　　門脇　　敏　（長岡技術科学大学）
　　　　　　田中俊一郎　（東北大学）

まえがき

　機械工学は，社会のニーズと産業のめまぐるしい変化を背景として発展しています．その最先端の研究は，機械工学の既存の分野のなかで生まれるものもあれば，工学の他の分野や工学以外の分野との融合によって生まれ，いわゆる学際的な分野を形成しているものもあります．既刊の6巻で取り上げられた「運動と振動の制御」，「CFD」，「マイクロバブル」，「非破壊検査工学」，「安全工学」，「流体工学」はどちらかというと前者であるのに対して，本書の「バイオメカニクス」は後者の代表的なものです．

　「バイオ」という言葉から読者の皆さんは何を思い浮かべるでしょうか．農作物の品種改良や医薬品の開発，微生物を利用した汚水の浄化など，私たちの生活のなかにバイオテクノロジーはあふれています．脳科学や人工知能もバイオに関連するのかな，と考える人もいるでしょう．しかし，これらは機械工学とは少し違います．一方，機械工学では，生き物の機能やしくみに学ぶ，いわゆる生物模倣（biomimetics）の分野があります．身近な例は人工臓器や飛行機などがありますが，現在の人工心臓の材料や構造は人の心臓のものとは異なります．また，鳥や昆虫をみて空を飛びたいと夢見た人類は飛行機を発明しましたが，飛行機は鳥とは似ても似つかない形で独自の進化をとげています．

　ところで，人は身体トレーニングをすることで筋力をアップさせ，身体機能を向上させることができますが，どのようなメカニズムで成されているのでしょうか．バイオメカニクスは，このような生き物のナノからマイクロ，マクロにわたる力学のメカニズムに関する分野です．卑近な例ばかりで，執筆いただいた先生方に叱られそうですが，生き物の力学的なメカニズムが明らかになると，筋力アップできる機械が生まれるかもしれませんし，人工臓

器や飛行機が現在のものとは異なる形になるかもしれませんし，全く新しい機械の創造に寄与するかもしれません．

　本書では，バイオメカニクスの2つのテーマを取り上げました．第1編は，細胞のバイオメカニクスです．細胞が力に応答したり力を生みだすメカニズム，およびその細胞の構成成分の働きに関する最先端の研究です．第2編は，人工系による生体機能代替です．代表例として，生体関節と人工関節について，バイオメカニクスおよびバイオトライボロジーの最新の研究を紹介いただきます．本書によって，バイオメカニクスの分野に興味をもっていただくばかりでなく，学際的な分野のおもしろさと未来への可能性を感じていただければ幸いです．

　最後に，「最前線」にふさわしい最新の内容をわかりやすくご執筆いただいた5名の先生方，特にテーマの精選と内容のとりまとめにご尽力いただいた村上輝夫九州大学名誉教授，および出版にご協力いただいた多くの方々に厚く御礼申し上げます．

2013年1月

日本機械学会「機械工学最前線」シリーズ出版分科会
九州大学　杉村丈一

目　　次

第1編　細胞のバイオメカニクス　　　　　　　　　　　　　　　　　　　　　　　1

1　序論　　　　　　　　　　　　　　　　　　　　　　　　　　佐藤正明　　3

2　細胞による外力感知・適応のメカニズム　　　　　　　　出口真次　　7
　2.1　細胞の力応答　　　　　　　　　　　　　　　　　　　　　　　　　7
　　2.1.1　説明の構成　　　　　　　　　　　　　　　　　　　　　　　　7
　　2.1.2　「力」が細胞に及ぼす影響　　　　　　　　　　　　　　　　　　8
　　2.1.3　対象となる細胞および状態　　　　　　　　　　　　　　　　　10
　　2.1.4　力応答の重要性　　　　　　　　　　　　　　　　　　　　　　12
　2.2　細胞内メカノセンサと力学環境への適応　　　　　　　　　　　　　14
　　2.2.1　メカノセンサ　　　　　　　　　　　　　　　　　　　　　　　14
　　2.2.2　力学環境への適応　　　　　　　　　　　　　　　　　　　　　16
　　2.2.3　力学的ホメオスタシス　　　　　　　　　　　　　　　　　　　19
　2.3　ストレスファイバ　　　　　　　　　　　　　　　　　　　　　　　20
　　2.3.1　ストレスファイバの構造　　　　　　　　　　　　　　　　　　20
　　2.3.2　ミオシンII　　　　　　　　　　　　　　　　　　　　　　　　22
　2.4　ストレスファイバの収縮特性と細胞の力応答　　　　　　　　　　　24
　　2.4.1　ストレスファイバの等尺性収縮　　　　　　　　　　　　　　　24
　　2.4.2　収縮と構造の関係　　　　　　　　　　　　　　　　　　　　　26

	2.4.3	その他の重要な性質	*27*
	2.4.4	収縮特性に基づく力学的ホメオスタシスの機構	*29*
	2.4.5	力学的ホメオスタシスの意義	*33*
	2.4.6	ストレスファイバ再構築のその他の例	*34*
	2.4.7	細胞内ひずみとストレスファイバの分布の関係	*36*
2.5	最後に		*39*

3 アクチン細胞骨格のバイオメカニクス　　安達泰治　*41*

- 3.1 はじめに　*41*
- 3.2 分子モデルによるアクチンタンパク質の動的挙動解析　*42*
  - 3.2.1 分子動力学解析　*42*
  - 3.2.2 アクチン単量体の解析　*47*
  - 3.2.3 アクチンフィラメントの解析　*50*
- 3.3 粗視化モデルによるアクチンフィラメントの挙動解析　*52*
  - 3.3.1 粗視化分子の動力学解析　*52*
  - 3.3.2 アクチン分子の粗視化による力学解析　*56*
  - 3.3.3 溶媒の粗視化による重合過程の解析　*59*
  - 3.3.4 アクチン分子・溶媒の粗視化によるダイナミクス解析　*62*
- 3.4 連続体モデルによるアクチン細胞骨格の挙動解析　*64*
  - 3.4.1 連続体力学解析　*64*
  - 3.4.2 アクチンフィラメントの解析　*68*
  - 3.4.3 微視構造を考慮したアクチンフィラメントの連続体モデル　*71*
  - 3.4.4 アクチンネットワークの解析　*73*
- 3.5 おわりに　*75*
  - 3.5.1 アクチン細胞骨格のマルチスケールメカニクス研究の展開　*75*
  - 3.5.2 細胞力学シミュレーションへ研究への展開　*76*

第2編　生体系と人工系のバイオメカニクス　　　　　　　　　85

1　人工系による生体機能代替　　　　　　　　　　村上輝夫　87
- 1.1　はじめに 87
- 1.2　人工系による生体機能代替に関する留意点 89
- 1.3　臓器・組織の代替技術におけるバイオメカニクスの視点 ... 92
  - 1.3.1　人工心臓の臨床適用におけるバイオメカニクス 93
  - 1.3.2　再生組織におけるバイオメカニクス 94
  - 1.3.3　運動機能代替におけるバイオメカニクスの視点 96
  - 1.3.4　運動支援パワーアシストデバイスにおけるバイオメカニクス 98
  - 1.3.5　ヒト肩関節の筋骨格構成を規範としたロボット肩関節シミュレータ 100
  - 1.3.6　神経生理学的リハビリ用ロボット装具 104
- 1.4　おわりに 106

2　生体関節と人工関節のバイオメカニクス　　　廣川俊二　109
- 2.1　はじめに 109
- 2.2　生体膝関節のバイオメカニクス 111
  - 2.2.1　生体膝関節のキネマティクス 111
  - 2.2.2　筋・靱帯の協調作用 112
  - 2.2.3　関節に働く荷重の計算 117
- 2.3　人工膝関節のバイオメカニクス 121
  - 2.3.1　人工膝関節の分類 121
  - 2.3.2　体内における人工膝関節のキネマティクスの測定 .. 127
  - 2.3.3　深屈曲が可能な人工膝関節の開発 136
  - 2.3.4　膝関節荷重の in vivo 計測 141

- 2.4 生体・人工股関節のバイオメカニクス（脱臼のメカニズム）.. *146*
- 2.5 関節のバイオメカニクス研究に関する課題と展望....... *153*
  - 2.5.1 関節運動の正確な計測 *153*
  - 2.5.2 二関節筋の機能を組み込んだモデル解析の取組み... *156*
  - 2.5.3 in vivo 実験を代行する人工膝関節シミュレータの開発 *158*

3 生体関節と人工関節のバイオトライボロジー 村上輝夫 *167*

- 3.1 生体関節と人工関節におけるトライボロジー特性の重要性.. *167*
- 3.2 生体関節におけるトライボロジー *169*
  - 3.2.1 関節軟骨と関節液................ *169*
  - 3.2.2 生体関節の潤滑機構............... *173*
  - 3.2.3 生体関節におけるトライボ機能の維持について ... *192*
- 3.3 人工関節におけるトライボロジー *193*
  - 3.3.1 人工関節におけるトライボロジーの重要性 *193*
  - 3.3.2 人工関節における摩耗機構の把握と摩耗特性の評価 . *200*
  - 3.3.3 人工関節におけるトライボ特性の高機能・高性能化 . *202*
  - 3.3.4 人工軟骨の導入による潤滑モードの改善....... *210*
  - 3.3.5 人工関節は生体関節にどこまで接近するか？..... *217*

索　引 *227*

第1編　細胞のバイオメカニクス

【著者紹介】

第1章
佐藤正明（さとう・まさあき）
 1976 年 京都大学大学院工学研究科博士課程単位取得退学
 1976 年 筑波大学基礎医学系講師
 1990 年 筑波大学基礎医学系助教授
 1992 年 東北大学工学部教授
 現　在 東北大学大学院医工学研究科教授
     工学博士
 専　攻 血液循環系のバイオメカニクス
 主要著書 『生命工学』（共著，共立出版，2000）
    『機械工学便覧デザイン編 β8 生体工学』（共著，日本機械学会，2007）
    Cellular Mechanotransduction: Diverse Perspectives from Molecules to Tissue（共著，Cambridge University Press, 2010）

第2章
出口真次（でぐち・しんじ）
 2004 年 東北大学大学院工学研究科機械電子工学専攻博士課程修了
 2007 年 東北大学准教授
 現　在 東北大学大学院工学研究科バイオロボティクス専攻准教授
     博士（工学）
 専　攻 細胞バイオメカニクス，メカノバイオロジー，生物物理学，医工学

第3章
安達泰治（あだち・たいじ）
 1992 年 大阪大学大学院基礎工学研究科物理系専攻修士課程修了
     神戸大学工学部助手
 1997 年 10 月～1999 年 3 月 ミシガン大学医学部整形外科基礎研究室研究員
 1998 年 神戸大学工学部助教授
 2004 年 京都大学大学院工学研究科助教授（2007 年准教授）
 2006 年 4 月～2011 年 3 月 理化学研究所細胞シミュレーションチームリーダー
 現　在 京都大学再生医科学研究所教授（2010 年～）
     博士（工学）
 専　攻 バイオメカニクス，計算力学，連続体力学
 主要著書 『生体組織・細胞のリモデリングのバイオメカニクス』（共著，コロナ社，2003）

第1章 序論

佐藤正明

　我々の身体を構成している細胞は約60兆個といわれている．その中で，多くの細胞は何らかの形で基底膜などの基質に接着している．その他，赤血球，白血球，血小板，リンパ球などのように浮遊している細胞もある．この地球上において，身体は絶えず重力を受け，同時に身体運動によって動的に機能している．細胞も例外ではなく，多くの細胞には動的な力が作用していると同時に，いくつかの細胞では能動的に力を発生している．

　例えば，図1.1は血管壁の内腔面と断面を模式的に示したものである．血管壁を構成する内皮細胞（最内層に一層に存在）や平滑筋細胞（壁内に存在）には，いろいろな力が作用している．内皮細胞は，血液の流れによるせん断応力，血圧による静水圧，血圧変動に伴う血管壁の伸縮による張力などの力学刺激を受けて機能している[1-4]．また，平滑筋細胞は壁の伸縮による張力変化を受けると同時に，それ自身能動的に収縮・弛緩して血管壁の径を制御している．平滑筋細胞は壁内において組織液の流れによるせん断応力を受けていることも指摘されている[5]．

　あるいは，骨組織においても図1.2に示すように，骨内には骨芽細胞，骨細胞などの細胞が存在し，それぞれの細胞が骨に作用する外力や骨内の組織液の流れによるせん断応力を受けてお互いに協調的に機能していることが指摘されている[6,7]．しかしながら，それぞれの細胞がそれぞれ単独にどのように機能し，あるいはお互いにどのように協調しているのか，そのメカニズムについてはほとんど不明である．

　このほか，我々の身体内の細胞を想定してみると，内耳の有毛細胞は力を電気信号に変換して聴覚における信号増幅に寄与し，皮膚のパチニ小体，マイスナー小体は圧力に対して速やかに反応し，手指の運動制御における外部

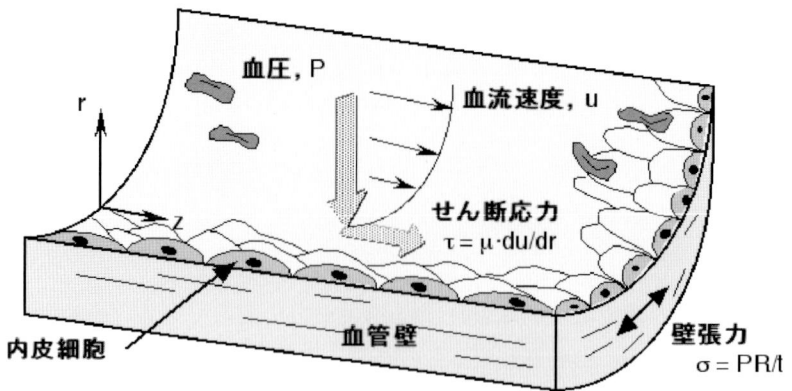

図 1.1 血管壁を構成する細胞に作用する外力（口絵参照）

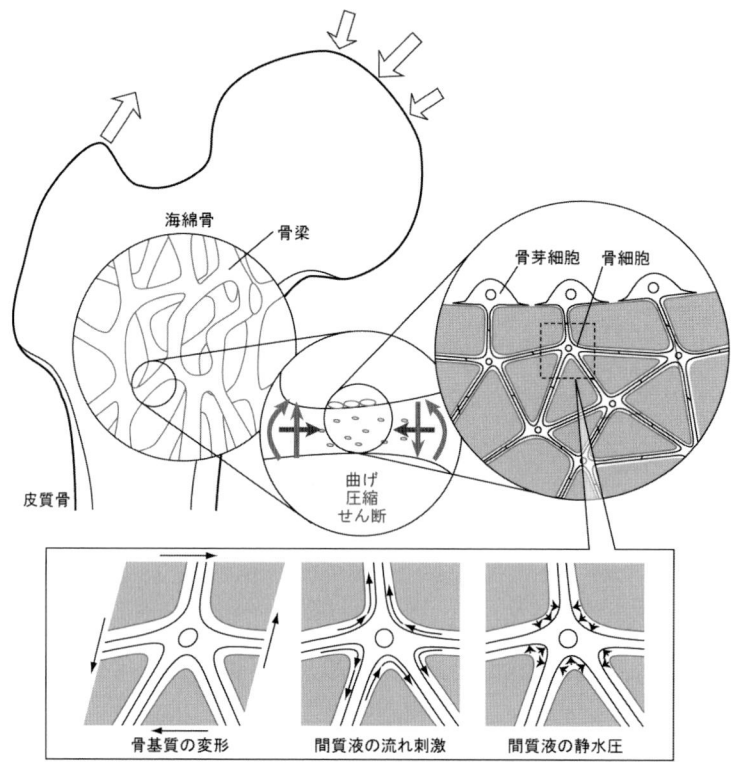

図 1.2 骨組織の構造と細胞に作用する外力

力学刺激の入力センサとして大変重要な働きをしている．その他，筋肉や腱における筋紡錘や腱紡錘，肺における伸展受容器などのセンサや，膀胱においても，その膨張に伴う張力を感知するメカニズムが備わっている．このように我々の身体を構成する細胞が力学的環境の中で機能している例には枚挙にいとまがない．

そもそもバイオメカニクスとは，生体や生物に関する力学を扱う学問・研究領域であり，その対象は広範囲である．中でも細胞自身あるいは細胞レベルの組織を対象とした研究は細胞力学（cytomechanics あるいは cell mechanics）と呼ばれている．この領域を扱うだけでも多くの紙面を要するため，本編では著者らがこれまで取り組んできている研究を主たる対象として記載させていただくことをお許しいただきたい．

そこで，第2章「細胞による外力感知・適応のメカニズム」においては，主に著者らの研究を基にして，細胞がどのように力を感知し応答し形態変化や機能変化を起こして力学環境に適応しているのかという視点を中心にまとめている．特にそのメカニズムにおいては，細胞を形作る骨格成分の中でもストレスファイバと呼ばれるアクチンフィラメントの集合体に焦点を当て，ストレスファイバが果たしている機能の重要性について言及する．

続いて，第3章「アクチン細胞骨格のバイオメカニクス」では，上記アクチンフィラメントの構造的・機能的重要性について，主として解析の視点から研究を紹介する．この領域では実験的な観察・解析と並行して近年進歩が著しい分子動力学の手法を導入した解析が盛んに行われて，多くの成果が発表されている．このような解析は実験的な証明と相まって発展していく必要があるのは論を待たないが，計算手法によるメリットはナノレベルの現象の可視化と機能予測であろう．アクチンフィラメントのモデル解析とダイナミクスから構造と機能の関係の重要性を指摘しつつ，今後の研究展開を含めた最前線の研究に言及する．

参考文献

(1) Sato, M. and Ohashi, T.: Review: Biorheological Views of Endothelial Cell Responses to Mechanical Stimuli. *Biorheology* 42, (2005), 421–441.

(2) Davies, P. F., Spaan J. A., and Krams, R.: Shear stress biology of the endothelium. *Ann Biomed Eng* 33(12), (2005), 1714–1718.

(3) 曽我部正博：変形する細胞の"力覚"モデル. *BIONICS* 12 月号, (2004), 44–49.

(4) Ohashi, T., Sugaya, Y., Sakamoto, N. and Sato, M.: Hydrostatic pressure influences morphology and expression of VE-cadherin of vascular endothelial cells. *Journal of Biomechanics*, 40(11), (2007), 2399–2405.

(5) Tada, S. and Tarbell, J. M.: Interstitial flow through the internal elastic lamina affects shear stress on arterial smooth muscle cells. *Am. J. Physiol.* 278, (2000), 1589–1597.

(6) 林紘三郎, 安達泰治, 宮崎 浩：生体細胞・組織のリモデリングのバイオメカニクス. コロナ社, (2003).

(7) Adachi, T., Aonuma, Y., Ito, S., Tanaka, M., Hojo, M., Yamamoto, T.-T. and Kamioka, H.: Osteocyte calcium signaling response to bone matrix deformation. *J. Biomech.* 42, (2009), 2507–2512.

第 2 章　細胞による外力感知・適応のメカニズム

出口真次

2.1 細胞の力応答

2.1.1 説明の構成

　細胞のバイオメカニクスの研究目的の一つは，細胞がいかにして自らが置かれた力学環境を感知して，その環境に適応するのか，その分子的・物理的メカニズムを明らかにすることである．本章では，筆者らの研究成果を中心にこのメカニズムについて考察し，最前線でわかっている事柄を紹介したい．

　ここで言う「細胞」とは具体的にどのような細胞を指すか，そして「力学環境」とは何かなど，詳細は次項以降で適宜説明していく．以下ではまず，以降の話しの構成，つまりどのような流れでこのメカニズムを考えていくのかを述べる．

　本章では，細胞による「力の感知」および「力学環境への適応」の二つの現象を併せて「力応答」と呼ぶことにする．つまり力を感知してから適応するまでを一つの応答プロセスと見て細胞の力応答と呼ぶ．

　まずは (1) この研究分野の背景，つまり，なぜ細胞の力応答が重要な研究課題であるかを述べる．続いて (2) 細胞が自分自身の体のどこで「力」を感じるのか，また感じ取った「力」に対して，どのように，そして（合目的的な言い方になるが）何のために応答・適応しようとするのかを議論する．そして (3) 本章の主題となる「ストレスファイバ (stress fiber)」と呼ばれるタンパク質複合体について説明する．ストレスファイバは，細胞の力応答にお

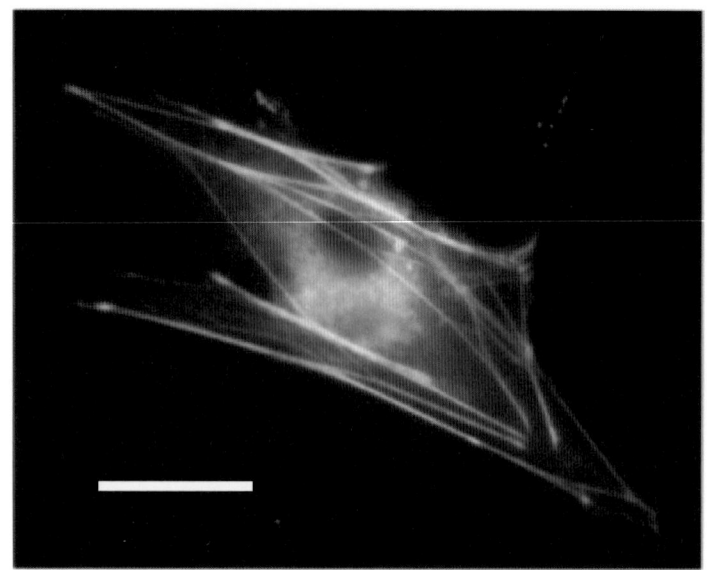

図 2.1 アクチンの蛍光像．内皮細胞に GFP-actin 遺伝子ベクターを導入してアクチンおよびそれが線維状に凝集したストレスファイバが観察される．スケールバーは 10 μm．

いて不可欠な役割を果たす「アクトミオシン (actomyosin)[1)]」が凝集した細胞小器官であり，細胞の力応答のメカニズムを解明する上で重要な研究対象である（図 2.1, 図 2.2）．(4) このストレスファイバがもつ固有の性質を踏まえて，最後に細胞の力応答のメカニズムについて議論する．

2.1.2 「力」が細胞に及ぼす影響

　生体の構成要素である細胞は周囲の環境の影響を受けながら生命の維持に必要な機能を果たす．ここで言う環境には，pH（水素イオン濃度指数）や血糖値など体液の組成，濃度や体温など様々な化学的・物理的環境が含まれる．

[1)] アクチン (actin) とミオシン (myosin) という二種類のタンパク質を合わせた合成語．アクチンは細胞骨格タンパク質成分の一つ．アクチン単分子 (monomer) が直線状に重合 (polymerization) して，アクチンフィラメントと呼ばれる線維になる．ミオシンはモータータンパク質の一つであり，アクチンフィラメントをレールとして，その上を滑り（ステップ）移動することができる．ミオシンの詳しい説明は 2.3.2 項で行う．筋肉の収縮はミオシン II がアクチンフィラメント上を滑ることによって達成される．非筋細胞にも非筋ミオシン II が存在し，非筋細胞の様々な収縮運動に関与する．

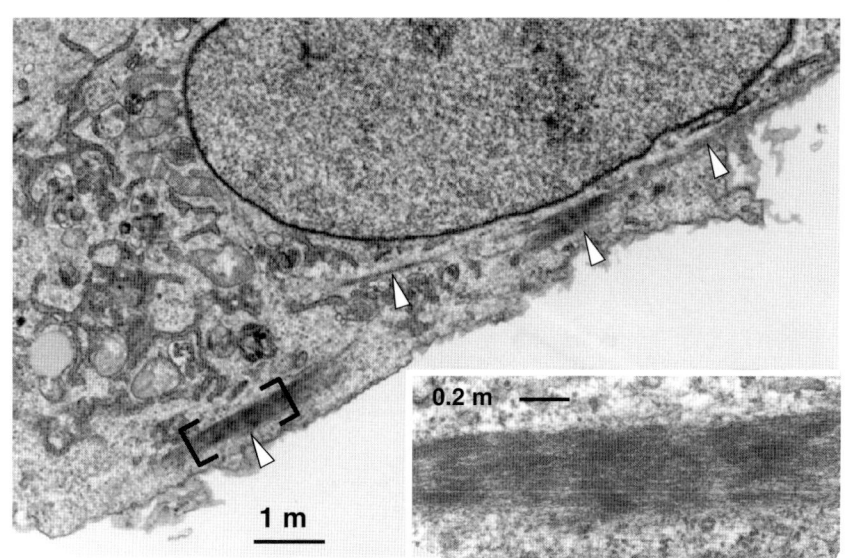

図 2.2　内皮細胞の電子顕微鏡観察像．矢頭はストレスファイバを示す．黒い括弧内の領域を右下に拡大して示す．右上の大きい楕円状物体は核．

　これらの従来からよく知られる生体内環境に加えて，最近では「力学環境」の影響の重要性が多くの研究によって明らかにされている．

　力学環境とは，広義には上記の物理的環境に含まれるとも言えるが，とりわけ体液の流れによるせん断応力など細胞への力学的負荷や，細胞が接着する基質（細胞の足場）の硬さ・柔らかさなど，細胞に変形を引き起こす力，および変形に影響を与える硬さに注目した細胞周囲の状態・状況を指す．

　ここで，そもそも水素結合など化学結合を作る原因となる分子間力などの化学的（と分類される）力も，タンパク質を変形させたり動かしたりするための源となり，ひいては細胞全体を変形させる力の発生源にもなる．したがって本章で言う力学環境が対象とする「力」とは，その発生の由来に基づいて化学的環境と区別するものではなく，あくまで最終的に細胞の変形を引き起こす力の存在だけに注目している．

　実は，生体内では普遍的にこのような「力」が存在している．最も明白な例の一つとして血管が挙げられる．心臓の拍動とともに血圧は周期的に変

化する．この血圧は力学的負荷として血管を構成する細胞に繰り返し作用する．この血圧変化に応じた周期的な血管断面の増減に伴い，血管壁を作る細胞すなわち内皮細胞や平滑筋細胞にとっては繰り返し伸展負荷を受けることになる．同時に，血液には粘性があるために，血流の（例えば血管断面内の）流速変化はせん断応力として血管内腔表面の内皮細胞に負荷される．

生体内において内皮細胞は通常，血管の長軸方向，つまり血流の主流方向に伸張した細長い形態をしている．この内皮細胞をいったん血管から剥離して培養ディッシュ上で静置培養（つまり何も外力を負荷しない）すると，特に方向性のない丸い，あるいは多角形の細胞形態を持つようになる（図 2.3）．図 2.3 に示したストレスファイバと接着斑は本節の話題の中心となる物質（タンパク質複合体）であり，2.3 節で詳しく説明する．ここで，血流に似せた定常的せん断応力を培養内皮細胞に負荷すると，細胞は流れの方向に伸張する．この伸張は，流体から受ける外力によって受動的に引き延ばされるのではなく，細胞自ら能動的に（擬人的に言えば，流れの方向を好んで）配向するために起こる．さらに，血管内張力を模擬して培養細胞に繰り返し伸展刺激を与えると，実際の血管内の細胞と同様に伸展方向とは垂直方向に伸張した形態に変化する．一方，ゆっくりと細胞を一方向に伸展してそのまま維持（持続的伸展負荷）すると，細胞は伸展の方向に配向する．これは生体内で長時間引っ張られたままの妊娠中の子宮血管の内皮細胞で見られる血管長軸方向への伸張と関連があると思われる[1]．

これらの形態変化が起こる時間は，細胞の種類や与える力学的刺激と培養条件に依存するが，例えば内皮細胞に 20% の伸展ひずみを 1 Hz の周期で与えると 30 分も経たないうちに十分に認識できる伸張や配向の傾向が現れる．

2.1.3 対象となる細胞および状態

細胞の機能を研究する上で重要なことは，対象とする現象においてどの物質が実際に働いているかを明らかにすることである．特に分子生物学の手法に基づく細胞生物学研究では，力応答に関わるシグナル伝達経路 (signaling,

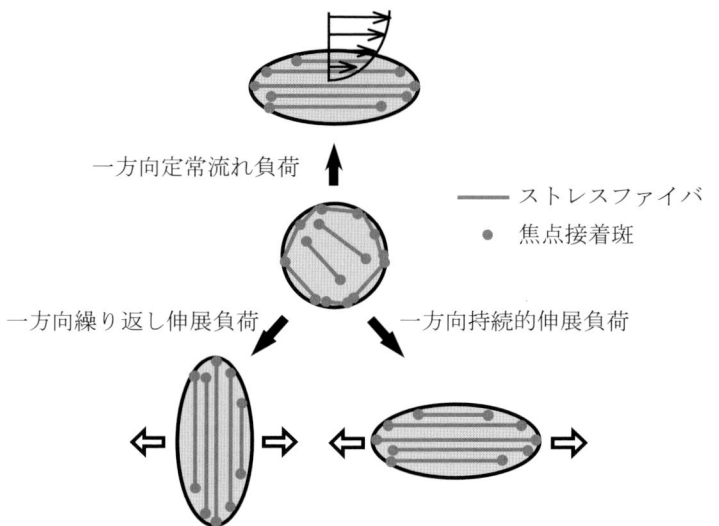

図 2.3 力学的刺激を受けた細胞の構造変化．静置培養下では方向性のない形態を持つ細胞が各種刺激に対して特定の方向へ伸張・配向する．また細胞内部のストレスファイバと焦点接着斑も分布を変える．

signal transduction)[2]を同定することが基本的課題である．しかし本節の議論の中心は，細胞が受ける外力の「方向」というベクトル量に依存した応答反応である（図 2.3）．したがって，シグナル分子の拡散[3]と結合だけでは説明されない，方向性を感知しうる何らかの構造力学的現象の関与も示唆される．

また，本議論で対象とするのは細胞分裂が可能な（増殖可能な）細胞である．本章ではこれを再生系細胞と呼ぶ．具体的には冒頭で述べた内皮細胞の他に平滑筋細胞，繊維芽細胞などが該当する．

ただし分化[4]の余地が大いに残された多能性（多分化能）のある幹細胞は

---

[2] 細胞内にはタンパク質や核酸など，無数の生体分子が存在している．ホルモンや細胞増殖因子など，ある細胞外物質 A が細胞膜上に存在する受容体 B（これもタンパク質である）に結合すると，この受容体が細胞質側のある特定の生体分子 C の活性を変える．すると，その C は別の特定の生体分子 D と結合ができるようになって（あるいは結合ができないようになって），さらに別の特定の生体分子 E の活性を上げ下げする．このように相手の定まった生体分子間で情報が伝達される（つまり A ⟷ B ⟷ C ⟷ D ⟷ E）ことをシグナル伝達と言う．ここで生体分子の「活性」とはその分子の活動度を指す．

[3] （分子モーターを利用した移動でない限り）細胞質内でのシグナル分子の移動は拡散に依存しており，特定の「方向」を選り好みして移動できない．

[4] 細胞が別系統の細胞に構造的・機能的に（遺伝子発現の変化をもとに）変わること．おおもとの生殖細胞が様々な系統の細胞に分化していくことにより，多細胞生物としての生命体が出来上がる．

含めない[5]．分化が進んでいるが細胞分裂しない神経細胞，筋肉細胞，心筋細胞，有毛細胞，視細胞などの非再生系細胞は本議論の対象としない．これらの非再生系細胞はそれぞれが果たすべき機能に特化した構造を持つように分化が進んでおり，本章で扱う力応答性を失っている．また再生系細胞でも，力学的因子ではない化学的因子などの要素が引き金となって何か特定の機能を果たすために細胞構造が一時的に変化している状態（化学的因子が最初の原因となって作られる非定常状態）は対象外である．例えば増殖因子に濃度勾配があって，外部の化学的環境が空間的に非一様なときは，細胞は遊走（細胞移動）という機能に特化した内部構造に変化する[2]．また細胞分裂する間も細胞の構造が大きく変化する．ここではただ構造が変化するために対象外と書いたが，ここで言う構造とは，後に話しの中心となるストレスファイバを特に指している．何らかの機能に特化されていない状態では，ストレスファイバの構造は力学環境の変化に応じてリモデリング（再構築）が自由にできるように，シグナル分子がお膳立てをしている．一方，細胞の遊走や分裂時には固有のシグナル伝達経路が支配的となり，それぞれに特化した機能を果たす．

2.1.4　力応答の重要性

　細胞が力に応答して時間的・空間的にダイナミックに動態を変える力応答の意義について，次節以降での詳しい議論に先立ち本項でも簡単に触れる．
　生体は内外の環境から様々な外乱を受ける中で，体液の組成や体温などを一定に保ち，生き続けるために必要な機能を保持している．例えば糖代謝の異常によって血糖値が病的に高まると，様々な合併症を起こす危険性のある糖尿病となる．血液のブドウ糖は生体のエネルギ源として重要である一方，多すぎる場合や消費機能に障害が生じた場合には様々な病気を引き起こす有害物質となる．このように生きていくために必要ではあるが，多すぎると不利になる対象物はネガティブ（抑制）フィードバックが働いて一定に保たれ

---

[5] 幹細胞の（多能性を保った上での）増殖能の維持にはカドヘリンという細胞接着分子由来のシグナルが重要である．一方，本章が対象とする再生系細胞の増殖能維持には，接着斑にあるインテグリン（注釈12参照）由来のシグナルが重要である．

る仕組みが存在する．この性質はホメオスタシスと呼ばれる．

　力応答の重要性は，図2.3で述べた細胞の形態変化が可逆的であることから推察できる．後半の2.4節で改めて具体的に説明するが，この可逆性は何らかの力学量に関連したホメオスタシス（以降，力学的ホメオスタシスと呼ぶ）が存在することを示唆している．

　つまり力学的ホメオスタシスの機構が単一の細胞レベルで存在し，それが生命機能の維持に重要な役割を果たしている．また力応答とは，この力学的ホメオスタシスが維持される範囲内の応答反応と位置づけることができる．

　最初に述べた体液の組成などに関するホメオスタシスの意義は，病的状態から身を守るために（結果的に身が守られるように）対象の物理量を多すぎも少なすぎもせずに一定に保つことであった．一方，力学的ホメオスタシスの意義は，細胞の増殖や分化あるいは自死（アポトーシス）など細胞の運命を左右する機能と密接な関係がある．

　先に，再生系細胞とは増殖能力を有した細胞であると述べたが，増殖が起こる必要条件として，実は細胞内に力学的ホメオスタシスが維持されていることが挙げられる．つまり，増殖因子という化学的因子が細胞周囲にあれば必ず増殖できるわけではなく，細胞は力学的ホメオスタシスを維持できる力学環境にいることが前提となる．

　後に2.4.5項で説明するように，力学的ホメオスタシスが維持するのは接着斑（細胞接着部分）に作用する細胞内張力（およびその下流のシグナル分子活性）である．この張力が足りないときは通常の再生系細胞は増殖能力を失いアポトーシスもしくは別の細胞に分化誘導される．

　力学的ホメオスタシスが細胞増殖に関係することは，無限に増殖する悪性細胞が問題となる癌との関連も示唆される．2003年に米国で，内皮細胞の増殖を促すVEGF (vascular endothelial growth factor)という物質に特異的に結合してその役割を抑える抗体が大腸癌の治療薬として認可された[3]．細胞の異常増殖を抑えることが癌の治療に有効であることがわかってきたためである．VEGFは内皮細胞の力学的ホメオスタシスの達成に密接に関わる分子である（2.3.2項）．他にも多くの制癌剤が研究されているが，その中の一つにインテグリン（2.3.1項）がある．これは本章で後に登場するが，やはり力学

的ホメオスタシスを成り立たせるために必須の分子である．このように，力学的ホメオスタシスのメカニズムを理解することは新たな制癌剤のコンセプトを生み出すことにつながると期待される$^{(4-6)}$．

2.2 細胞内メカノセンサと力学環境への適応

2.2.1 メカノセンサ

　すでに説明したように，細胞は自らに加えられた「力」を感じ取って，最終的に自分自身の構造を変化させる．機械工学でしばしば使われるブロック線図（図 2.4）で示すと，入力としての「力」が，細胞内では細胞構造の変化を起こすための「生化学反応」に変換されると見なせる．それでは，入力としての（流れによるせん断応力にしろ，引っ張り力にしろ）力学的な情報が，生化学的情報（例えばカルシウムイオン濃度の上昇，あるいは何らかのシグナルタンパク質の活性上昇など）へと変換されるまさに最初の細胞内要素とはどのようなものだろうか？　言い換えると，構造を変化させる無数の生化学反応のうち最初に力に応じて変化するものは何か？

　工学では，異なる物理量に情報変換する素子をセンサ（検出器）と呼ぶ．例えば，音を検出して電気信号という異なる物理量に変換するマイクロフォンは音センサである．同様に考えて図 2.4 の情報変換要素は，細胞内の「力」センサと捉えることができる．力を表す英語の接頭語 mechano を用いて，ここではメカノセンサと呼ぶことにする．

　過去の多くの研究では，このメカノセンサが細胞内のどの分子に相当し，どこに存在するのかに注目が当てられてきた．力学的情報から生化学情報への変換方法として，次の機構が考えられる．例えば，外力が存在しないときには不活性状態にある酵素タンパク質（あるいは基質タンパク質）があった

図 2.4　メカノセンサの役割

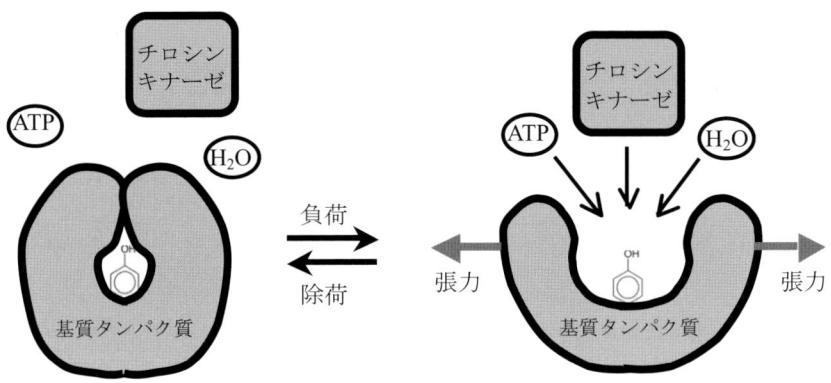

図 2.5 メカノセンサが働く様子の模式図．p130Cas を含む接着斑のタンパク質はチロシンキナーゼによってリン酸化される．無負荷時にはチロシン（ベンゼン環と水酸基から成るフェノール部位を持つ）がタンパク質の内側つまり疎水部分に隠れている．負荷時にはこの基質タンパク質の立体構造が変化し，キナーゼと結合できるようになる．同時に水分子と ATP も入り込み水酸基がリン酸化され，活性状態にスイッチが入る．なお通常はこの図のように基質ではなく，キナーゼの方が疎水性クレフト（この図のように内側に隠れた疎水性部分）を持ち，アロステリック制御によってその部分がむき出しになり，水分子や基質が入り込めるようになる．

とする（図 2.5）．細胞が力によって変形するとこの分子に外力がかかり，その立体構造が強制的に変形される．するとそれまでとは異なるコンフォメーション[6]を持つことになったために，基質タンパク質（あるいは酵素タンパク質）と結合できるようになり，その結果，酵素機能（触媒作用）を果たすことが可能となる．

この場合，酵素タンパク質（または基質タンパク質）は外から力が負荷されているときだけ特定の仕事をすることができる．したがって，まさしく入力としての力を，酵素活性の亢進という生化学的出力に変換するメカノセンサの役割を果たすことになる．

---

[6] タンパク質は，複数のアミノ酸がペプチド結合して長く連なった鎖（タンパク質の一次構造）が，α ヘリックスや β シートなど特徴的な局所構造（二次構造）を作りながら，最終的に一つの塊になるまで折りたたまれた構造（三次構造）を持つ．このタンパク質の折りたたまれた立体構造をコンフォメーションとよび，個々のタンパク質はそれぞれ特有な構造を持つ．そして特有であるがゆえに基質特異性がある．このタンパク質の折りたたみは適切な温度や pH の水溶液の中で自発的に作られる．この自発的折りたたみを生み出す駆動力は主には二つあり，一つは極性のあるアミノ酸残基間に現れる水素結合，もう一つは疎水効果，つまりアミノ酸の疎水部分が周囲の水（極性分子）に嫌われて最終的にタンパク質の塊の内部（水分子に触れない部分）へと受動的に押し込まれていく力とがある．

最近の研究から，外力によって他分子との結合親和性が上がるタンパク質が確かに実在していることが次々に報告されている．それらはいかにも力がかかっていそうな場所，すなわち接着斑や，それに結合する細胞骨格構造，または細胞外基質に存在している．例えばSawadaら[7]は，接着斑に存在するp130Casは，普段何も外力がかかっていないときにはリン酸化レベル[7]が低いのに対して，外力を負荷するとSrcというキナーゼ(kinase)[8]と結合できるようになり，その作用を受けてリン酸化レベルが向上する（図2.5）ことをin vitroによる実験によって証明した．

2.2.2　力学環境への適応

　培養細胞に繰り返し伸展刺激を負荷すると，細胞は与えた外力とは垂直方向に配向する（図2.3）．つまり細胞には継続的に力が負荷され続けているにもかかわらず，垂直方向への配向をもって（一見）応答を終える．ここで，細胞は何が満たされて応答を終えるのだろうか？　言い換えると，細胞は力応答時に何に適応するまで変化し続けるか？

　前項で述べたこれまでの多くの研究では，メカノセンサの未知なる分子実体を突き止めること，つまりどこでどのように力を「感じるか」に主眼が置かれている．しかし，力を感じ取った後に，なぜそれが最終的に細胞の「適応的」構造変化へと至るかは不明のままである．

　例えば前項でメカノセンサのp130Casが外力によって引き伸ばされ，その

---

[7]あるタンパク質が活性状態にあるか非活性状態であるかは，そのコンフォメーションの違いに由来する．コンフォメーション変化を作る調節因子の一つとして，リン酸基の付加がある．このリン酸基は，酵素の力を借りてATP（アデノシン三リン酸）から転移される．タンパク質の中で転移されるアミノ酸は，側鎖に水酸基を持つチロシン，セリン，スレオニンの三つである．このリン酸基の可逆的な付加・解離が，そのタンパク質の活性状態のオン・オフ（あるいは逆にオフ・オンの場合もある）のスイッチの役割を果たす．

[8]リン酸化を行う酵素のこと．ATP加水分解能（ATPをリン酸基およびアデノシン二リン酸ADPに分解する能力）を持たない基質分子が単独でいるときは，周囲にATPがあってもリン酸基が転移されることはない．ATPのリン酸基は共有結合によって強く結合されているためである．しかし，その基質に特異的な酵素が結合すると基質のコンフォメーションが変化し，ATPから（加水分解されて離れた）リン酸基を結合できる形となる．このようにリン酸化酵素つまりキナーゼは，普段は起こりえない（反応を起こすためには乗り越えるべき活性化エネルギが高い）ATPから基質へのリン酸基の転移を可能にする（つまり触媒作用）．活性化エネルギを下げるはたらきがあると解釈することもできる．なお，キナーゼとは逆に，リン酸化されている基質を加水分解してリン酸基を除去する脱リン酸化酵素をフォスファターゼという．なお本文中で一般的にタンパク質の結合特異性を鍵と鍵穴に例えられると述べたが，キナーゼに関しては，ある性質を共有する基質ファミリー全体に対して作用する．

ため結合可能となったSrcキナーゼによりリン酸基が付加されたとする．このリン酸化（スイッチオン）を引き金にして，MAPキナーゼ(mitogen-activated protein kinase)[9]の活性亢進を含む下流シグナル伝達経路の分子にも次々とスイッチが押されていく．しかし，もしp130Casに力が継続して負荷され続けたとすると，下流のシグナル分子は活性状態をずっと維持し続けることになる（図2.6a）．なぜならメカノセンサのモデル（図2.5）では，「力の存在」イコール「活性上昇」となるために，力がかかっている限り，シグナル分子が仕事をし続けるからである．図2.4のブロック線図で言えば，入力がメカノセンサに入る限り出力を出し続けることになる．確かにSawadaらの実験結果によると，p130Casに対して引っ張りひずみを150%という大変大きな値まで与えていくと，それに比例して一様にリン酸化レベルは上昇していった．

ところが，報告されている多くのMAPキナーゼは力の負荷の入力後に活性が上がるが，細胞の配向など構造変化が終わるとともに元の基準レベルまで戻される[8]（図2.6b）．他のMAPキナーゼでも同様に，不変の力学的刺激を与えているにも関わらずその活性が時間的に一様な傾向を示すことはない．上記のSawadaらによるp130Casのリン酸化レベルの一様な上昇は，Srcの量とキナーゼ活性にも限界があるので，いずれ飽和するであろう（図2.6c）．しかしながらこのメカノセンサだけでは，p130Casリン酸化の下流シグナル活性が（力学的負荷を受ける生細胞の応答のように）反転する理由が説明できない．入力としての継続的外力負荷とMAPキナーゼの活性の間には基本的に相関がないためである．これを別のシグナル経路をもって説明しようとしても，結局はそのシグナル分子群のどこかに力学環境への適応を達したとして満足感を抱き活性レベルを元に戻し，かつ（見かけの）応答を終える分子の存在を仮定しなくてはいけない．

つまり，単なる力ではなく，細胞にとって（上記の満足感を抱かせる）「適応にかなう」力を識別し，その力（あるいは力学状態）からの「ずれ」を自律的に補正するネガティブ（抑制）フィードバックのメカニズム，そしてそ

---

[9] 分裂促進因子活性化タンパク質キナーゼと訳されることがある．シグナル伝達分子として働き，細胞の増殖や炎症誘発など細胞の様々な機能の調節や発現に役割を果たすセリン・スレオニンキナーゼである．p38/MAPK，ERK1/2，JNKがMAPキナーゼファミリーの主な3つである．

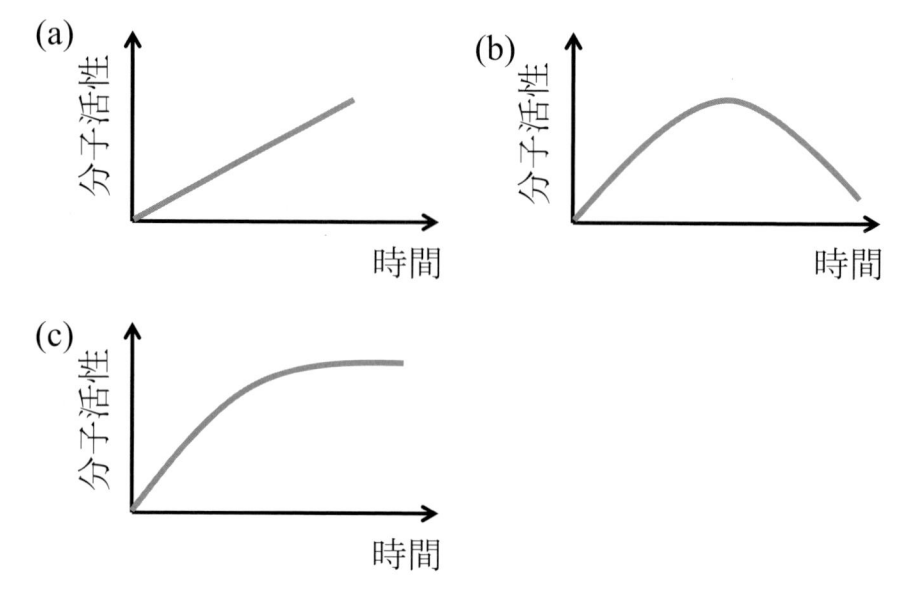

図 2.6 細胞の力応答の模式図. 横軸の時間とは細胞に一定の（不変の）力学的刺激を与えてからの時間を示す. 縦軸の分子活性とは任意の接着斑タンパク質のチロシンリン酸化およびその下流のシグナル分子活性を示す. (a) 一方通行のメカノセンサ（図 2.4）だけを仮定すると, 力の入力が不変であるために分子活性は上昇を続ける. (b) 実際の細胞の力応答の典型的変化. 細胞が形態変化を終了すると共に分子活性が基準レベルに戻る. 細胞システム内に（形態変化という力学量に関わる）何らかのネガティブフィードバックが存在していることを示唆する. (c) もしネガティブフィードバックを担う要素を仮定しない場合, (a) のように上昇した分子活性は数と量に上限があるのでやがて飽和する. しかし (b) のように反応が減少に転じることはない.

れを可能にする分子実体の追求が重要となる.

　さて, 適応とはやや主観を含んだ言葉である. したがって, 細胞にとって「適応」が何であるかを明確にして客観的に記述することが重要である. 何かを達したところで細胞の構造変化が止むと考えられるので, その何かを明らかにすれば細胞にとっての「適応」が明らかにされるかもしれない. 2.1.1 項で力の感知と適応を併せて「力応答」と呼ぶと断ったのは, 適応という言葉を漠然としたまま多く使用することを避けたかったためである.

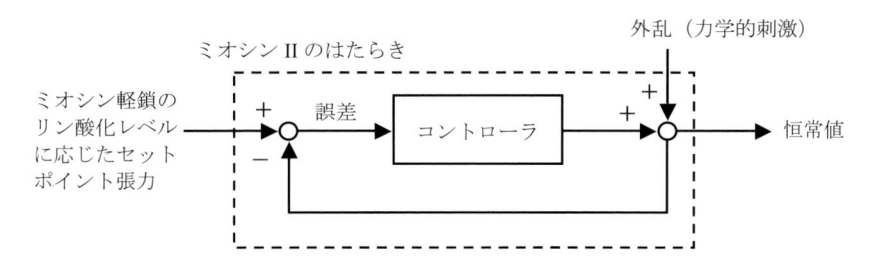

図 2.7 細胞内ネガティブフィードバック．ミオシン II が制御器におけるコントローラの役割を果たす．メカノセンサ（図 2.4）と同様な言葉を使い，メカノコントローラと呼ぶこともできる．この出力（張力の恒常値）は接着斑内のメカノセンサの入力となる．したがってメカノセンサからの生化学的出力（増殖シグナル・炎症促進シグナルなど）が一定となる．

2.2.3 力学的ホメオスタシス

前項で，継続的な負荷の下では細胞は何かを達したところで構造変化が止むと述べた．ところで，負荷を除く，つまり静置培養の状態に戻すと細胞は平均的に見て元の形態に戻る．つまりこの構造変化は（2.1.3 項で述べたように細胞分化を伴わないケースでは）可逆的である．このことから細胞は何らかの力学量が関与した恒常性（ホメオスタシス）を保つ機構を有していることがわかる．「構造変化が止む＝応答を終えること」を「別の平衡状態[10]に移った（戻った）」と捉える視点がポイントである．

細胞を図 2.7 に示すシステムとして考えてみる．応答開始のきっかけとなる力学的入力は，この平衡状態に加えられた外乱と見なせる．外乱が現れると，維持すべき恒常値（まだここではそれが何であるか不明であるがとにかく細胞にとって「適切な力学状態」とする）からずれが生じ，この差を駆動力として，細胞システムの中で平衡状態（恒常値）に戻そうとするネガティブフィードバック（応答）が働く．

---

[10] 平衡状態とは本来，外の世界と物質やエネルギをやりとりしない閉じた状況において，対象システムを十分長い時間観察してもマクロには時間変化や物質とエネルギの流れのない（見かけ上変化のない）状態に緩和している状態を指す．一方，生命システムは外界との絶え間ない物質やエネルギの出入りによって成り立つ非平衡開放系である．この本文で言う平衡状態とは，システム内の観察対象を限定した（観察対象以外の外界との物質とエネルギの授受の変化は十分に遅いものと見なす），「準」平衡状態を考えている．観察対象とはストレスファイバと接着斑である．この両者のマクロな構造は力学的または化学的な負荷（じょう乱ではない）を加えない限り安定した構造として観察される（例えば 2.4.7 項で示すマイクロパターン上の細胞の振る舞いを参照）．

そこで次は，この力学的ホメオスタシスにおいて何が恒常値であり，どのように維持されるのかが検討の対象である．既に述べたように内皮細胞に繰り返し伸展刺激を与えると垂直方向に伸張した形態へと変化して適応応答を終える（図 2.3）．このように適応の前後で細胞の（見た目の）形態が変わるということは，見た目の形態（に関わる力学的な量）は少なくても恒常値として制御される対象ではない．したがって形態という「見た目」ではなく，細胞の「内」に「適切な状態」に制御したい何らかの物理対象があり，形態変化を利用するなどして外乱を打ち消していると考えられる．細胞内には元々，無負荷静置培養下（つまり恒常状態）においても，アクトミオシン収縮（8 頁注釈 1）による張力が発生している．これは細胞を柔らかいゴム膜の上に接着させると，細胞がそのゴム膜にシワを作る[9]ことから確かめられる．収縮と言っても見た目の長さが縮んでいくわけではないために等尺性収縮と呼ばれる．この，「見た目」には現れないが，常に細胞に内在するアクトミオシン収縮が，上記の恒常値と関係しているのではないかと推察される．ここから議論はアクトミオシン，およびそれが凝集したストレスファイバに焦点を当てていく．

2.3 ストレスファイバ

2.3.1 ストレスファイバの構造

これまでに蛍光顕微鏡観察（図 2.1）や電子顕微鏡観察（図 2.2）などによってストレスファイバの基本的な構造が調べられてきた．ストレスファイバの主たる架橋タンパク質として α アクチニンと非筋 II 型ミオシン（以降，ミオシン II）が挙げられる．α アクチニンの架橋によって複数のアクチンフィラメントが平行に束ねられる．観察平面内において，1 本のストレスファイバの断面方向には 10 から 30 本程度のアクチンフィラメントが横切るとの報告がある[10]．同報告内の情報によると，観察薄切試料の厚さが 40 nm（ナノメートル）であり，ストレスファイバの太さは 360 nm である．よって $360/40 = 9$ を上記の本数にかけると，1 本のストレスファイバにつき平行におよそ 90 から 270 本のアクチンフィラメントが束ねられていることになる．非筋細胞内に

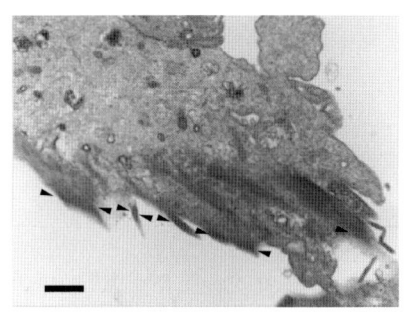

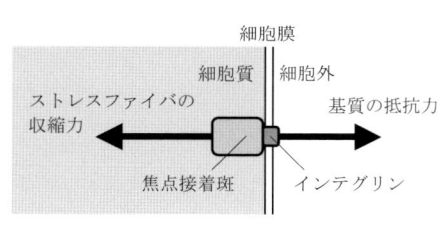

図 2.8 左：培養平滑筋細胞のストレスファイバ端部の電子顕微鏡観察像．矢頭の特に暗い部分が焦点接着斑．スケールバーは $1\,\mu\mathrm{m}$．右：焦点接着斑における力のつり合い．

存在する架橋（束化）タンパク質非筋 α アクチニンのアイソフォーム[11]は，骨格筋アイソフォームとは異なり，カルシウムイオンの存在下（細胞は力学的刺激を受けると，細胞内にカルシウムイオンが流入する）では著しくその架橋能力が失われる．実際には，ストレスファイバにおけるアクチンフィラメントの主たる架橋タンパク質は次項に述べるミオシン II である[11,12]．ストレスファイバ内では隣り合うアクチンフィラメントの隙間にモータータンパク質のミオシン II が入り込み，アクトミオシン収縮を起こして張力を発生する．このミオシン II によるアクチンフィラメントとの相互作用が架橋の役割を果たしている．

ストレスファイバの両端では接着分子インテグリン (integrin)[12]を含むタンパク質群を介して細胞外基質と物理的に結合している（図 2.8）．この結合箇所は細胞全体に拡がり斑点状に見えることから焦点接着斑と呼ばれる（本章でこれ以前に「接着斑」と述べていたのは，より一般的な細胞接着に直接関わるタンパク質構造物である）．したがって接着した細胞に力が加えられると，焦点接着斑およびそれに結合するストレスファイバに力が伝達される．つまり構造的に考えて，ストレスファイバは細胞内で荷重を支える構造部材

---

[11] 機能が類似しているがアミノ酸配列が異なるタンパク質．
[12] 細胞外基質に結合することができるタンパク質．細胞膜を貫通しており，細胞質側では α アクチニンやタリンなど構造タンパク質を介してアクチンフィラメントと結合している．このアクチンフィラメントが束化してストレスファイバを形成する．構造タンパク質以外にも無数のシグナルタンパク質（2.2.1 項に登場する p130Cas や Src もこれに含まれる）がインテグリンの細胞質側に集まり，焦点接着斑を形成する．

として働く.

　ストレスファイバが細胞内でどのように作られ,そして等尺性収縮（2.2.3,2.4.1項）を維持するかを理解するためには,ミオシンIIがストレスファイバの中で滑る（移動する）方向を知る必要がある.ストレスファイバを構成するアクチンフィラメントには極性があり（つまりフィラメントの始端と終端に区別すべき構造が存在する）,アクチン分子が重合する頻度が高い端をプラス端と呼び,頻度が低い方（脱重合の頻度が高い方）をマイナス端と呼ぶ.ミオシンIIは外から負荷が与えられない限り,アクチンフィラメントというレール上をマイナス端側からプラス端側へ向かう.ストレスファイバの長軸に沿って,その内部のアクチンフィラメントはおよそ規則的に交互に極性が入れ替わる[10].また蛍光染色によりストレスファイバに沿ったαアクチニンとミオシンIIのマクロな分布を調べると,両者が等間隔で周期的に入れ替わって縞状に現れる[11,12].これは骨格筋のサルコメア（すなわちアクチン・骨格筋ミオシンIIの太いフィラメント,およびαアクチニンを含むZ盤が規則的に交互に入れ替わって配置される）の構造（図2.9）と似ている.

2.3.2　ミオシンII

　ミオシンIIは,生体のエネルギ源であるATP（アデノシン三リン酸）からエネルギを得て,アクチンフィラメント上を滑る.ミオシンIIは大きく分けて,ミオシン重鎖とミオシン軽鎖の二つの構造から成る.ミオシン重鎖の中の頭部にはアクチンとATPの両分子にそれぞれ結合する部位がある.ATPが存在しなければミオシン重鎖の頭部はアクチンに結合しており[13],ATPを結合するとアクチンから離れる.ここで,ミオシン軽鎖がもしリン酸化（2.2.1項）されていると,結合したATPを加水分解することができる.加水分解された後に残る無機リン酸がミオシン頭部から離れると,ミオシンIIは加水分解によって得たエネルギを利用してアクチン上を滑り運動する.続いてミオシン頭部に残っていたADP（アデノシン二リン酸）が離れ,さらに新た

---

[13] 実際の分子の挙動は統計的に記述される.したがって当文は正確には,「ATPが存在しなければミオシン重鎖の頭部はアクチンに結合する確率が極めて高く,ATPを結合するとアクチンから離れる確率が極めて高い」となる.以後も断定的な書き方をするが,これらは本来結合定数に基づいて記述されることに注意.

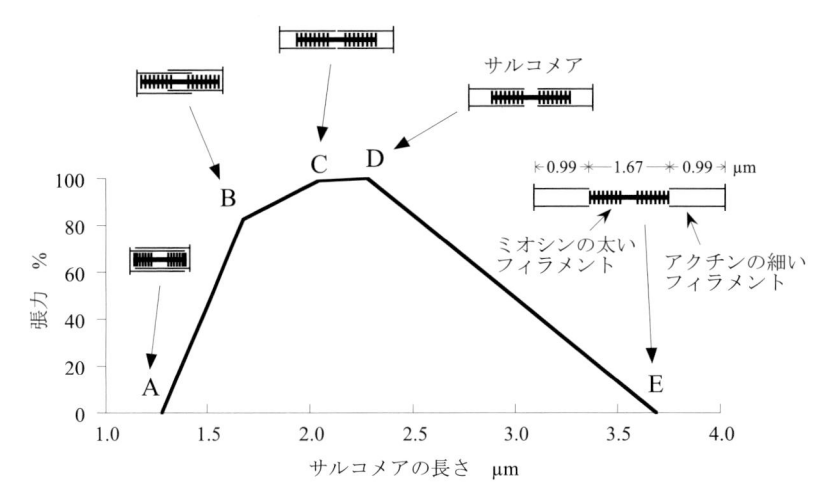

図 2.9 骨格筋が等尺性収縮時に発生する張力とサルコメア間隔の関係．C と D ではアクチンの細いフィラメントと骨格筋ミオシンの太いフィラメントがちょうど隣り合って配置されており，最も収縮に適している．B では対向するアクチンフィラメントの重なりが増えて収縮の効率が落ちる．A ではアクチンのマイナス端が Z 盤（アクチンのプラス端が結合されている部分であり，サルコメアを区分する仕切りとなる）に到達してこれ以上縮むことができない．ミオシン（ミオシン II）の太いフィラメントも圧縮されている．外力により引き伸ばされた E ではもはやアクチンフィラメントとミオシンのフィラメントが隣り合っておらず，収縮できない．

なATPが結合すると，ミオシン II はアクチンから離れる．このようにしてATP 加水分解のサイクルが回り，その過程でミオシン II がアクチンフィラメント上を滑り運動する[14]．

　ストレスファイバには一つのサルコメアにつき，約 10 個から 20 個のミオシン頭部が存在している．これらのミオシン II の動きによって，ストレスファイバは収縮（実際に長さが短くなる短縮，あるいは，長さを一定に保ったまま張力を発生する等尺性収縮）することができる．上で述べたようにミオシ

---

[14] ここで説明したアクチンとミオシン II の運動はタイトカップリング説に基づいている．しかしこれとは異なる説明としてソフトカップリング説が存在し，両者の是非が生物物理学の分野で論じられてきた．ソフトカップリング説の妥当性の根拠の一つとして，従来的なタイトカップリング説（ATP 加水分解とミオシン II のステップ移動が 1 体 1 の関係にある）に比べて，ソフトカップリング説（一度の ATP 加水分解によってミオシン II が複数回ステップ移動しうる）の方が ATP 消費量を低く見積もることができ，実際の体内での消費量とオーダーを合わせることができることが引き合いに出される．しかし，最近の研究ではタイトカップリング説においても，本文中に述べた ATP 加水分解サイクルにおける ADP の解離に（ミオシン II 分子内に生じる）ひずみ依存性があることを考慮することにより，等尺性収縮中の筋肉の ATP 消費量を十分に低く見積もることができる[11, 12]．

ン軽鎖のリン酸化がストレスファイバの収縮に必要である．内皮細胞の増殖因子 VEGF も細胞膜の受容体に結合した後にいくつかのシグナル分子を介して最終的にミオシン軽鎖のリン酸化を促す．2.1.4 項で VEGF が力学的ホメオスタシス（次節以降で具体的に説明）を達成するのに関わる分子と述べたのはそのためである．

2.4 ストレスファイバの収縮特性と細胞の力応答

2.4.1 ストレスファイバの等尺性収縮

骨格筋の等尺性収縮時の張力には図 2.9 に示すひずみ（正確にはサルコメア間隔）依存性がある[2]．これは筋肉の構成要素のサルコメアに注目したとき，力を発生する源であるアクチンの細いフィラメントとミオシンの太いフィラメントの重なり部分が多いほど，強い力を発生することができる．ただし，向かい合うアクチンフィラメントが重なりすぎると，かえって発生張力が減少する．このように最大張力を発生することができる最適と言えるサルコメア間隔が存在する．

筆者のグループでは，筋肉と同様にアクトミオシン収縮によって張力を発生するストレスファイバも，自らに負荷されたひずみによって収縮特性が変化するかもしれないと考えた．その場合，細胞に負荷された力のベクトルの方向依存的にストレスファイバの収縮力に違いが現れ，ストレスファイバの両端に位置する焦点接着斑（図 2.8）への力学的負荷が変化し，ひいては細胞全体が力の方向性を感知することにつながるかもしれない．さらには，ストレスファイバは細胞内で負荷に応じて随時発生あるいは消失することから（図 2.3），力の方向や大きさの感知に加えて，力学環境への適応に関与している可能性がある．そこで収縮特性のひずみ依存性を調べることが力応答の理解の手掛かりになると考えた．

上記の仮説を確かめるために，まず我々は培養したウシ血管平滑筋細胞の細胞膜を溶解し，細胞質を除去してストレスファイバを水溶液中にむき出しにした（このストレスファイバには非筋ミオシン II の存在が確認される）[4-6]．このストレスファイバは両端の焦点接着斑において細胞外基質に結合したま

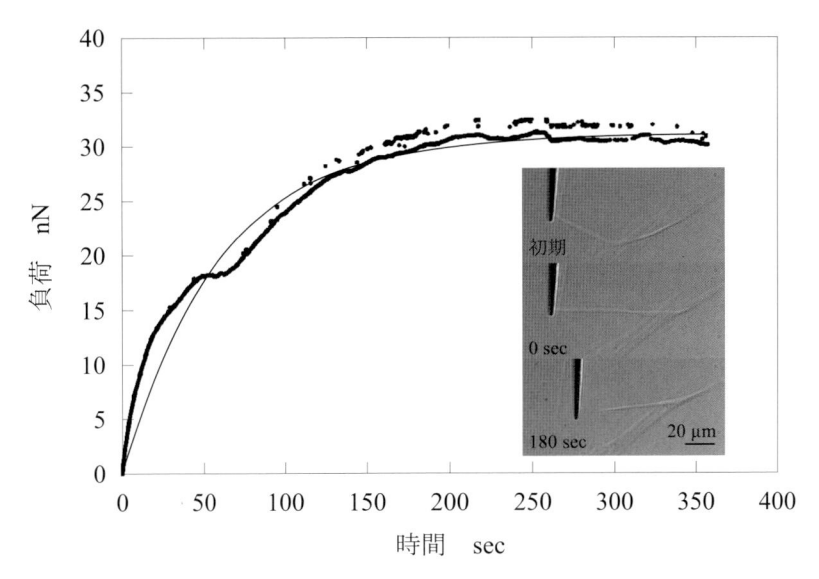

図 2.10 ストレスファイバが発生する収縮力の測定．挿入写真は測定の様子．黒い棒はガラス針．先端に結合している線維は水溶液中にむき出しにされたストレスファイバの微分干渉像．最初に緩んだ形をしているストレスファイバに対して ATP を投与すると収縮を始め，真っ直ぐな形状になったのが 0 秒．ここからガラス棒がたわみ，収縮力を発生する（時間と共に負荷曲線が上昇する）．180 秒後には収縮力とガラス棒からの負荷がつり合う．

まであり，真っ直ぐに伸びた形状を維持している．この一端を細いガラス針を用いて持ち上げて，もう一端は細胞外基質に結合したまま，真っ直ぐな形状を緩ませて座屈させることができる（図 2.10，初期状態）．ここにアクトミオシン収縮を誘起する ATP を投与した．するとストレスファイバは徐々に収縮し，再び真っ直ぐな形状になる（0 sec）．このガラス針は非常に細いため（先端が約 1 μm）に柔らかく，力がかかるとその方向にたわむ（180 sec）．このたわみに対する剛性を別途測定することによって，ガラス針に作用する力の大きさを得ることができる．

ストレスファイバが直線形状になってから現れる力の時間変化を図 2.10 に示す．この力は，ストレスファイバの収縮を邪魔する「負荷」と見なされるため，グラフの縦軸は負荷（単位はナノニュートン，nN）とした．最初に負荷が大きく上昇し，徐々に一定値に達する．最終的に一定の収縮力を発生し

たままストレスファイバの長さは細胞外基質とガラス針との間で不変となる．このようにして，ストレスファイバ1本の等尺性収縮力を初めて計測することができた．

なお別の実験から，このストレスファイバの等尺性収縮は，同一のストレスファイバに対して外から何度か（引っ張りや圧縮などの）力学的な外乱を与えても，繰り返し再現できることを確認した．この実験では水溶液中にアクチン単分子を含ませておらず，アクチンの重合（8頁注釈1を参照）は起こらない．つまり，従来，ストレスファイバの等尺性収縮には構成要素のアクチン単分子の取り込みが必要であると言われていたが，実際にはアクトミオシンの相互作用だけで実現されることが明らかにされた．

図2.10では負荷は時間と共に増加するが，その傾きは減少していく．この負荷の上昇と同時にストレスファイバは短くなっていくため，このストレスファイバが収縮する速さ（つまりミオシンIIがアクチンフィラメント上を滑る速さ）も時間と共に減少することがわかる．このことはストレスファイバに作用する負荷が大きいほど，収縮速度が落ちることを意味している．これは骨格筋において負荷と収縮速度の間に反比例の関係があることを示したHillの関係式に似ている[13]．この実験からストレスファイバと筋肉には似た性質があることがわかった．さらにストレスファイバが収縮力を出すためには外部負荷，つまり硬い基質が必要であるという知見を得ることができた．これについては2.4.3項でさらに詳しく議論する．

2.4.2 収縮と構造の関係

ストレスファイバを負荷なく自由に収縮させると，最初に線維状だったストレスファイバはほとんど点状になるまで縮んでいく[5]．一方，骨格筋など横紋筋の収縮では，図2.9に示す通りそれ以上短くなることができない最小の長さが存在し，点状になるまでは縮まない．このことから，ストレスファイバには横紋筋のように整然と等間隔で並んだサルコメアは存在しないと考えられる．電子顕微鏡による観察でも，確かにストレスファイバには骨格筋ほど秩序だった微細構造は認められない（図2.2）．そこで横紋筋のサルコメア

と区別するために，ストレスファイバの内部構造を指して非筋サルコメアと呼び，話しを続ける．

2.4.1項で説明した等尺性収縮力の測定をストレスファイバの非筋サルコメア間隔を変えながら実施した結果，最大の等尺性収縮力が得られる非筋サルコメア間隔が存在することがわかった[6]．しかもこの最適と言える非筋サルコメア間隔は，ストレスファイバが細胞内に存在するときに有する長さとおよそ等しかった．すなわち，図2.9に示す骨格筋の性質に似た等尺性収縮力と構造の関係がストレスファイバにも存在することが明らかにされた．

つまりストレスファイバでも，骨格筋と同様に，内部構成要素のアクチンフィラメントの過度な重なりが進むにつれて収縮能力が低下し，一方，引っ張られ過ぎるとアクトミオシンの重なりが減るためにやはり収縮力を発生できないことが示された．

なお骨格筋ではサルコメア長さが $3.7\,\mu m$ 以上の過度に引っ張られた状態ではコネクチン (connectin) ／タイチン (titin) (Z盤とミオシンの太いフィラメントを結合する巨大タンパク質) という構造タンパク質の働きによって，ミオシンの太いフィラメントがサルコメアから離れることを防ぐ．我々の実験においても，破断を起こさずに，収縮力が発生できないひずみ領域までストレスファイバを引っ張ることができた[5]．非筋細胞においても，筋肉のコネクチン／タイチンに似た分子がストレスファイバに沿って存在していることが最近明らかにされている．したがって，ストレスファイバでも過度に引っ張っても構造が破壊されなかったのは非筋アイソフォームのコネクチン／タイチンが張力を支えたためと推測される．

2.4.3　その他の重要な性質

前項までにおいてストレスファイバの重要なバイオメカニクス的性質を説明した．まず2.4.1項ではストレスファイバに大きな負荷が存在するとき，つまり硬い基質があるときに初めて大きな収縮力を発生できることを示した．2.4.2項ではストレスファイバが細胞内で有している非筋サルコメア間隔において最も大きな収縮力を出すことができ，その長さより引っ張られても圧縮

消失（脱重合・脱束化） ⇄(収縮力上昇／収縮力低下) ストレスファイバ ⇄(収縮力上昇／収縮力低下) 発達（重合・束化）

構成タンパク質
（アクチンフィラメントなど）

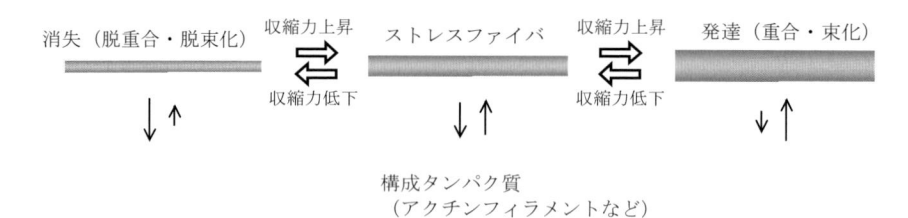

図 2.11 ストレスファイバに対する分子の出入り．平衡状態（注釈 10）ではストレスファイバとそれ以外の細胞質との間で，構成タンパク質の各分子が平均的に等しい速度で交換される．分子が外に出ることが多くなるとストレスファイバは消失し，取り込みが多くなるとさらに発達する．

されても収縮力が低下してしまうことを示した．

　この特徴的な収縮特性と，すでに知られている次の三つの事柄を合わせて，細胞内に存在すると考えられる力学的ホメオスタシスの機構について考察する．

　まず(1) 細胞内では常に分子の入れ替わり（ターンオーバー）が起こっていることである．ストレスファイバを構成するアクチンなどの分子は常にターンオーバーによって別の分子が入り込んできたり，あるいはすでにストレスファイバに組み込まれている分子が離れていったりする．その出入りの速度が等しい時が平衡状態（ただし 19 頁の注釈 10 で述べた意味）である（図 2.11）．

　また(2) アクトミオシンはミオシン軽鎖のリン酸化レベルが上がるほど構造が安定であり，さらなる重合・発達が促されることが知られている[14]．逆にミオシン軽鎖のリン酸化レベルが下がると，ストレスファイバは脱重合する．この分子メカニズムは完全には明らかでない[12]が，次のことが考えられる．ミオシン頭部は ATP を結合すると，アクチンから速やかに離れる（2.3.2 項）．ここでミオシン軽鎖がリン酸化されていると，ミオシン頭部の ATP 加水分解能が高い．したがって，ストレスファイバ内のいくつかのミオシン II は ATP を分解して得たエネルギを利用してアクチンフィラメント上を滑り運動することができる，つまり収縮することができる．このように ATP を結合した後にいったん離れていたミオシン II がアクチンフィラメントへと再び戻ることができることは，ストレスファイバの構造の安定につながる．一方，リン酸化レベルが低いと全てのミオシン II がアクチンフィラメントへ戻ることができずに，ストレスファイバが徐々に細くなり，ひいては脱重合し

てしまう[11]．つまり不安定な構造となる．

　また(3)細胞外基質が非常に柔らかいときにはアポトーシスもしくは分化誘導を起こすことが知られている．逆に細胞外基質が硬いときにはマイトーシス（分裂）を起こす，すなわち増殖能力を持つようになる．上記の筆者らの実験結果（図 2.10）から，作用・反作用の法則を利用して大きな収縮力を発生するストレスファイバにとって，自らに負荷がかかるほど大きな張力を生じることが示されている．したがって，基質が柔らかいときにはストレスファイバは大きな収縮力を発生できないであろう．逆に基質が硬いときにはストレスファイバには大きな張力が存在していると考えられる．このときストレスファイバと基質の間に直列につながって存在する焦点接着斑にも同じ大きさの大きな張力が加えられる（図 2.8）．この焦点接着斑にかかる力の重要性については最近盛んに研究がされており，多くの報告がある．それらを総合すると，次のことがわかっている．2.2.1 項で述べた p130Cas も含めて，接着斑に存在するいくつかのシグナルタンパク質は，張力が作用していた方が活性化されやすい[15]．この焦点接着斑タンパク質の活性化によって接着斑が形成・維持され，増殖能を発現する．詳細は省くが，さらに大きな力が負荷される力学環境においては，細胞の性質が不可逆的に変わることが知られている．このように，細胞の機能を保つにはこの焦点接着斑に適度な引っ張り負荷を与える必要がある．

2.4.4　収縮特性に基づく力学的ホメオスタシスの機構

　以上を併せて，力学的ホメオスタシスの機構を考察する（図 2.12）．ここでは最も単純な例として，一方向への持続的伸展時の応答について考える（図 2.3）．また，19 頁で述べた「準」平衡状態を仮定する．接着した細胞を一方向にゆっくり引っ張ってその長さを固定すると，その方向に平行なストレスファイバは伸ばされる．このとき自発的な変化（リモデリング）の方向を示す自由エネルギについて考えると，まず，一般にアクチンフィラメントのように自己組織化する物体では重合時にエントロピが減少する．しかしエンタルピの減少が十分小さいために，結果としてエントロピ駆動的に自由エネルギ

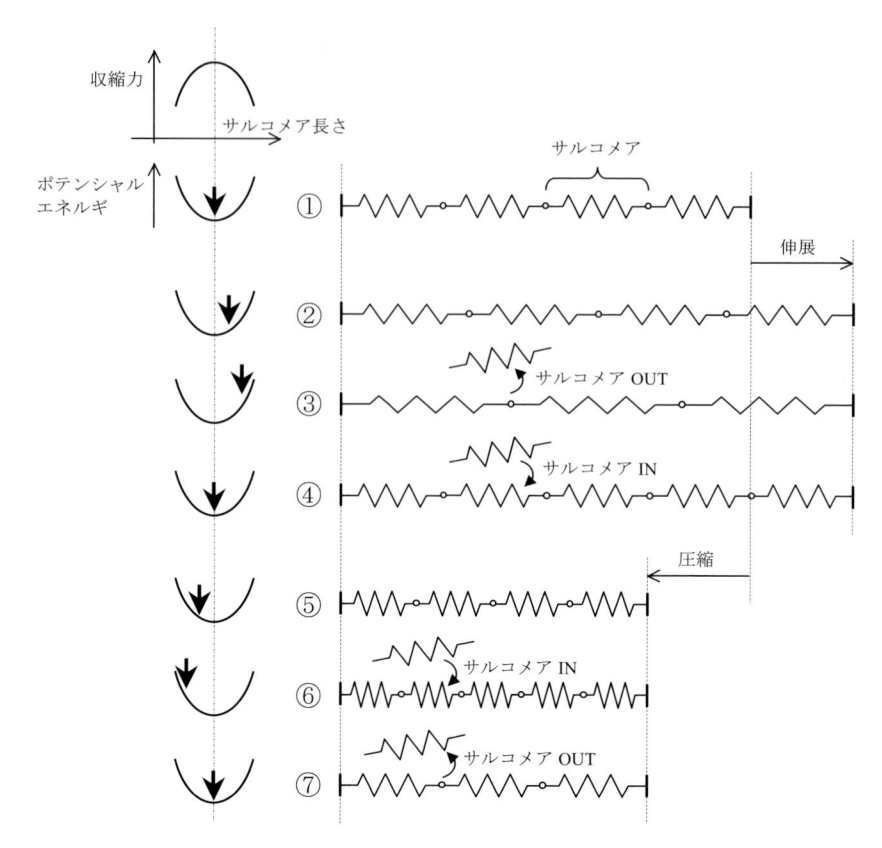

図 2.12 力学的ホメオスタシスの説明図．左上の「上に凸の曲線」は図 2.9 と同様なストレスファイバの収縮力とサルコメア間隔との関係を模式的に示している．これは最大の収縮力かつ最小のポテンシャルエネルギを持つ非筋サルコメア間隔が存在することを示している．ここでは簡単のためにポテンシャルエネルギの下に凸の曲線を左右対称に描いている．右は，個々のサルコメアを一つのバネで表現している．ストレスファイバを 4 つのサルコメアが直列に結合されたものとしている．簡単のためサルコメアそのもの一つ一つが出入りするように描いているが，実際にはサルコメアの構成成分それぞれが別々に出入りする．

が減少する．実際の自由エネルギにはこれに加えて，非筋サルコメア構造内のひずみを関数とするひずみエネルギ（ポテンシャルエネルギ）が関与する．

　すでに述べたように，無負荷時の細胞内ではストレスファイバは最適な非筋サルコメア間隔を有しており，その時点でのミオシン軽鎖リン酸化レベル

に応じた最大の収縮力を発生している（図 2.12 ①）．その状態から外力を与えて引き伸ばすと，収縮力は低下する（②）．ここで，2.4.3 項の (1) で述べた分子ターンオーバーが起こった際に，分子がストレスファイバから出ること（③）と，もしくはストレスファイバへ入ること（④）とでどちらが優性になるのかを考える（分子交換は絶えず起きているが，自由エネルギの観点からどちらが自発的に起こる現象なのかを考える）．

　もしこの伸ばされたストレスファイバにすでに組み込まれていたアクチンあるいはミオシン II 分子がストレスファイバから解離したとすると，それはますます引っ張りひずみ（あるいは非筋サルコメア間隔）を増加することにつながる．これはひずみエネルギを増大させるとともに，最適な非筋サルコメア間隔からさらに遠ざかることにつながるため，収縮力は一層低下する（③）．一方，新たなアクチンあるいはミオシン II 分子がこの伸ばされたストレスファイバの中に取り入れられたとすると，ひずみが減る（④）．したがって，ひずみによってストレスファイバ内部に蓄えられていたひずみエネルギを開放・低下させるとともに，元々有していた最適な非筋サルコメア間隔へと近づくために収縮力は回復するであろう．

　逆に，細胞をゆっくりと圧縮してストレスファイバを短くしたときも，収縮力の低下の原因と考えられるフィラメント同士の重なりや押し合いが進んで圧縮構造ひずみが増し，多かれ少なかれひずみエネルギの増加につながる（⑤）．この時，引っ張り時と同様に，初期の最適な非筋サルコメア間隔よりも短くされたことが原因で収縮力は低下する．この状態での新たなアクチンあるいはミオシン II 分子の出入りを考えると，ストレスファイバへと取り入れられた場合にはますます窮屈になって圧縮ひずみが増え，ひずみエネルギが増えつつ収縮力は低下する（⑥）．これに対して，アクトミオシン分子が離脱すると構造ひずみが減ってひずみエネルギは下がり，かつ収縮力が回復するであろう（⑦）．

　以上のように，最大収縮力を発生する最適な非筋サルコメア間隔の存在（図 2.9），および頻繁に起こる分子ターンオーバー（図 2.11）を考慮すると，この最適な非筋サルコメア間隔へ戻るというストレスファイバのリモデリング（構造の再構築）が自発的に起こりやすいことがわかる．

2.4.3 項 (2) で述べたように，収縮力が高いストレスファイバは安定な構造を保ち続けることが知られている．一方，収縮力が弱いストレスファイバは，ミオシン II がアクチンフィラメントをたぐり寄せる力が弱いために構造が不安定となり，構成タンパク質はストレスファイバから離脱していく．つまりストレスファイバに力学的なじょう乱が加わると，それを打ち消して最適な非筋サルコメア間隔に自律的に戻すようなアクトミオシン運動および分子ターンオーバーが起こり，ストレスファイバは安定な構造を保つことになる．つまりネガティブ（抑制）フィードバックの機構が存在する（図 2.7）．

しかも構造を元に戻すことは，常に定まった張力を維持することを意味する（図 2.12 の①，④，⑦では各バネの伸びが同じであることに注意）．また一定の張力を維持するという観点から，「力学的ホメオスタシス」あるいはより具体的には「張力ホメオスタシス」が存在していると見なすことができる．この一定の張力の存在は，（ミオシン軽鎖のリン酸化レベルに固有な）一定値のひずみがストレスファイバに存在している[16]ことからも裏付けられる．このひずみは元来，初期ひずみ (prestrain) と呼ばれ，細胞バイオメカニクス研究者の間で注目を集めることが多いが[9]，なぜ一定に保たれるのかは説明されていなかった．

筆者らは細胞に伸展や圧縮を与える実験によって図 2.12 に示したような非筋サルコメア変化が実際に現れることを確認している．また，ここでは単純に一次元のモデルで考えたが，実際には 2.3.1 項に記したようにストレスファイバは数百 nm の太さを有する束構造を持つ．詳細は省くが，この束の太さ（ひいては張力を太さで除した引張応力）の変化も，非筋サルコメア間隔に対して下に凸の自由エネルギを有するストレスファイバ単位構造を考慮することにより説明できる[17]．これらの実験的・理論的結果から，ストレスファイバ（かつそれに直列につながる焦点接着斑）に作用する引張応力が（ミオシン軽鎖が十分にリン酸化されている条件において自由エネルギ低減を駆動力とするミオシン II の移動によって）一定に保たれることがわかる．

2.4.5 力学的ホメオスタシスの意義

2.4.1項の実験で説明したように，ストレスファイバは負荷が大きいほど大きな収縮力を発生する．この負荷とはストレスファイバの収縮力とつり合う外部の力であるが（図2.8），これは実際の細胞では基質の硬さが決定因子の一つとなる．細胞は基質に接着すると細胞外基質を作るタンパク質を産生して，徐々に自らの足場を固めていく．十分に細胞外基質が発達した定常状態においては，基質の硬さが安定している．このとき，細胞内部のストレスファイバに目を向けると，前項で述べたネガティブフィードバックの機構に基づいて，ストレスファイバは一定の収縮力を発生する．つまり，ストレスファイバから細胞外基質までの線維，つまり焦点接着斑も含めて，これらの内部に一定の張力（正確には引張応力）が維持されることになる．

2.4.3項の(3)で述べたように，細胞が分裂能を維持するためには，ストレスファイバの両端に存在する焦点接着斑に常に力がかかっていなくてはいけない．焦点接着斑に凝集して存在している他のタンパク質の多くにも同様に張力がかかっており，その結果これらのタンパク質がチロシンリン酸化され，様々な機能[15]を果たしている．したがって，張力を一定に保つ張力ホメオスタシスの機構が存在すれば，これらのタンパク質の機能が一定に保たれるであろう[8]（図2.7）．これが当ホメオスタシスの重要な点であり，かつ力学的刺激を受けた細胞がストレスファイバのリモデリングを経て達成しようとする「適応」のメカニズムであると考えられる．2.2.2項ではまだ主観的であった「適応」という言葉を，ここで「焦点接着斑に一定の張力を与えること」として客観的な言葉で説明することができた（厳密には焦点接着斑・ストレスファイバにはサイズがあるので，幾度か述べたように張力よりも引張応力が正しい制御対象である）．

この力学的ホメオスタシスが維持されるじょう乱の範囲においては，張力に増減があったとしても，ストレスファイバのリモデリングによって焦点接着斑へ一定の張力を与えるように細胞システムが制御される．ところが，制

---

[15] この機能の中には，炎症促進作用を引き起こす分子の活性化が含まれる．炎症促進作用が慢性的に活性化することが，癌や動脈硬化の発症の根本的原因であることが近年指摘されている[8]．したがって，力学的ホメオスタシスの制御機能が破綻すると癌や動脈硬化を誘導するきっかけとなるかもしれない．

御可能な範囲以上のじょう乱が加わったときには，まず取り込まれるタンパク質のアイソフォームが変わり，それから細胞の分化が促進される[18]．

ところで細胞の遊走などいくつかの運動時においても，焦点接着斑とストレスファイバの両者には精緻な分子機構が働いている．本章で述べたネガティブフィードバックの機構は初め2.1.3項で断ったとおり（19頁注釈10で述べた意味での）平衡状態を前提としている．したがって（化学物質の濃度勾配が引き起こす）遊走など，「力」とは異なる要素が引き金となる非平衡状態（と見なす他ない）現象は対象としていない．

2.4.6 ストレスファイバ再構築のその他の例

ここまでは力学的ホメオスタシスの本質部分を説明するために，最も簡単な一方向への持続的伸展刺激（図2.3）の場合を対象としていた．それではその他の一般的な力学的刺激を受けたときのストレスファイバのリモデリングはどのようなものか．

すでに2.4.3項で述べたように，ミオシン軽鎖のリン酸化レベルが低く収縮力が弱いときは，ストレスファイバは脱重合することがわかっている[11,12]．単一方向への周期的な伸展刺激（図2.3）を受けた場合，図2.12で説明した最適な非筋サルコメア間隔からアクトミオシンが互いにずれる時間が長くなるために，構造が不安定になると考えられる[16]．実際に図2.3に示した通り，持続的伸展刺激を受けた細胞ではストレスファイバの大部分が消失することなく伸展方向に配向していくのに対して，周期的伸展刺激を受けた細胞ではいったんストレスファイバが脱重合して消失し，その後に伸展方向とは垂直な方向に配向した形で現れる[1]．このように「いったん」不安定になり消失することが持続的伸展刺激とは異なるポイントである．筆者らはミオシン軽鎖のリン酸化レベルが下がって脱重合したストレスファイバの多くは，言葉通りバラバラになるわけではなく（アクチンが単分子になるまで脱重合されるのではなく），無数のフィラメント構造を保ったまま細胞質に拡がること（アクチンメッシュワーク）を観察した[11,12]．単一のアクチンフィラメント

---

16) 実際にはこれ以外にも，「ミオシンIIのATP加水分解能のひずみ依存性」に基づいたストレスファイバの構造不安定化メカニズム[11,12]などがはたらき，ストレスファイバの消失を強力に進めると考えられる．

やミオシンIIのフィラメントに分解されて細胞質に均一に拡がった構成要素が，再びアクトミオシン収縮を利用して新たなストレスファイバを作っていく．つまり，いったんストレスファイバがない状態にリセットされて，ランダムなアクチンメッシュワークの状態から再びストレスファイバが新しい力学環境に適した構造を再構築していく．

なお，細胞に多方向へ繰り返し伸展刺激を与えると，ストレスファイバは特定の方向へ配向したとしても常に力学的なじょう乱を受け続けることになる．その場合にはストレスファイバは安定な構造を保つことができず，張力および焦点接着斑下流シグナル分子の活性化が持続的に上昇する[8]．

その他の例として，血液など体液の流れによる一方向への定常せん断応力を受けた際には，（持続的伸展刺激と同じく）元々流れ方向にあったストレスファイバが同方向にさらに発達していくことが知られている（図2.3）．よってストレスファイバに着目すれば，持続的伸展刺激のときと同様な再構築が起こると考えることができる．実際の血流には拍動が存在する．これは拍動流れ（せん断応力の時間平均値がゼロではない），あるいは振動流れ（せん断応力の時間平均値がゼロ）とモデル化され，それぞれの場合における細胞の力応答が調べられている．

このときの細胞の力応答について，(A)「拍動流れ・定常流れ刺激」と「一方向伸展刺激」における細胞の力応答（接着斑の活性化の仕方）が似ており，また，(B)「振動流れ」と「多方向伸展刺激」が似ていることが現象的にわかっている[19]．

これを本章で述べた力学的ホメオスタシスに基づいて考察すると，(A)では細胞に負荷される合力のベクトルに特定の方向が存在するためにストレスファイバが特定の方向に配向できる（適応できる）．これに対して，(B)では特定の方向への合力ベクトルが存在しないためにストレスファイバが配向できない（適応できない）ことに由来すると解釈できる．実際にこの考えを裏付けるように，(A)では焦点接着斑のチロシンリン酸化および炎症促進シグナルの活性化レベルが一定に保たれるのに対して，(B)ではこれらが持続的に上昇を続ける[8]．生体内で(B)のような力学環境にさらされた血管内皮細胞には慢性的な炎症促進反応が生じ，動脈硬化の好発部位になることが知ら

れている[20].

　なお，一方向拍動流のような周期的せん断応力を受けた場合でも，細胞は流れの方向に配向する[21]．水平面内の変形だけを見れば周期的伸展刺激を受けたときのように，負荷方向に対して垂直に配向するはずである．しかしながら流れ負荷刺激の場合は水平面内だけでなく，細胞の高さ方向に沿ってせん断変形を受けるために，結局，垂直方向に配向・伸張するとかえって自らへの負荷が大きくなるために[22]，負荷のより小さい平行方向に配向・伸張すると考えられる．

2.4.7　細胞内ひずみとストレスファイバの分布の関係

　以上は力学的刺激を受けた際の細胞応答であった．続いて，力学的刺激が存在しない静置培養時の挙動について考えてみる．細胞が接着できる基質を特殊な形状に制限したときの様子を調べる[15,23]．図 2.13 の右二つの列は（細胞のサイズと同程度の）微小なアルファベット文字 V，T，Y，U 字型を持つ細胞外基質（マイクロパターン）に接着したときのそれぞれ単一の細胞を示している．これらの図ではアクチンとビンキュリン（接着斑に含まれる構造タンパク質の一つ）の局在を示している（それぞれのタンパク質に特異的な蛍光標識を行うことにより観察できる）．

　一方，図 2.13 の左側の列は有限要素法による構造解析の結果である．細胞が（それぞれのマイクロパターン上で）空間的に一様に収縮[17]する際に最も負荷がかかりやすい場所（構造ひずみ，あるいは応力が大きい場所）を調べることができる．細胞内で最も負荷が強くなるのは矢印で示した場所であり，これはビンキュリンが現れる位置と一致している（中央の列）．また負荷が小さい場所を暗い色で示しているが，これはアクチンの束，すなわちストレスファイバの分布と一致している（右の列）．このように，細胞が収縮するときに最も負荷が強い場所（細胞が基質からはがれないように補強しなくてはいけない場所とも言える）に焦点接着斑が現れている．さらに，Y 字型マイク

---

[17] 収縮の源となるアクチンやミオシン II は，ストレスファイバが発達する以前には細胞内におよそ一様に分布する．ここでは，ストレスファイバが発達する以前を対象に議論するために，「細胞質が空間的に一様に収縮する」ことを仮定している．

第 2 章　細胞による外力感知・適応のメカニズム　　　　　　　　　　37

ひずみ分布	ビンキュリン	アクチン

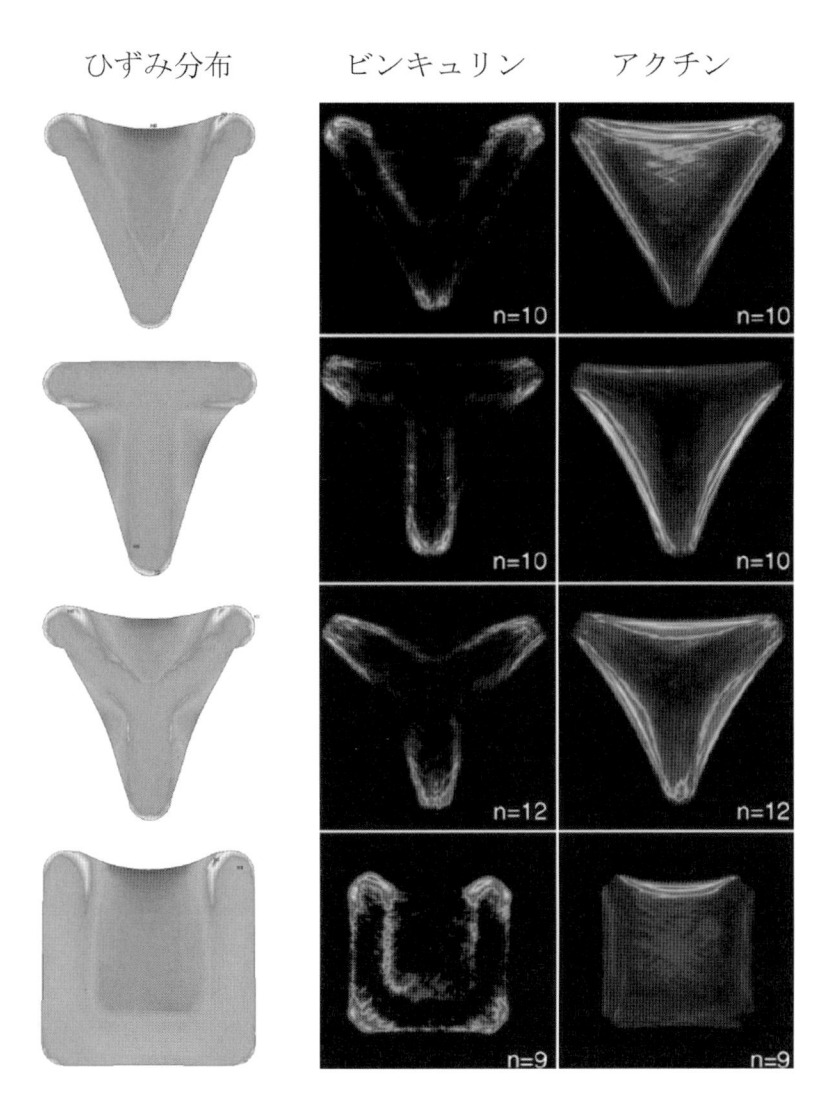

図 2.13　ストレスファイバと焦点接着斑および細胞内ひずみの空間分布の関係．左側の列は，アルファベット文字形状を持つ構造物が一様に収縮したとしたときに構造解析で得られるひずみ分布（文献[15]より引用改変）．暖色系の色ほど高いひずみ値を示す．本物の細胞（左側の二つの列）を観察すると，ひずみが大きいと予測された箇所に細胞接着斑タンパク質の一つビンキュリンが現れる．またひずみが小さい場所にアクチン（ストレスファイバの主成分）が現れる．（口絵参照）

ロパターンには形状角度の違いに基づいて各辺縁に異なる大きさのひずみが得られる．図 2.13 を見ると，同じ Y 字型の中でも負荷が強い場所ほど焦点接着斑が大きくなり，また辺縁の中で負荷（ひずみ）が小さい側ほど太いストレスファイバの発達が見られる．

　このことは実際の細胞において，ストレスファイバが最初に細胞辺縁（負荷が小さい）から発達することと関連があると思われる．細胞を基質に接着させると，まず細胞膜上のインテグリンが基質に結合する．細胞質内には豊富（数ミリのモル濃度）に ATP が存在するため，アクチンフィラメントとミオシン II がすぐに相互作用を開始し，インテグリンに負荷がかかる．始めインテグリンはランダムな空間分布を取っており，アクトミオシンが空間的に一様に収縮したとしても，場所によって負荷のかかり方が異なる．そして細胞質内でひずみが大きい場所と小さい場所が現れる．ここでインテグリンは細胞外基質からの解離定数が比較的高い（10^{-7}）ために，細胞外基質と付いたり離れたりを繰り返している．よってアクトミオシンからの力の影響を受けながら滞在場所を変えることができる．ミオシン II が周囲のアクトミオシンをたぐり寄せて発達していく中で，V，T，Y，U 字型基質の頂点にインテグリンがたどり着いた時にそこで最も負荷がかかる．接着斑（メカノセンサの集まり）に力がかかると，接着斑を構成するタンパク質が活性化する（図 2.4）．この接着斑の活性化は，RhoAGEF という物質の活性化とミオシン軽鎖のリン酸化レベル向上を経て，ストレスファイバの収縮力を上げることが知られる．

　よって，V，T，Y，U 字型マイクロパターンの頂点のように，負荷がかかりやすいところほど接着斑が発達し，それがストレスファイバの収縮力を高め，さらに負荷を強くする．つまり，力と細胞接着が互いを高め合うポジティブフィードバック機構が現れる[15]．外部からの力学的刺激が不在であるためにネガティブフィードバック（図 2.7）ははたらかず，結果として「力の強いところに接着が強化される」として説明できる．したがって，図 2.13 の細胞内ひずみ場（または応力場）と接着斑・ストレスファイバの分布と大きさには高い正の相関が現れる．このポジティブフィードバックと，力学刺激負荷時のミオシン II の動きに基づくネガティブフィードバックの組み合わせが，細

胞内の張力ホメオスタシス，つまり細胞の適応を可能にするシステムの主要素と考えられる．

2.5 最後に

本章では主に筆者らの研究成果に基づいて，簡単にではあるが細胞の力応答（力学環境の感知と適応）について紹介した．ストレスファイバ（あるいはアクトミオシン）の収縮特性に基づいて，力学的ホメオスタシスの存在とそれを可能にするポジティブ・ネガティブフィードバック機構について述べ，適応という元々やや主観的であった概念を客観的な言葉で説明した．本章を読み，細胞の力応答の研究分野，とりわけ今後この分野において本質的な展開を切り拓くポテンシャルがある細胞のバイオメカニクスに関心を持って頂ければ幸いである．

なお最後に，本章で述べた筆者の研究データおよびアイデアは，筆者の研究室の研究員松井翼氏と共同で得たものである．本文にも目を通し貴重な意見を提供してくれた．また東北大学の佐藤正明教授からも多くの支援を頂いた．ここに謝意を記す．なお都合上，引用文献は関連の深いものの一部を示すに留まっていることをお許し頂きたい．

参考文献

(1) 曽我部正博：機械刺激による細胞の形づくり− 機械刺激の受容から応答へのシグナルフロー −，生物物理，40，31-37，(2000)．

(2) Deguchi, S., Sato, M.: Biomechanical properties of actin stress fibers of non-motile cells. *Biorheology*, 46, (2009), 93–105.

(3) 渋谷正史：癌と血管新生の分子生物学，南山堂，(2006)．

(4) 出口真次・松井翼：アクチンストレスファイバの動態調節の分子機構とメカニクス，第22回バイオエンジニアリング講演会講演論文集，(2010)．

(5) 松井翼・出口真次：アクチンの取り込みを伴わないストレスファイバの可逆的収縮，第22回バイオエンジニアリング講演会講演論文集，(2010)．

(6) 小野寺瞳・松井翼・出口真次：アクチンストレスファイバの収縮と構造の関係について，第22回バイオエンジニアリング講演会講演論文集，(2010)．

(7) Sawada, Y., Tamada, M., Dubin-Thaler, B. H., Cherniavskaya, O., Sakai, R., Tanaka, S., Sheetz, M.: Force sensing by mechanical extension of the Src family kinase substrate p130Cas. *Cell*, 127, (2006), 1015–1026.

(8) Kaunas, R., Deguchi, S.: Multiple roles for myosin II in tensional homeostasis under mechanical loading. *Cell Mol Bioeng*, 4, (2011), 182–191.

(9) Ingber, D. E.: Tensegrity II. How structural networks influence cellular information processing networks. *J Cell Sci*, 116, (2003), 1397–1408.

(10) Cramer, L. P., Siebert, M., Mitchison, T. J.: Identification of novel graded polarity actin filament bundles in locomoting heart fibroblasts: implications for the generation of motile force. *J Cell Biol*, 136, (1997), 1287–1305.

(11) Matsui, T. S., Ito, K., Kaunas, R., Sato, M,. Deguchi, S.: Actin stress fibers are at a tipping point between conventional shortening and rapid disassembly at physiological levels of MgATP. *Biochem Biophys Res Comm*, 395, (2010), 301–306.

(12) Matsui, T. S., Kaunas, R., Kanzaki, M., Sato, M., Deguchi, S.: Non-muscle myosin II induces disassembly of actin stress fibres independently of myosin light chain dephosphorylation. *Interface Focus*, 1, (2011), 754–766.

(13) Hill, A. V.: The heat of shortening and the dynamic constants of muscle. *Proc R Soc Lond B Biol Sci*, 126, (1938), 136–195.

(14) Schoenwaelder, S. M., Burridge, K.: Bidirectional signaling between the cytoskeleton and integrins. *Curr Opin Cell Biol*, 11, (1999), 274–286.

(15) Deguchi, S., Matsui, T. S., Iio, K.: The position and size of individual focal adhesions are determined by intracellular stress-dependent positive regulation. *Cytoskeleton* 68, (2011), 639–651.

(16) Lu, L., Feng, Y., Hucker, W. J., Oswald, S. J., Longmore, G. D., Yin, F. C. P.: Actin stress fiber pre-extension in human aortic endothelial cells. *Cell Motil Cytoskeleton*, 65, (2008), 281–294.

(17) 出口真次・松井翼：再生系細胞に存在する張力ホメオスタシスの幾つかの証拠，日本機械学会 2010 年度年次大会講演論文集，(2010).

(18) Goffin, J. M., Pittet, P., Csucs, G., Lussi, J. W., Meister, J. J., Hinz, B.: Focal adhesion size controls tension-dependent recruitment of alpha-smooth muscle actin to stress fibers. *J Cell Biol*, 172, (2006), 259–268.

(19) Chien, S.: Mechanotransduction and endothelial cell homeostasis: the wisdom of the cell. *Am J Physiol Heart Circ Physiol*, 292, (2007), H1209–H1224.

(20) Hahn, C., Schwartz, M. A.: Mechanotransduction in vascular physiology and atherogenesis. *Nat Rev Mol Cell Biol*, 10, (2009), 53–62.

(21) 安藤譲二：シェアストレスと内皮細胞，メディカルビュー社，(1996).

(22) Liu, S. Q., Yen, M., Fung, Y. C.: Fung On measuring the third dimension of cultured endothelial cells in shear flow. *Proc Natl Acad Sci USA*, 91, (1994), 8782–8786.

(23) Thery, M., Pepin, A., Dressaire, E., Chen, Y., Bornens, M.: Cell distribution of stress fibres in response to the geometry of the adhesive environment. *Cell Motil Cytoskeleton*, 63, (2006), 341–355.

第3章 アクチン細胞骨格のバイオメカニクス

安達泰治

3.1 はじめに

　細胞運動や細胞分裂などの様々なダイナミックな過程において，アクチン細胞骨格は，細胞内で力学構造システムを形成し，重合・脱重合，分岐，切断などにより常に変化することで，細胞の形態・機能を調節している[1]．これらの過程において，多くの生化学的因子だけでなく，細胞骨格に作用する力や変形などの力学的因子が重要な役割を果たしている[2-7]．すなわち，アクチン細胞骨格からなる構造システムに対する力学的環境の変化は，細胞内の動的な平衡状態に影響を与え，結果として，細胞形態・機能の適応的な変化をもたらすこととなる．

　細胞の形態変化を駆動するアクチン細胞骨格は，巨視的には細胞接着や細胞膜と相互に影響を及ぼし合いながらダイナミックに変化するネットワーク構造やファイバー構造として観察される[4]．これらの現象を表す数理モデルは，巨視的な現象論的モデルとして表現するのが一般的である．しかしながら，アクチン細胞骨格は，図3.1に示すように，巨視的なネットワーク構造レベルから微視的な分子レベルにまで至る階層的な構造を有しているため，微視的な分子間の相互作用を考慮したモデル化が重要となる．すなわち，微視的には熱ゆらぎの中で複雑に相互作用する多くの分子のふるまいが，巨視的にシステムの変化として観察される様子を数理モデルとして表現し，計算機シミュレーションを通じて，時間・空間スケールを越えて現れるこれらの現象を理解することが重要であると考えられる[8]．

　本章では，このようなアクチン細胞骨格のダイナミックな構造変化のマルチスケールモデリングを目指して，分子モデルを用いたアクチンタンパク質

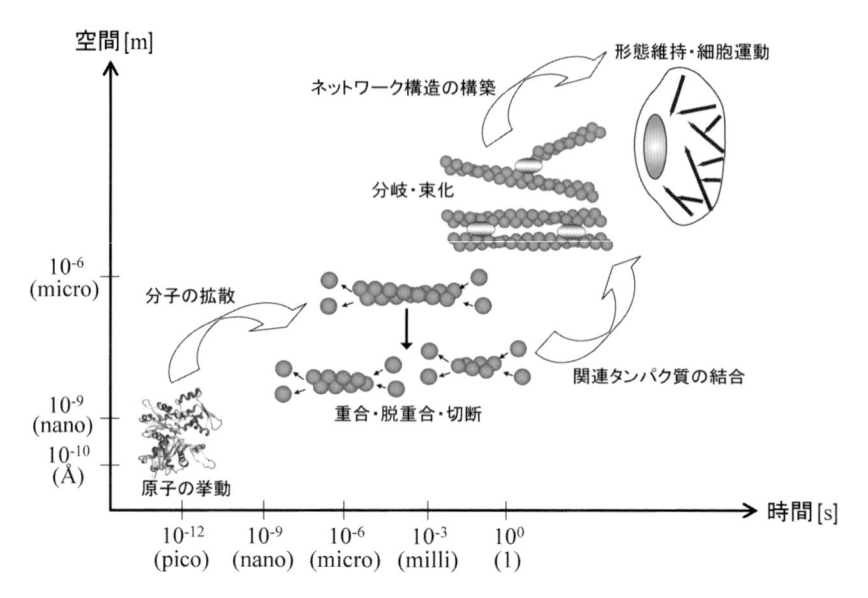

図 3.1 アクチン細胞骨格のマルチスケールダイナミクスにおける時間・空間スケール

分子，粗視化モデルを用いたフィラメント，および，連続体力学に基づくアクチン細胞骨格構造の力学的挙動解析について述べる．これらにより，分子レベルから粗視化の過程を経て，巨視的な連続体レベルにおけるアクチン細胞骨格ダイナミクスに至る数理モデル化とシミュレーション研究の最前線を紹介する．

3.2 分子モデルによるアクチンタンパク質の動的挙動解析

3.2.1 分子動力学解析

A 分子動力学解析の意義

アクチンフィラメントは，図 3.2 に示すように，G-アクチンと呼ばれるタンパク質から構成される二重らせん構造を有している．細胞質内において，アクチンフィラメント内の構成原子は熱振動し，それに伴って，分子構造は，アミノ酸残基レベルから二重らせん構造レベルに至るまで様々な時間・空間スケールで複雑に変化する．この分子構造の動的なふるまいは，アクチン分

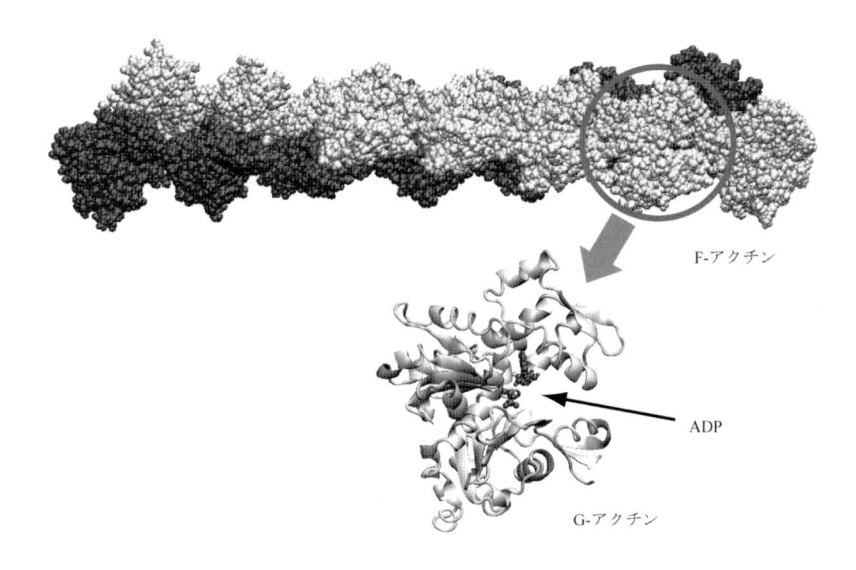

第 3 章 アクチン細胞骨格のバイオメカニクス

図 3.2 アクチンフィラメントの分子構造

子が有する多様な機能を発現する源となる．そのため，アクチン分子構造の運動を詳細に観察することは，その機能を明らかにする手がかりを得る上で重要であり，アクチン分子の力学的挙動を原子・分子レベルで微視的に解析することが望まれている．

アクチン分子の動的挙動を理解する一つの手法として，分子動力学 (Molecular dynamics: MD) 法が活用されている．分子動力学法は，分子集団系の全構成原子に対して，

$$m_i \frac{d^2 \boldsymbol{x}_i}{dt^2} = \boldsymbol{F}_i \tag{3.1}$$

で表される Newton の運動方程式を解くことで，対象とする分子の軌跡を求める古典力学的手法である．ここで，i 番目の原子の位置を $\boldsymbol{x}_i$，質量を m_i，作用する力を $\boldsymbol{F}_i$ とする．分子動力学法では，原子を最小単位として扱うため，フェムト (femto: 10^{-15}) 秒オーダーの時間分解能，Å (angstrom: 10^{-10} m) オーダーの空間分解能で分子の挙動を観測することが可能となる．このような高い分解能を有する分子動力学法は，アクチン分子の精緻な挙動を観察し得る有用な手法である．

B 分子動力学法の概要
(a) 分子動力学法の発展

　分子動力学法が初めて提案されたのは，AlderとWainwright[9]の研究に遡る．周期境界条件が仮定された立方体形状の箱の中に数個の剛体球を入れ，圧力と体積の関係が計算された．その後，計算機の発達に伴い，取り扱う分子集団系も球対称の単純な粒子系から，イオン系，水，高分子へとより複雑な構造を持つ系へと広がってきた．1977年に初めてタンパク質の分子動力学シミュレーション[10]が発表されたのを皮切りに，タンパク質，核酸，脂質二重層膜など，生体分子の分子動力学解析が広く行われるようになり，様々な原子群に対して，その構造と機能の関係を解析することが可能となった．

　分子構造をより詳細に観察する手法として，原子内の電子状態を考慮する量子MD法も提案された．量子MD法は，量子力学的手法，すなわち，Schrödinger方程式を解くことにより，分子構造の軌跡を厳密に計算する手法である．量子MD法を適用することにより，極めて良い近似で分子構造の挙動を観察することができると同時に，電子が関与する化学結合の状態を解析することが可能となる．さらに，量子MD法の原理を分子集団系の比較的小さな部分に取り入れ，量子力学的手法と古典力学的手法を統合したQM/MM (Quantum Mechanics/Molecular Mechanics) 法も開発され[11]，化学反応を伴う分子の解析に有効な方法として用いられている．

　生体分子の構造と機能の関係を解析する際，張力やせん断力などの力学的因子を考慮することも重要である．なぜならば，力学的因子は，タンパク質分子に構造変化を引き起こすことにより，その機能を調節する役割を果たしている可能性があるためである．タンパク質構造に対して，局所的に外力を負荷する手法として，SMD (Steered MD) 法が提案された[12]．このSMD法を適用する利点は，原子や分子を力学的に直接制御し，強制的に分子構造の変化を引き起こすことが可能であること，また，シミュレーションにおいて実験条件を再現し得ることなどが挙げられる．そのため，SMD法は，生体分子の静電的結合や解離のダイナミクス，弾性特性の解析に適した手法として，広く使用されている[13,14]．

(b) 分子動力学法のアクチン分子への適用

前述のように，分子動力学法では，各原子に対してNewtonの運動方程式を解き，分子系全体の挙動を観察する．ここで，分子動力学法をアクチン分子に適用し，Newtonの運動方程式 (3.1) の解を求めるためには，

- 個々の原子に作用する力 $\boldsymbol{F}_i$
- 境界条件
- 初期条件

の3点を設定する必要がある．

第一に，個々の原子に作用する力 $\boldsymbol{F}_i$ を決定する必要がある．この力 $\boldsymbol{F}_i$ は，

$$\boldsymbol{F}_i = \sum_j \boldsymbol{F}_{ij} = -\sum_j \boldsymbol{\nabla} E(\boldsymbol{x}_{ij}) \tag{3.2}$$

と表され，各原子間に作用するポテンシャル $E(\boldsymbol{x}_{ij})$ の空間勾配によって決定される．ここで，$\boldsymbol{F}_{ij}$ は，j 番目の粒子から i 番目の粒子へ作用する力，$E(\boldsymbol{x}_{ij})$ は，i 番目の粒子と j 番目の粒子の間に作用するポテンシャルである．

原子間に作用するポテンシャルをうまく設定することができれば，良い近似で分子構造の挙動を予測することが可能となる．そのため，これまで様々な経験的ポテンシャルモデルが数多く提案されてきた．ここでは，タンパク質分子に対して広く扱われているポテンシャル関数について述べる．

各原子に作用するポテンシャル関数は，一般に，

$$\begin{aligned}E_{tot} = &\sum_{bonds} K_b(r_{ij}-r_0)^2 + \sum_{angles} K_\theta(\theta_{ijk}-\theta_0)^2 \\ &+ \sum_{dihedral} K_\varphi[1+\cos(n\varphi_{ijkl}-\gamma)] \\ &+ \sum 4\varepsilon_{ij}\left\{\left(\frac{\sigma_{ij}}{r_{ij}}\right)^{12}-\left(\frac{\sigma_{ij}}{r_{ij}}\right)^6\right\} + \sum \frac{q_i q_j}{4\pi\varepsilon_0 r_{ij}}\end{aligned} \tag{3.3}$$

と定義される．ここで，第一項から第三項は，図 3.3 に示す化学結合の結合長 r_{ij}，結合角 θ_{ijk}，二面角 φ_{ijkl} に関わるポテンシャルを表す．一方，第四項，第五項は，化学結合で結ばれていない原子間相互作用であるレナード・

(a) 結合長　　　(b) 結合角　　　(c) 二面角

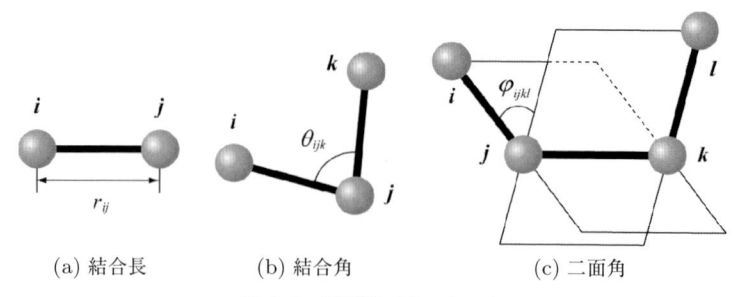

図 3.3 原子間ポテンシャル

ジョーンズ (Lennard-Jones) ポテンシャル，および，クーロン (Coulomb) ポテンシャルを表す．ここで，q_i は，各原子の電荷を表す．アクチン分子内の原子間に作用するポテンシャルを以上のように定義することで，分子動力学法におけるアクチン分子の扱いが可能となる．

さらに，アクチン分子は細胞質内に存在するため，アクチン分子内の原子間相互作用ポテンシャルに加えて，アクチン分子の周囲に存在する水分子やイオンの影響も考慮する必要がある．水分子は，アクチン分子の周囲や内部に存在し，アクチン分子の安定な立体構造を保つ上で重要な役割を担っている．生体分子の MD 解析では，水分子は剛体モデルとして扱われることが多く，その経験ポテンシャルが Jorgensen ら[15]によって提案された．同様に，Ca^{2+} や Mg^{2+} などのイオンもアクチン分子の挙動に影響を与え，その機能発現に深く関わるため，イオンを考慮することも重要である．

第二に，式 (3.1) を解く際の境界条件となる系の環境状態を設定する必要がある．分子動力学法において，原子間の相互作用のみを考慮して系の時間発展を追従すると，原子数 N，体積 V，エネルギ E を一定とする NVE アンサンブル（ミクロカノニカルアンサンブル，小正準集団）となる．しかし，実際の実験の多くは，圧力や温度が一定の条件下で行われており，分子動力学法においても，原子数 N，圧力 P，温度 T を一定とする NPT アンサンブルが環境条件として多用されている．

第三に，式 (3.1) を解く際の初期条件となるアクチン分子の原子構造が不可欠である．1990 年，Holmes ら[16]は，アクチンフィラメントが配向したゲ

ルから X 線結晶解析により,アクチンフィラメントの分子構造を得ることに成功した.その後も ATP, ADP, および,アクチン関連タンパク質が結合したアクチン分子の構造など,数多くの分子構造が求められ[17,18],様々な状況を想定した分子動力学解析が可能となっている[19,20].

以降では,分子動力学法のアクチン分子への適用例を示しながら,本手法の有用性について述べる.

3.2.2 アクチン単量体の解析

前述のように,アクチン単量体の三次元構造は,X 線結晶解析により解明されてきた.アクチン単量体の分子構造は,図 3.4 に示すように,4 つのサブドメインにより構成され,サブドメイン 1, 2 とサブドメイン 3, 4 の間には,溝 (cleft) が存在する.さらに,この溝の奥部では,ヌクレオチド (ATP または ADP) が周囲のアミノ酸残基と水素結合,イオン結合により結合している.このヌクレオチドの結合は,アクチン細胞骨格の再構築において重要な因子であると考えられている.なぜならば,ヌクレオチドの結合がなければ,アクチン分子は急激に変性し,分子構造を変えてしまうからである.そのため,ヌクレオチドの結合が影響するアクチン分子の構造やその挙動を解明しようする研究がなされてきた.ここでは,分子動力学法を用いてヌクレオチドの結合による微細な分子構造や原子間相互作用の変化を解析した研究例を紹介する.

分子動力学法を用いて,ヌクレオチドがアクチン単量体の分子挙動に及ぼす影響が,Wriggers と Schulten ら[21]により解析された.彼らは,ADP または ATP が結合したアクチン単量体に対して,水溶媒中における平衡化シミュレーションを行い,リン酸基周辺領域内の水分子が拡散する現象 (図 3.5 左) やアクチン分子からリン酸塩が解離する現象について,新たな知見を得ている.さらに,彼らは,リン酸基の挙動を調べるため,SMD 法を用い,ATP 内のリン酸基に対して一方向に引張力を負荷し[22] (図 3.5 右),リン酸塩がアクチン分子内から放出されるために必要な力を測定した.その結果,アクチン分子内のアミノ酸残基 His73 が HPO_4^{2-} と塩橋を形成し,アクチン分子

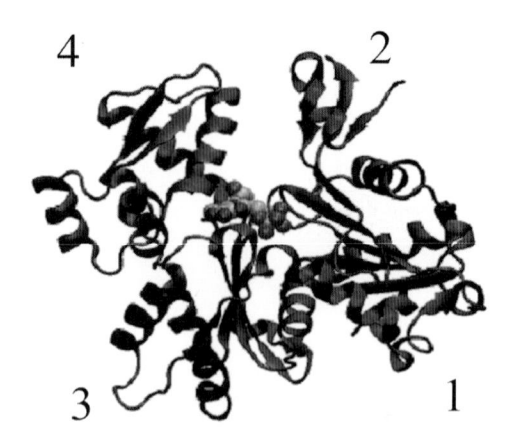

図 3.4 アクチン単量体の分子構造. ヌクレオチド（ATP または ADP）がドメイン間の溝に結合.（口絵参照）

内からの P_i の放出を阻害する可能性が示されている.

　さらに，アクチン細胞骨格構造の再構築は，アクチンフィラメントの重合・脱重合・切断により調整されている．このような再構築調整は，100 種類を超えるアクチン関連タンパク質により制御されることが知られている．そのため，アクチン細胞骨格の再構築を理解する上で，アクチン関連タンパク質がアクチン分子に及ぼす影響を調べることが重要となる．例えば，Dalhaimerら[23]は，Wriggers らと同様にアクチン分子内のヌクレオチドの結合に着目し，さらに，その結合が，アクチン関連タンパク質 Arp3 にどのように影響を及ぼすのかについて解析した．彼らは，ATP, ADP-P_i, または，ADP が結合したアクチン単量体，さらに，ヌクレオチドが結合していないアクチン単量体を用いて，それらの結合がアクチン単量体とアクチン関連タンパク質 Arp3 に及ぼす影響について解析した（図 3.6）．その結果，ATP, ADP が結合したアクチン分子の溝は閉じた状態であるが，Arp3 が付着することにより，溝は開いた状態になることが示された．また，Arp3 の C 末端の欠損が Arp3 の溝が開く傾向を弱めることも明らかとなった．さらに，ATP が結合したアクチン分子については，溝が開いている時に，ヌクレオチドの一部が離れていく様子が観察された.

　このように，分子動力学法は，アクチン単量体の分子構造変化を調べる手法

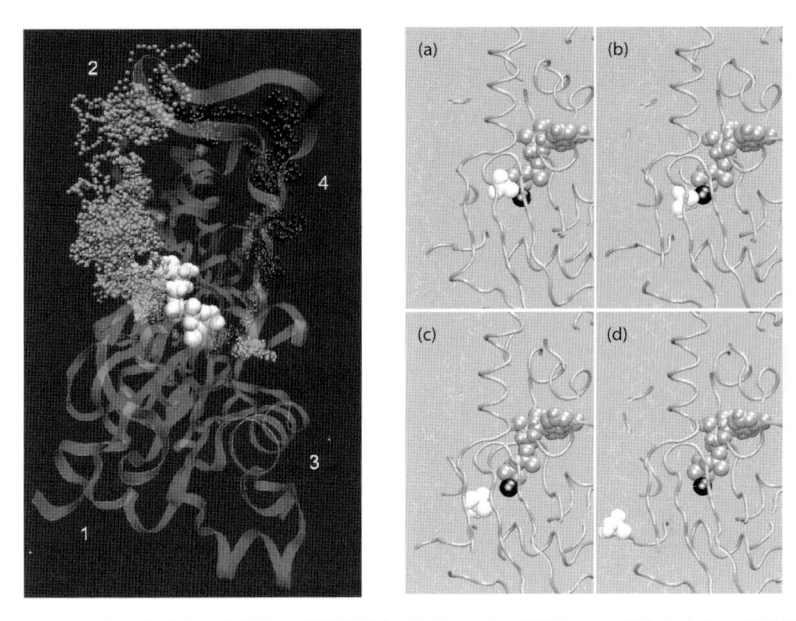

第 3 章　アクチン細胞骨格のバイオメカニクス　　49

図 3.5　アクチン分子内の水分子の拡散挙動と ATP のリン酸基に力を与えたときの分子挙動. 文献[21, 22]から改変

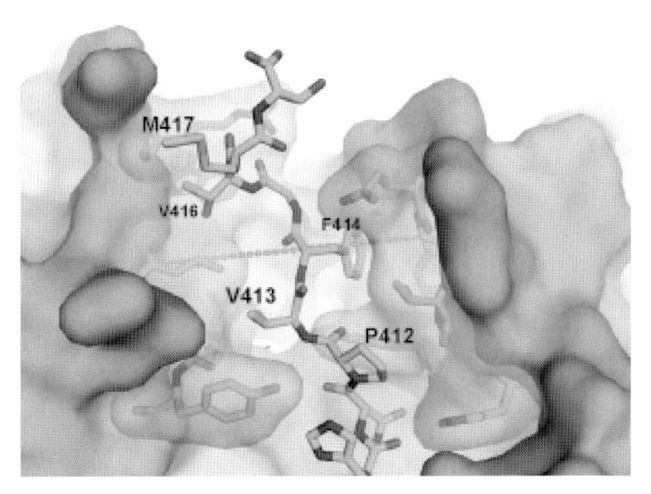

図 3.6　Arp3 の C 末端とアクチン分子の溝との相互作用解析. 文献[23]から改変.

として有用である．しかしながら，十分な長さの時間における現象をシミュレーションするためには，コンピュータの性能上，取り扱う原子の数が制限される．そのため，原子数の少ないアクチン単量体を対象とした分子動力学解析が主流であった．近年，コンピュータ技術の大きな発展に伴い，アクチンフィラメントのような巨大な分子系に対しても分子動力学解析が適用可能となってきた．次項では，アクチンフィラメントに対して分子動力学法を適用した研究例を紹介する．

3.2.3　アクチンフィラメントの解析

　細胞内に生じる巨視的な力は，多数のアクチンフィラメントがネットワーク構造やファイバー構造を形成することにより機能的に作用する．これは，分子スケールにおいては，一本のアクチンフィラメントが引張，曲げ，および，ねじれなどの力・モーメントを受けた状態として観察される．アクチンフィラメントは，細胞形状の維持や形態変化の過程において，基礎的な力学構造材としての機能を担うことから，一本のフィラメントの力学的特性を理解することが重要となる．特に，フィラメントの引張剛性，曲げ剛性，および，ねじり剛性は，フィラメントの基本的な変形を理解する上で必要不可欠な性質である．ここでは，分子動力学法を用いて，一本のアクチンフィラメントの引張，ねじり剛性を評価した研究例を紹介する[24]．

　G-アクチン 14 個から構成されるアクチンフィラメントの構造モデルを図 3.7 に示す．細胞質中における分子構造を再現するため，アクチンフィラメント周囲の直方体領域に水分子を配置し，また，系全体の電荷を中性に保つため，Na^+，Cl^- を配置した．

　このアクチンフィラメントモデルに対して，分子動力学シミュレーションを行い，平衡状態におけるフィラメント分子構造の熱ゆらぎを観察した．アクチンフィラメントは，二重らせん構造を有しているため，その構造変化は，らせん構造を特徴づける量であるフィラメントの長さ，および，ねじれ角により代表される．すなわち，長さ方向，および，ねじれ方向のフィラメントの熱ゆらぎ挙動を観測することが重要となる．その一例として，分子動力学

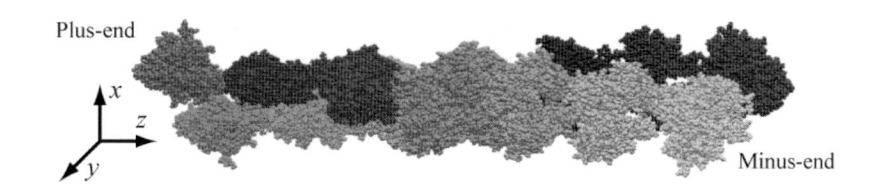

図 3.7 14個のアクチンサブユニットからなるアクチンフィラメント分子モデル（口絵参照）

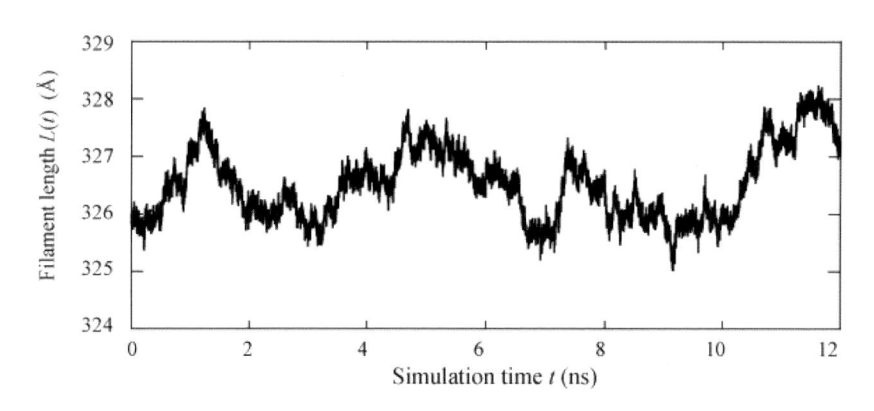

図 3.8 アクチンフィラメントの長さの時間変化

シミュレーションにより得られた平衡状態におけるフィラメントの長さの時間変化を図 3.8 に示す．このように，フィラメントは，長さ方向にランダムにゆらいでいる様子が確認できる．

アクチンフィラメント構造の熱ゆらぎに基づいて，その剛性を評価することができる．フィラメン長さ $L(t)$ の平均二乗変位 $\langle \Delta L^2(t) \rangle$ とフィラメントの引張ばね定数 $k_{ext}^{\Delta t}(t)$ は，エネルギ等分配則により，

$$\frac{1}{2}k_{ext}^{\Delta t}(t)\langle (L(t) - \langle L(t) \rangle_{\Delta t})^2 \rangle_{\Delta t} = \frac{1}{2}k_B T \tag{3.4}$$

と関係付けられる．ここで，k_B はボルツマン定数，T は温度，$\langle\ \rangle_{\Delta t}$ は，時刻 t における時間幅 Δt の時間平均を表す．式 (3.4) 式の左辺は，アクチンフィラメント分子構造の引張ひずみエネルギを表し，同右辺は，1自由度に与えられる熱エネルギを表す．同様に，フィラメントのねじれ角 $\Theta(t)$ の平均二乗

変位 $\langle\Delta\Theta^2(t)\rangle$ とフィラメントのねじればね定数 $k_{tor}^{\Delta t}(t)$ は，

$$\frac{1}{2}k_{tor}^{\Delta t}(t)\langle(\Theta(t)-\langle\Theta(t)\rangle_{\Delta t})^2\rangle_{\Delta t}=\frac{1}{2}k_B T \tag{3.5}$$

と関係付けられる．このように得られたフィラメントの引張，ねじりばね定数から，単位長さあたりの値として，引張，ねじり剛性を導出することができる．さらに，同様の展開により，アクチンフィラメントの二重らせん構造に起因した引張挙動とねじり挙動を関連付ける引張-ねじり連成剛性を評価することも可能である[14]．

本手法により，引張・ねじり剛性を評価した結果，時間幅 Δt が約 10 ナノ秒を超えて長くなるとき，本シミュレーションにより評価された剛性は，実験により測定された値と良い一致を示すことが明らかとなった．このように，長時間にわたるシミュレーションを行うことにより，分子動力学法を用いてフィラメントの巨視的な力学特性を解析可能であることが示された．将来は，アミノ酸間や原子間の相互作用をより詳細に解析することが望まれる．また，アクチンフィラメントの担う機能は，引張，曲げ，および，ねじれなどの力学的因子に対する性質とも関連が指摘されており[25]，張力などの力学的因子がアクチンフィラメントの構造ゆらぎや力学的特性に及ぼす影響を，SMD 法を用いて解析すること[14]も一つの課題である．

3.3 粗視化モデルによるアクチンフィラメントの挙動解析

3.3.1 粗視化分子の動力学解析

A 粗視化の意義

アクチン細胞骨格の挙動は，図 3.1 に示したように，様々な時間・空間スケールにおいて観察される．例えば，アクチン分子の原子スケールの構造は，ピコ秒スケールで変化する[26,27]．また，ナノメートルスケールのアクチン分子がミリ秒から数秒スケールで重合・脱重合，切断を繰り返すことで，ナノメートルからマイクロメートルスケールのフィラメントの構造が動的に変化する[28]．さらに，分岐や束化により，マイクロメートルスケールの高次なネットワーク構造が構築され[29]，構造材として細胞を支え[30-32]，駆動力発

生機構の要素として細胞運動を担う[31-33]．このように，アクチン細胞骨格は，時間・空間スケールごとに特徴的な挙動を示す．

例えば，アクチンフィラメントに着目すると，その分岐や束化は，図3.1に示したように，より小さなスケールの分子の拡散や重合・脱重合，切断過程の影響を受ける．同様に，様々なスケールにおいて観察されるアクチン細胞骨格の挙動は，それよりもさらに小さなスケールの現象の影響を受ける．そのため，より小さなスケールのふるまいの中から本質的な要素やそれらの間の相互作用を抽出し，単純化して扱うことが重要となる．このような考え方が「粗視化」であり，これに基づく計算手法を粗視化計算手法という．幅広いスケールにわたり特徴的な挙動を示すアクチン細胞骨格の解析に対してこの粗視化計算手法を適用することは，非常に有意義である．

B 粗視化手法の概要

先の3.2節で示した分子動力学(MD)法は，図3.9に示すように，系の中に存在する全原子の挙動を扱い，それらをナノ秒，ナノメートルオーダーにおいて解析できるため，アクチンの分子レベルにおける構造力学解析などにおいて非常に強力な手法である．しかしながら，フィラメントの力学特性や構造変化など，現象が観察される時間・空間スケールが大きくなるに従い，MD法との間にスケールの乖離が生じてしまう．そこで，対象の挙動に適したスケールにおいて解析を行うため，これまで様々な粗視化計算手法が提案されてきた．

ここでは，このような粗視化計算手法において，対象とする分子，および，溶媒を粗視化する代表的な手法をそれぞれ1つずつ概説する．まず，対象と

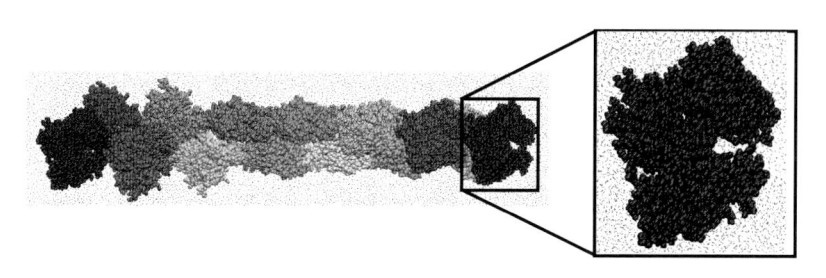

図 3.9 分子動力学シミュレーションにおけるアクチンフィラメントの分子構造モデル（口絵参照）

する分子を特徴的な部分ごとにまとめて扱う粗視化分子動力学法を取り上げる．次に，溶媒を連続体として取扱い，その溶質への影響をランダム力，および，散逸力として考慮するブラウン動力学法を紹介する．

(a) 粗視化分子動力学法

アクチンフィラメントの力学特性は，原子の集団としてのふるまいから現れるため，フィラメントの力学解析には，これに適した手法が望まれる．そこで，対象の分子を特徴的な原子集団ごとに分割し，それらを1つの粒子と捉えて計算する粗視化分子動力学 (Coarse-grained molecular dynamics: CGMD) 法[34]が提案された．この手法により，数十ナノ秒オーダーの時間スケール，数百ナノメートルオーダーの空間スケールの現象が解析可能となった．

本手法における粗視化粒子の運動方程式は，粒子の質量を m，位置ベクトルを r，時間を t，保存力を F として，

$$m\frac{d^2 r}{dt^2} = F \tag{3.6}$$

と表される．この式は，式 (3.1) の MD 法で使用されるものと同じ形式であり，保存力 F は，粒子間に作用するポテンシャルから求められる．ここで，ポテンシャルは，MD 法によって得られた系の力場やゆらぎなどの物理量が一致するように決定される．

例えば，アクチン分子を4つのサブドメインに分割し，原子モデルから粗視化モデル（図 3.10）を構築した研究がある[26,27]．この手法では，分子内の溝 (cleft) などのアクチン分子の構造的な特徴を表現でき，これを用いて引張剛性や曲げ剛性が解析された[27]．また，同様な粗視化を行うことで，関連タンパク質との結合によるアクチン分子内の構造変化が，フィラメントの剛性変化に及ぼす影響が解析されている[26]．このように，本手法は，対象とする分子の構造的特徴を抽出して表現できるため，分子構造体としての力学特性の解析に有用である．

(b) ブラウン動力学法

重合・脱重合，切断などによるアクチンフィラメントの動的な構造変化が

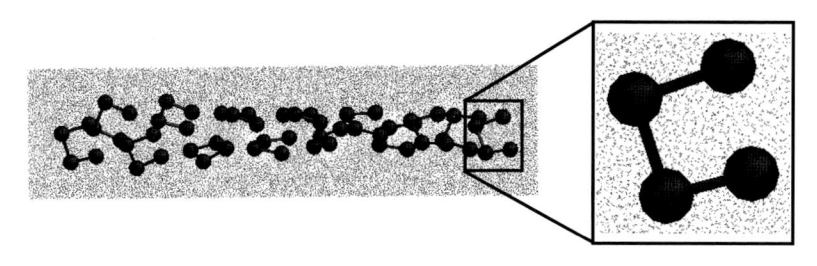

図 3.10 粗視化分子動力学シミュレーションにおけるアクチンフィラメントモデル（口絵参照）

起こる時間・空間スケールは，その溶媒の原子・分子の挙動のスケールに比べて非常に大きい．このような場合の粗視化計算手法として，溶媒を連続体とし，その溶質への影響をランダム力，および，散逸力として考慮するブラウン動力学 (Brownian dynamics: BD) 法が用いられる[35]．この手法では，個々の溶媒原子・分子の挙動は追跡しないため，数十から数百ナノメートルの空間スケール，ミリ秒の時間スケールでの解析が可能となる．

BD 法において，粗視化粒子の運動は，粒子の質量を m，位置ベクトルを $\boldsymbol{r}$，時間を t として，

$$m\frac{d^2\boldsymbol{r}}{dt^2} = \boldsymbol{F} - \gamma\boldsymbol{v} + \boldsymbol{F}^R \tag{3.7}$$

と表される Langevin 方程式により記述される．ここで，$\boldsymbol{F}$ は保存力，$\boldsymbol{F}^R$ はランダム力，および，右辺第二項 $(-\gamma\boldsymbol{v})$ は散逸力を表す．ランダム力は，

$$\langle \boldsymbol{F}^R \rangle = \boldsymbol{0} \tag{3.8}$$

$$\langle \boldsymbol{F}^R(t) \cdot \boldsymbol{F}^R(t') \rangle = 6\gamma k_\mathrm{B} T \delta(t-t') \tag{3.9}$$

と表される条件を満たす．ここで，k_B はボルツマン定数，T は温度，γ は摩擦係数，$\delta(t-t')$ はデルタ関数，および，$\langle\ \rangle$ は統計平均を表す．

例として，図 3.11 に，アクチン分子を球状粒子とした場合のアクチンフィラメントモデルを示す．本手法を用いた研究として，溶媒のみを粗視化し，フィラメントのプラス端とマイナス端の構造的非対称性による重合速度の差が解析されている[36]．また，アクチン分子を球状粒子とし，細胞質中での重合・脱重合，切断によるフィラメントの動的構造変化のモデル化，および，シミュレーションが行われている[37-40]．このように，本手法は，アクチン細

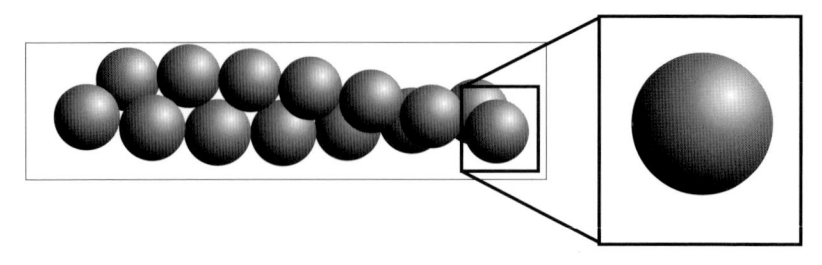

図 3.11 ブラウン動力学法におけるアクチンフィラメントモデル（口絵参照）

胞骨格などの動的な構造変化を行う生体分子の解析においても非常に有用である．

ここまで，粗視化計算手法の意義，および，解析例を簡単に述べた．以降では，本項で取り上げた粗視化計算手法を用いた具体的な解析例を示し，本手法をアクチン細胞骨格へ適用することの有用性について考えてみる．

3.3.2　アクチン分子の粗視化による力学解析

アクチン細胞骨格は，細胞内において膜を内側から支える構造材料，および，周囲の力学環境を感知するメカノセンサとしての役割を担っている[5,41-43]．そこで，細胞の力学特性や周囲の力学環境への適応性などを明らかにするため，これまで，例えば，フィラメントの基本的な力学特性である剛性の評価が実験により検討されてきた[25,44]．このような特性は，分子スケールの構造ダイナミクスに由来するため，その力学的ふるまいを微視的な視点から解析することは，非常に重要である．

アクチンフィラメントの分子スケールの構造とその力学的ふるまいとの関係に注目した場合，原子の運動により分子構造が変化する時間スケールは，巨視的な剛性などの特性が現れる時間スケールに比べて非常に小さい．そこで，このような関係の解析のため，分子を構成するいくつかの原子を一つの粒子として取り扱う粗視化分子動力学（CGMD）法が提案された．

ここでは，CGMD法を用いるために構築されたフィラメントの粗視化モデル[27]を取り上げ，それを用いて，分子構造の変化と剛性，および，持続長との関係を解析した研究例[27]を紹介する．

A フィラメントの粗視化モデルの構築

複雑な構造を持つ分子の相互作用とアクチンフィラメントの巨視的な力学特性との関連を解析するために，Chu ら[27] が CGMD 法を適用した粗視化モデルを紹介する．ここでは，粗視化されたアクチン分子を連ねることにより，フィラメントのモデルを構築した．

アクチン分子は，原子の集合体であるサブドメイン 4 つから構成されている．そこで，図 3.12 に示すように，4 つのサブドメインを粗視化粒子 D1 から D4 としてモデル化した．粗視化粒子間の相互作用は，D1-D2, D1-D3, および，D3-D4 を接続する 3 つの結合，D2-D1-D3 と D1-D3-D4 の連続する 3 つの粒子により定義される 2 つの角度，および，4 つの粒子により定義される 2 面角により表される．

フィラメントモデルは，図 3.12(a) に示すように，粗視化アクチン分子を連ねて構築された．ここでは，分子間の相互作用は，フィラメントのゆらぎの値が MD 法により得られる値と一致するように決定された．この粗視化モデルの剛性，および，持続長は，実験による結果[44,45] と良い一致を示している．

このように，粗視化モデルを構築することで，分子スケールの相互作用やゆらぎの影響を含みながら，剛性や持続長という巨視的なスケールにおける力学的特性の解析が可能となった．

B 分子構造とフィラメントの剛性の関係

細胞内では，ATP, ADP, および，関連タンパク質の結合により，アクチン分子の内部構造が変化する．例えば，図 3.13 に示すように，アクチン分子の DNase I-binding loop (DBloop) と呼ばれる部分は，ATP 結合状態では定まった二次構造を持たないが（図 3.13(a)），ADP 結合状態ではらせん構造（図 3.13(b)）を持つことが X 線解析により示された[46,47]．そこで，ATP や ADP の結合による分子の内部構造変化がフィラメントの力学的ふるまいに与える影響が粗視化モデル（図 3.13 (c)）により解析された[26]．

まず，DBloop がらせん構造である場合，分子内の相互作用が弱まり，溝構造が広がることが示された．また，持続長は，ATP 結合フィラメントの方

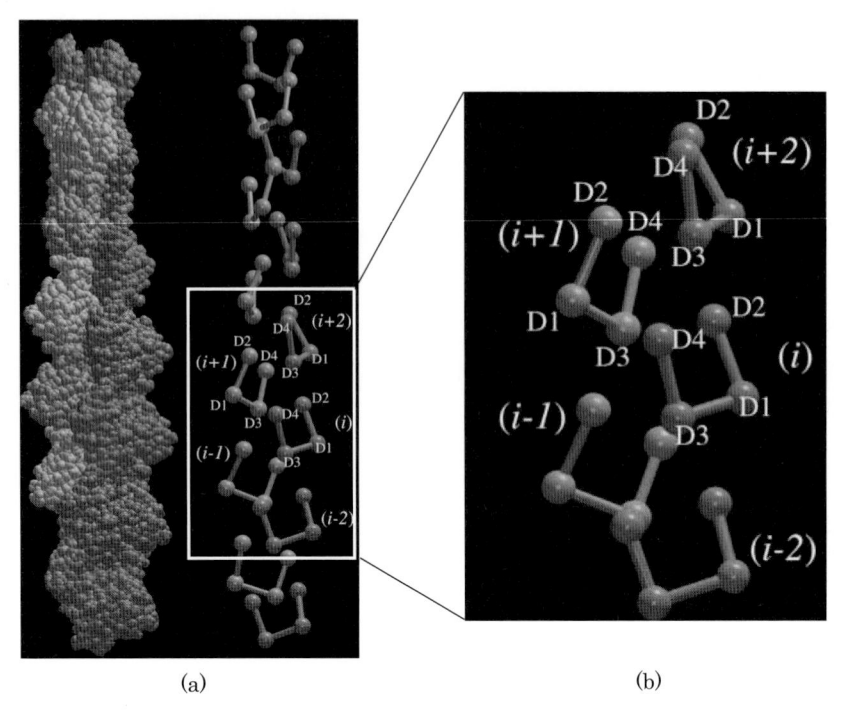

図 3.12 アクチンフィラメントモデル：(a) 全原子モデルと粗視化モデル，(b) 粗視化モデルの拡大図．文献[27]から改変（口絵参照）

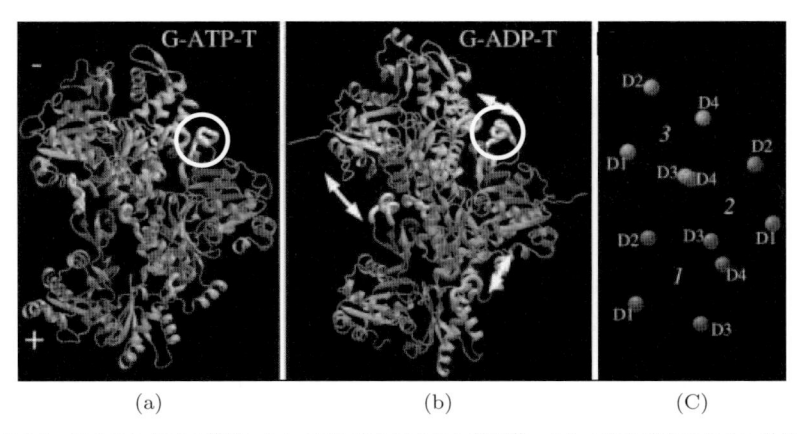

図 3.13 アクチン分子の構造：(a) ATP 結合アクチン単量体，(b) ADP 結合アクチン単量体，(c) 粗視化アクチン 3 量体モデル．文献[26]から改変（口絵参照）

が大きくなることが示された．これらの結果は，実験結果[45]と良い一致を示している．このように，CGMD法を用いることにより，アクチン分子の構造変化とフィラメントの力学的特性との関係を解析できることが示された．

本項では，フィラメントの力学的ふるまいをCGMD法によって解析した研究例を紹介した．次項では，アクチンフィラメントの周囲の溶媒分子を粗視化することにより，フィラメントの動的な構造変化を解析した研究を紹介する．

3.3.3 溶媒の粗視化による重合過程の解析

アクチン単量体同士の会合により，アクチンフィラメントの核が生成され，その先端への単量体の重合により，フィラメントは伸長する．この現象は，フィラメントの重合過程と呼ばれ，細胞の基本的な活動において重要な役割を担っている．例えば，細胞辺縁部において，フィラメントは，重合により伸長し，細胞膜を押し広げることにより，細胞運動の駆動力を生み出している[41]．そのため，アクチンフィラメントの重合過程を解析することは，細胞の様々な機能を明らかにする上で重要である．

フィラメントの重合過程は，アクチン単量体やフィラメントが細胞質中を拡散する時間・空間スケールにおいて観察される．そのため，アクチン重合過程の解析においては，溶媒を連続体として取り扱い，その溶質への力学的影響をランダム力，および，散逸力として考慮するブラウン動力学(BD)法が用いられるようになった．ここでは，フィラメントの伸長速度を決定する重合速度定数にアクチン分子の静電相互作用，および，溶媒のイオン強度が及ぼす影響をBD法により検討した研究を紹介する[36]．また，フィラメントの核生成・伸長経路を解析した研究を取り上げる[48]．

A　イオン強度および静電相互作用が重合速度定数に及ぼす影響

アクチンフィラメントの重合速度定数は，フィラメントと単量体間の静電相互作用や溶媒のイオン強度などに影響される[28,49]．ここでは，これらの要因が重合速度定数に及ぼす影響をBD法により検討した研究例を紹介する[36]．

アクチン二量体の近傍に単量体が配置されたモデルを図3.14に示す．本研

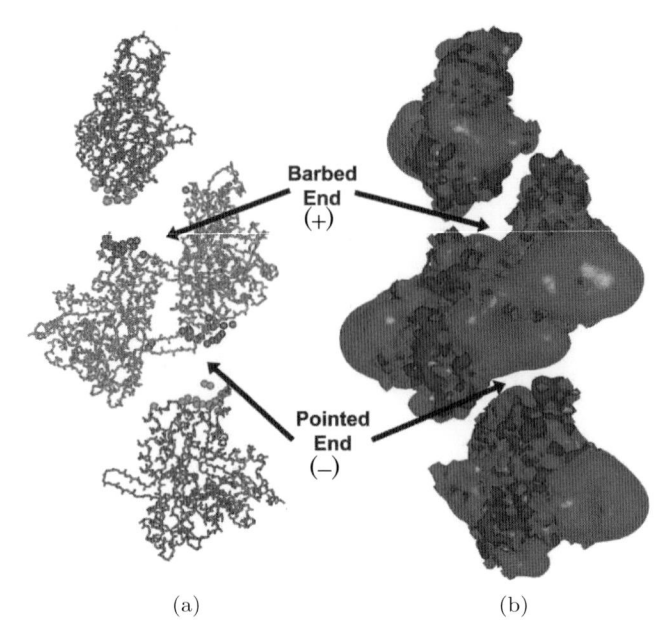

図 3.14 アクチン分子の重合モデル：(a) 原子スケールモデル (b) 静電ポテンシャル等値面図．文献[36]から改変（口絵参照）

究では，アクチン分子は，MD 法と同様に全原子を対象とし，溶媒は，連続体として取り扱っている．ここでは，二量体と単量体の原子間距離が 10 Å 以下になった場合，両者が重合したと判断し，重合速度定数を求めた．

この計算により，まず，溶媒のイオン強度の上昇に伴い，二量体両端の重合速度定数が上昇することが確認された．また，図 3.14(b) に示すように，二量体のマイナス端と単量体の結合部位の静電ポテンシャルがともに負の値であること，マイナス端における重合速度定数は，プラス端に比べて小さな値となることが示された．同様に，静電相互作用の影響により，ADF (actin depolymerizing factor) が結合した単量体の場合の方が結合していない場合に比べて，重合速度定数が上昇することを示した．

このように，BD 法を用いることにより，アクチン分子の溶媒のイオン強度，および，静電相互作用を考慮した重合速度定数の検討が可能となった．

B　フィラメントの核生成・伸長経路の解析

アクチンフィラメントの核が生成され伸長する過程には，図3.15に示すように，様々な分子の会合の経路が考えられる．そのため，フィラメントの重合過程を明らかにする上で，この会合経路を理解することは非常に重要である．そこで，BD法による重合速度定数 k_+ の解析，および，自由エネルギ計算に基づく結合エネルギ ΔG_b の算出を組み合わせることにより，Septら[48]は，フィラメントの核生成伸長経路を解析した．

重合速度定数 k_+，および，結合自由エネルギ ΔG_b は，脱重合係数 k_- を用いて

$$\Delta G_b = RT \ln \frac{k_-}{k_+} \tag{3.10}$$

と関係付けられる．ここで，R は気体定数，T は温度である．図3.15に示すフィラメントの核生成・伸長経路ごとに，式(3.10)より求められる脱重合定

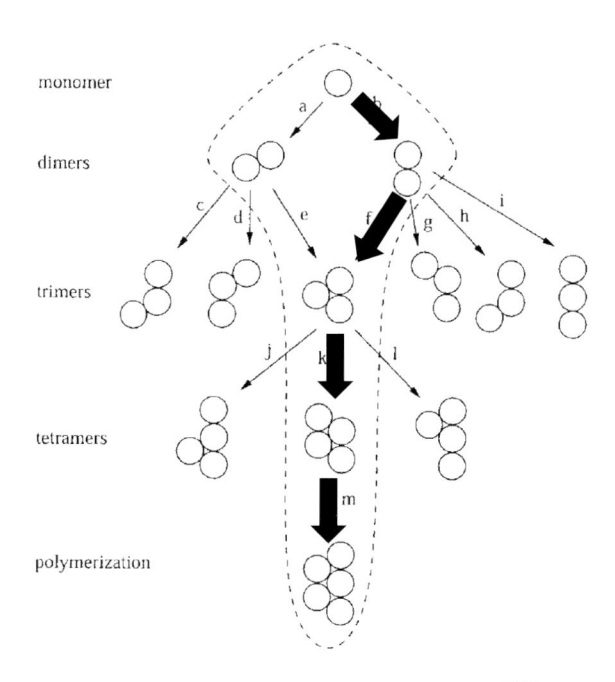

図 3.15　フィラメントの核生成・伸長経路図．文献[48]から改変

数を比較することで，核生成・伸長経路が解析された．その結果，点線で囲まれた範囲で示すように，三量体が核として形成され，その先端の側面に単量体が重合していく経路（太い矢印）が安定的であることが示された．

このように，溶媒を粗視化する BD 法を用いることで，溶媒分子の力学的影響を考慮しながら，単量体からフィラメントの核生成・伸長という動的構造変化の解析が可能となった．

本項では，BD 法を用いてアクチンフィラメントの重合過程を検討した研究を紹介した．次項では，フィラメントの伸縮，切断を取り扱った研究を紹介する．

3.3.4 アクチン分子・溶媒の粗視化によるダイナミクス解析

アクチンフィラメントは，細胞質中で熱ゆらぎによる変形を伴いながら，重合・脱重合，および，切断からなる動的な構造変化を繰り返している．このような構造変化は，細胞形態を周囲の力学環境に適応させるなど，様々な細胞活動において重要な役割を果たしている．そのため，細胞の構造・機能を明らかにする上で，この骨格構造変化を理解することは重要となる．

アクチンフィラメントの骨格構造変化は，アクチン 1 分子やフィラメントが溶媒中を拡散する時間・空間スケールで生じている．そこで，このスケールに着目した粗視化解析手法を紹介する．ここでは，ブラウン動力学法を用いて溶媒を連続体として取り扱い，溶質であるアクチン分子は，球状粒子としてモデル化した骨格構造変化の粗視化モデル，および，シミュレーション研究を取り上げる[37-40]．

A アクチンダイナミクスの粗視化モデル

アクチンフィラメントネットワークの動的な構造変化を引き起こす重合・脱重合，および，切断の 3 つの現象を図 3.16(a) に示すように数理モデル化した[37,38]．フィラメントは，粒子間を線形ばね，および，曲げばねで結合した直列バネモデル（図 3.16(b)）とした．重合は，フィラメントの先端とアクチン単量体との距離が一定以下になった場合，両者が結合するとしている．また，脱重合モデルは，フィラメントからの離脱粒子数が単位時間当たり一

第 3 章 アクチン細胞骨格のバイオメカニクス

(a) アクチンダイナミクスモデル　　(b) 直列バネモデル

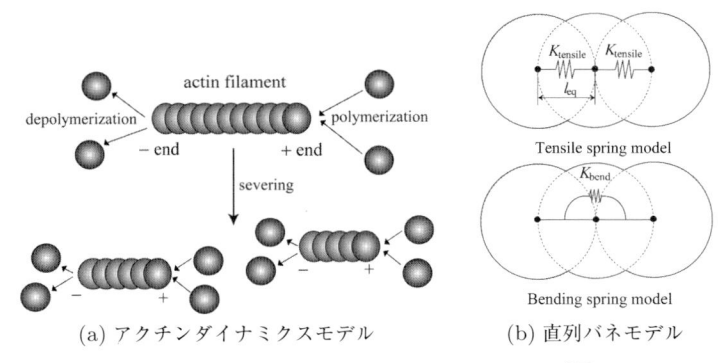

図 3.16　粗視化アクチンダイナミクスモデル[37]

定[41]．切断モデルは，各粒子間で同じ速度で起こるものとしている[50]．

B　骨格構造変化の解析

構築された数理モデルにより，アクチンフィラメントが熱ゆらぎによる変形を伴いながら拡散する様子（図 3.17(a)），および，切断され本数が増加する様子（図 3.17(b)）が表現可能となった．

また，重合・脱重合の繰り返しによるフィラメント内における粒子の定常的な入れ替わりが，図 3.18 に示すように解析された．同図において，黒色粒子は，各時間におけるフィラメントのプラス端を表し，灰色粒子は，初期状態においてプラス端であったアクチン粒子のフィラメント内における位置の時間変化を示している．本結果は，フィラメントの長さがほとんど変化せず，

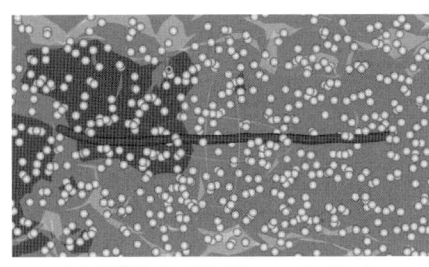

(a) 溶媒中のアクチンフィラメント　　(b) 切断されたフィラメント

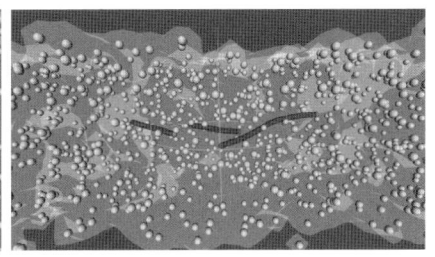

図 3.17　溶媒中で熱ゆらぎによる変形を伴うフィラメントの挙動（Cellon, VCAD Solutions 社による表示）（口絵参照）

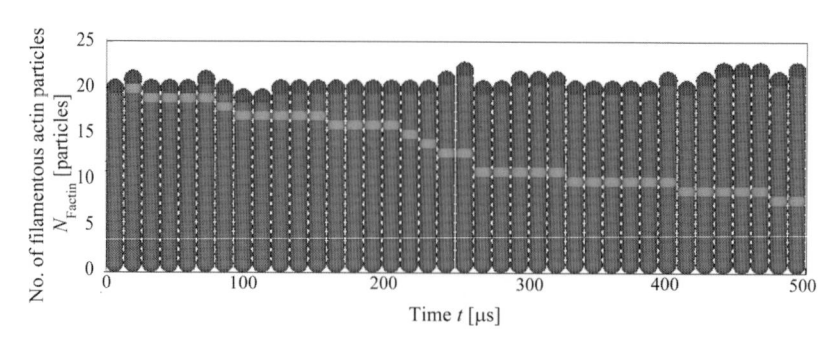

図 3.18 アクチンフィラメント内での粒子の流れ[37]（口絵参照）

粒子のフィラメント中の位置が常に変化するトレッドミル状態[51]を示している．

さらに，フィラメント本数を増加させる切断が重合・脱重合に及ぼす影響が検討された．これにより，切断によるフィラメント先端の数の増加に伴い，重合・脱重合が促進されることが示された．この結果は，切断がフィラメント内におけるアクチン分子の入れ替わりを活性化する機能を有することを示唆するものである．

以上より，構築された粗視化アクチンダイナミクスモデルにより，アクチン細胞骨格の動的な構造変化をアクチン分子1つの挙動から計算可能となった．今後，細胞膜や細胞内小器官などのモデル化を行い，本モデルと組み合わせることにより，細胞運動や細胞分裂などにおけるアクチン細胞骨格の機能を1分子スケールから解析することが可能になると考えられる．

3.4　連続体モデルによるアクチン細胞骨格の挙動解析

3.4.1　連続体力学解析

A　連続体モデルの意義

アクチンにより形成される3次元構造ネットワークは，細胞内外に作用する力を支える細胞骨格としての働きだけでなく，細胞運動中に働く力の生成や，力の伝達にも関わっている．3.3節で示した粗視化モデルにより，フィ

第3章　アクチン細胞骨格のバイオメカニクス　　　　　　　　　　　65

ラメントスケールのアクチン細胞骨格の力学的挙動が解析可能となってきたが，さらなるアクチン細胞骨格の高次構造の力学解析には，連続体力学に基づくモデルが用いられる．すなわち，解析対象が細胞スケールに近づくことで，粗視化のレベルが，アクチンフィラメントやアクチンネットワークのスケールにまで拡大される．

　本節では，単一のアクチンフィラメントの力学挙動解析から，これらのネットワーク構造の力学特性解析にまで用いられるアクチン細胞骨格の連続体モデルを紹介する．

(a) アクチンフィラメントの連続体モデル

　通常，フィラメントのたわみ角や，ねじり角が大きくても，局所的には，微小な変形であるとみなせるため，フィラメントの曲げやねじりに対して，線形弾性論が用いられる．多くの場合，アクチンフィラメントは，均質で細長い円柱としてモデル化され，単純な弾性変形（曲げ・ねじり・引張）から，アクチンフィラメントの弾性特性が，実験により測定されている（図3.19）．

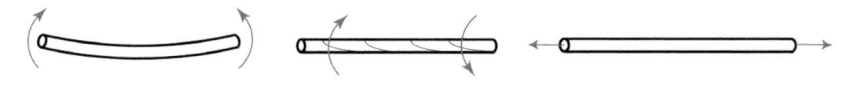

図 3.19　弾性変形（曲げ・ねじり・引張）

　また，アクチンフィラメントには，様々なアクチン関連タンパク質が結合し，その構造・形態を変化させている．そのような高次構造の形成や変化は，細胞の様々な運動機構に関わっており，アクチンフィラメントの分岐や束化のシミュレーションが行われている．このような分岐や束化のエネルギは，アクチンフィラメントの形態に強く依存するため，フィラメントの変形状態を考慮した連続体モデルを構築する必要がある（3.4.2項）．

　さらに，一般に，らせん状のフィラメントを引張ると，らせんのねじりを戻す引張-ねじり連成[14]や，曲げることによりさらなるねじりを生じる曲げ-ねじり連成などが観察される．そのため，これらの連成挙動を知るための変形挙動解析も必要となってくる（3.4.3項）．

(b) アクチンネットワークの連続体モデル

多数のフィラメントがネットワーク構造を形成することにより，アクチンフィラメントは，単一フィラメントとは異なる様々な力学的ふるまいを示す．代表的なものとして，アクチンネットワークのエントロピ的な弾性が挙げられ，このようなネットワーク構造に特有の挙動から，生物学的機能のいくつかの特徴が現れてくる．例えば，移動性細胞においては，運動駆動力となる膜前縁部の突出力を生み出したり，運動方向を制御する細胞内の力のバランスを変化させたりする．

アクチンネットワークの研究は，弾性特性に関する検討[52-54]が中心となって，様々な研究が続けられてきた．これらのアクチンネットワークの研究を通して，アクチン細胞骨格の力学的ふるまいが，他の高分子ゲルの挙動と異なることがわかってきた．アクチンフィラメントは，屈曲性高分子よりは曲がりにくいが，剛直性高分子ほどの持続長は持たないという中間的な特性を示すことから，高分子の粘弾性特性の観点からも興味深い研究対象である．そのため，溶液中のフィラメントの屈曲運動などがこれまで研究され，アクチンネットワーク構造の弾性特性やアクチンフィラメントのレオロジー特性を記述するための理論研究が進められてきた（3.4.4項）．

B 弾性フィラメントの連続体モデルの基礎

単一アクチンフィラメントを弾性体として扱う3つの基本的な連続体モデル（図3.20）を紹介する．フィラメントは，長さ L，半径 R の細長い円柱と考え，その断面積，縦弾性係数，横弾性係数を，それぞれ A, E, G とする．

(a) 曲げ

フィラメントがモーメント M で曲げられると，フィラメントの一方の側面は伸ばされ，反対側は圧縮される（図3.20(a)）．断面形状を保ちながら曲げられる場合，圧縮も伸張も起こらない"中立軸"が存在する．フィラメントに作用する曲げモーメント M は，曲げ剛性 EI とフィラメントの曲率半径 ρ とを用いて，

$$M = \frac{EI}{\rho} = EI\kappa \tag{3.11}$$

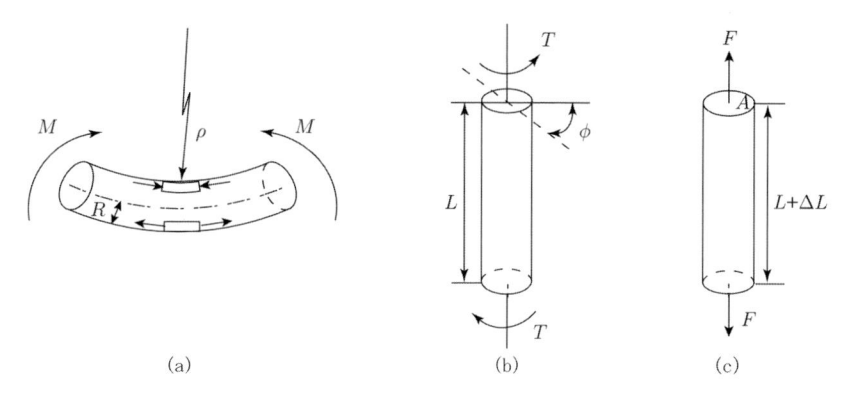

図 3.20 フィラメントモデルの弾性変形（(a) 曲げ，(b) ねじり，(c) 引張）

と表される．ただし，$\kappa = 1/\rho$ は，フィラメントの曲率である．また，I は，断面形状により定まる断面 2 次モーメントであり，半径 R の円形断面の場合，$I = \pi R^4 / 4$ となる．

(b) ねじり

フィラメントがトルク T でねじられると，ねじれ角 ϕ が生じる（図 3.20(b)）．トルク T は，ねじり剛性 GI_p を用いて，

$$T = \frac{GI_p}{L}\phi = GI_p\theta. \tag{3.12}$$

と表される．ここで，θ は比ねじれ角を表し，$\theta = \phi/L$ である．また，I_p は，断面形状により定まる断面 2 次極モーメントであり，半径 R の円断面の場合，$I_p = \pi R^4 / 2$ となる．等方な線形弾性体の場合，縦弾性係数 E と横弾性係数 G は，ポアソン比 ν を用いて，

$$G = \frac{E}{2(1+\nu)} \tag{3.13}$$

と関係付けられる．

(c) 引張

真っ直ぐなフィラメントが，軸力 F で引張られると，伸び ΔL が生じる

(図 3.20(c)). 外力 F と伸び ΔL との関係は，

$$F = \frac{EA}{L}\Delta L = EA\varepsilon \tag{3.14}$$

と表される．ここで，$\varepsilon = \Delta L/L$ は，フィラメントの微小ひずみである．フックの法則におけるばね係数であるフィラメントの剛性は，

$$\frac{F}{\Delta L} = \frac{EA}{L} \tag{3.15}$$

と表される．

　以上で紹介したモーメント・トルクや力とフィラメントの曲げ・ねじりと伸びとの関係式は，実験によりアクチンフィラメントの力学特性を評価する際によく用いられる．以下では，アクチンフィラメントの様々な構造に適用される各種連続体モデルとそれらを用いた研究について紹介する．

3.4.2　アクチンフィラメントの解析

　本項では，単一アクチンフィラメントの変形挙動解析，および，フィラメントの分岐・束化の定量的解析を行った研究例を紹介する．これらの研究では，アクチンフィラメントを弾性体として扱い，振動特性の評価などを通じて，その力学的挙動を解析している．

(a) アクチンフィラメントの変形解析

　Ming らは，部分構造合成法 (SSM = Substructure synthesis method) と呼ばれる解析手法[55]に着目し，非常に大きな生体分子複合体の例として，アクチンフィラメントの振動解析に適用した[56]．複雑な柔構造物の動力学解析に用いられるこの手法では，各部分構造の運動をその可容関数で表現し，重み付き残差法を用いてこれらを結び付け，構造全体の動的特性を解析する．各部分構造の可容関数として，通常，低次の多項式を用いることにより，複合構造全体に対する解析効率は向上し，非常に巨大な分子複合体の運動を調べることが可能となる．

　通常，SSMを生体高分子の解析に用いる場合，その部分構造としては，複合体のドメインやサブユニットなどが自然に選ばれることが多いが，場合によっ

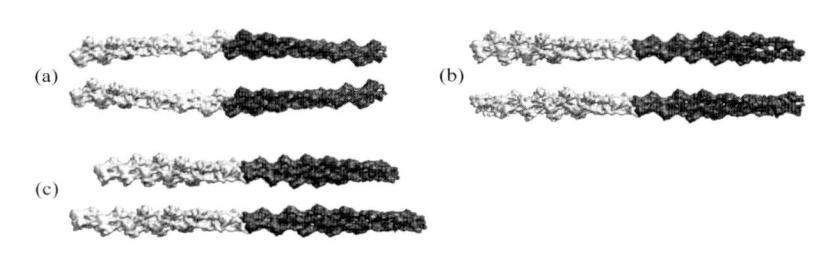

図 3.21 SSM法により得られたアクチンフィラメントの低周波モード (a) 曲げ, (b) ねじり, (c) 伸縮. 文献[56]より改変

ては, より大きなセグメントが選ばれることもある. 例えば, Mingら[56]は, 13個のサブユニットからなるF-アクチン (35.75 nm) を1つの部分構造とし, それらが2つ結合したフィラメントの振動特性を考察している (図3.21). さらに, 2個から2^7個 (4.6 μm) までの長さのアクチンフィラメントに対しても, このSSMシミュレーションを適用している[57]. 非常に低い振動数の場合, その結果は, 長い均質な弾性棒の理論解と良く適合することを示した.

これらのSSMを用いた解析により, 原子レベルのシミュレーションから得られた微視的な情報を, 巨視的なスケールの振動解析に反映し得ることが示された. さらに, SSMを階層的に用いることにより, 周期的な繰り返し構造を持つ構造体の効果的な解析が可能となる. この手法において用いられる調和振動解析は, 分子運動における非調和性を無視するが, アクチンフィラメントのような, 巨大分子複合体の変形挙動解析においては, 十分に有効な手法である.

柔軟なアクチンフィラメントの特性は, 一般的な基準振動解析 (Normal mode analysis) によっても調べられている[58]. この基準振動解析は, タンパク質の柔軟性を解析する手法として有用であり, 短い時間間隔においてのみ解析が可能な分子動力学法を上手く補完することができる[59]. 個々の原子に作用する力を計算し, 運動方程式を数値的に解くことで分子の運動を追跡する分子動力学法を用いて, 原子数の多い高分子の運動を解析するには多くの計算時間が必要となる. これに対して, 基準振動解析では, 分子の安定構造を中心として振動する様子を解析することにより, 近似的な取扱いではあるが, 少ない計算コストで高分子のふるまいを観察することが可能となる.

(b) アクチンフィラメントの分岐・束化シミュレーション

Carlssonらは，枝分かれしたアクチンフィラメントのネットワーク構造の形成や発展について解析を進めてきた[60-63]．それらの研究では，細胞の葉状仮足に見られるような，フィラメントの分岐による微細なネットワーク形成の様子が再現されている．そこでは，粗視化の考え方に基づいて，拡散方程式に従うビーズ—バネモデルが用いられており，形成されたネットワークの密度や成長速度などが，連続体力学的手法により解析・考察されている．

また，CarlssonはYang, Septと共に，図3.22に示すような2つのフィラメントによるバンドル形成の様子を解析した[64]．それぞれの一端をアクチンネットワークに固定し，自由端におけるバンドル形成過程を解析している．そこでは，基準振動近似を用いて，自由エネルギの最小化過程をブラウン動力学により解析し，束化の時間と臨界距離との関係を評価している．その結果，例えば，フィラメント間の距離が増大し，フィラメントの長さが短くなると，束化の時間が急激に増加するといった傾向を示している．

ここでは，変形挙動解析を中心として，微細な構造要素のつながりからなるアクチンフィラメントを1次元の連続体として捉える手法を見てきた．次

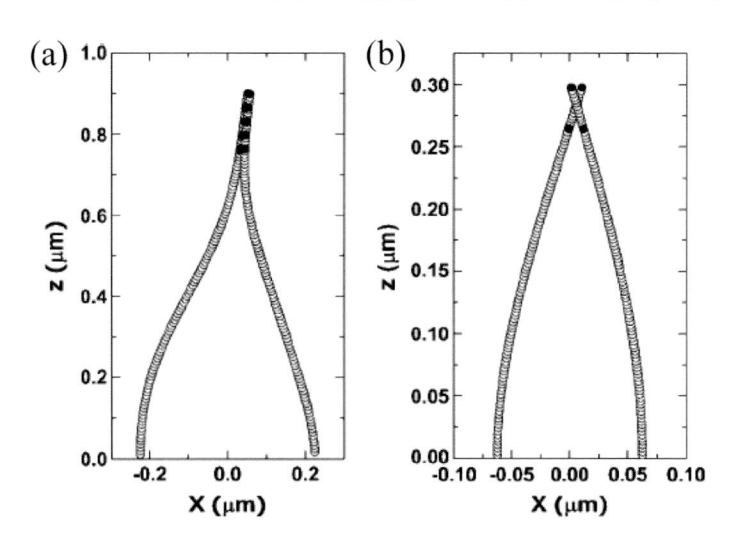

図 3.22 バンドル形成の様子．(a) 長いフィラメントの場合．(b) 短いフィラメントの場合．文献[64]から改変．

項では，より一般的な連続体力学の枠組みから出発し，フィラメントの微細な構造を考慮した高次連続体モデルを紹介する．

3.4.3 微視構造を考慮したアクチンフィラメントの連続体モデル

3.4.1 項で述べたように，一般には，曲げ・ねじり・引張の弾性変形を互いに独立と考えることはできない．これら3つの連成挙動を扱える理論として，Cosserat 弾性体理論[65]が存在する．ここでは，1次元弾性棒に回転の自由度を新たに取り入れることで，大変形運動の際にも矛盾の無い理論が構築された．この Cosserat 理論の研究は，20世紀後半に活発となり，Ericksen と Truesdell ら[66]により，弾性棒の理論へと展開された．その後，線形弾性体[67]，非線形弾性体[68]の構成関係を用いる形で，伸張してせん断変形する弾性棒の理論へと発展した．

その後も，様々な観点から，1次元連続体（弾性棒，梁，フィラメント）に関する研究が進められ，2000 年頃から，DNA やカーボンナノチューブへの適用例が報告されている．このように，Cosserat 連続体モデルは，微視構造を有する連続体の挙動の解析に適しており，アクチンフィラメントやアクチンネットワーク構造の解析においても，その有用性が期待される．

Cosserat 理論を用いたアクチンフィラメントの連続体モデル[69,70]を紹介する．図 3.23 に示すような，一様な円形断面をもつ柔軟なフィラメントを考える．多くの場合，断面は平面のまま変形せず，変形後の軸に垂直であると仮定される．フィラメントの中心軸上の点の位置ベクトル $r(s,t)$ と，「標構」と呼ばれる互いに直交する3つの単位ベクトル $\{d_1(s,t), d_2(s,t), d_3(s,t)\}$ を用いてフィラメントの運動と変形が表される．一般的に，d_1, d_2 は，フィラメントの慣性主軸と一致するように選ばれ，$d_3 = \partial_s r / \|\partial_s r\|$ である．ここで，s は軸に沿ってとられた空間パラメータであり，t は時間パラメータである．

フィラメントの伸張 $\varepsilon(s,t)$ と曲率ベクトル $\kappa(s,t)$ は，それぞれ位置ベクトル r と標構 d_k を s に関して微分して，

$$\partial_s r = (1+\varepsilon)d_3 \qquad (3.16)$$

$$\partial d_k = \kappa \times d_k \qquad (3.17)$$

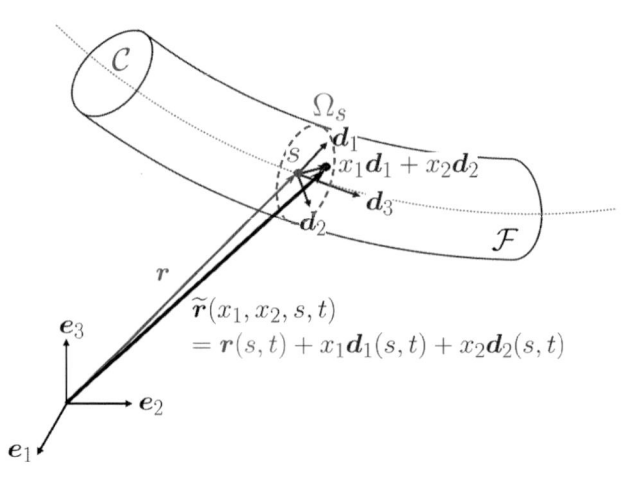

図 3.23 Cosserat 連続体モデルによる，フィラメント内の点の位置ベクトル．[70]

のように定義される．ここで，曲率ベクトル κ の第 1, 2 成分がフィラメントの曲げを表し，第 3 成分がねじれを表す．

フィラメントの運動方程式は，

$$\rho \frac{\partial^2 \boldsymbol{r}}{\partial t^2} = \frac{\partial \boldsymbol{\sigma}}{\partial s} \tag{3.18}$$

$$\rho I \boldsymbol{d}_\alpha \times \frac{\partial^2 \boldsymbol{d}_\alpha}{\partial t^2} = \frac{\partial \boldsymbol{\mu}}{\partial s} + \boldsymbol{T}(\boldsymbol{\kappa}) \tag{3.19}$$

と記述される．ここで，ρ と I は，それぞれ，フィラメントの質量密度と，慣性モーメントである．また，$\boldsymbol{\sigma}$ と $\boldsymbol{\mu}$ は，それぞれ，応力と偶応力であり，$\boldsymbol{T}(\boldsymbol{\kappa})$ は，偶力（モーメントとトルク）である．式 (3.18) は，フィラメントの運動量の保存則を表し，式 (3.19) は，角運動量の保存則を表す．

剛性テンソルを $\boldsymbol{C}$ と記すと，アクチンフィラメントの構成関係式は，

$$\begin{pmatrix} \boldsymbol{\sigma} \\ \boldsymbol{\mu} \end{pmatrix} = \boldsymbol{C} \begin{pmatrix} \boldsymbol{\varepsilon} \\ \boldsymbol{\kappa} \end{pmatrix} \tag{3.20}$$

と表される．ただし，$\boldsymbol{\varepsilon} = (1+\varepsilon)\boldsymbol{d}_3$ とおいた．剛性テンソル $\boldsymbol{C}$ に非対角成分を仮定することにより，引張り–ねじり連成や，曲げ–ねじり連成を記述

することが可能となる．ここでは詳細には立ち入らないが，フィラメントの挙動を Cosserat 理論に基づいて記述することにより，フィラメントの中心軸が，断面の質量中心と一致しない場合にも，引張り－ねじれ連成挙動が観察されることがわかっている．

3.4.4　アクチンネットワークの解析

前項まで，単一のフィラメントを扱った研究を紹介してきた．これに対して，本項では，多数のフィラメントの集合（ゲルやネットワーク）を連続体として取扱った研究を紹介する．細胞骨格ネットワーク研究の初期においては，細胞骨格は，格子状にモデル化され，その構造の安定性や力学特性が調べられた[71]．さらに，細胞骨格のモデルは，テンセグリティーモデル（張力の釣り合いにより支えあう構造）へと発展し[72]，そのモデルを用いたシミュレーションも盛んに行われている[73]．架橋・束化されたアクチンフィラメントのネットワーク構造は，細胞内の至る所に存在し，その弾性特性は，多くの細胞機能において重要である．そのため，アクチンネットワーク構造の力学特性に関する研究が，様々なアプローチにより進められている．

(a) アクチン溶液（ゲル）の粘弾性解析

アクチン溶液中におけるアクチンフィラメントの挙動に関する解析的研究が，Maggs ら[54,74]や Mose ら[75-77]により進められてきた．これらの一連の研究により，Maggs らは，アクチンフィラメントの準希薄溶液の動的ふるまいを記述し，いくつかのレオロジー型が存在することを指摘した．また，Morse らは，管模型 (Tube model; 図 3.24) を用いて，半屈曲性高分子 (Semiflexible polymer) がきつく絡み合った溶液の粘弾性特性に及ぼす絡み合いの効果を検討している．さらに，管模型で取扱う高分子の弾性特性を調べるための統計力学的手法について議論を進めている[78]．そこでは，半屈曲性高分子の例として，アクチンフィラメント溶液をとりあげ，その弾性率について，実験値とシミュレーションによる予測値との比較を行っている．

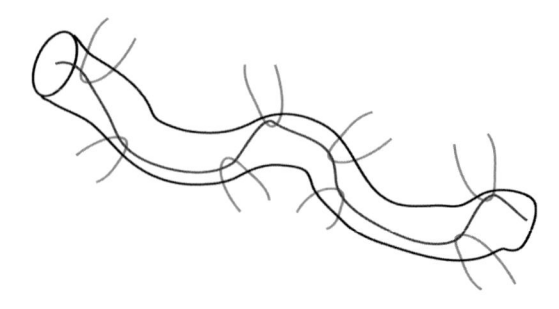

図 3.24 高分子鎖の管模型．溶液中で高分子鎖が自由に動くことのできる領域を管で表す．

(b) アクチンネットワークの弾性挙動の分類

　アクチンフィラメントは，熱ゆらぎによりうねることで，張力の作用に対して変形抵抗を示す．このようなふるまいを示すフィラメントに対して，フィラメント間の架橋が強いネットワークでは，せん断力に対する変形抵抗が大きくなる．

　一方，架橋されていない，あるいは，架橋の弱いネットワークでは，フィラメントに対する絡み合いの有効距離が，ネットワークの網目間隔よりも大きくなるため，そのふるまいはより複雑となる．このようなアクチンネットワークの性質を理解することは，細胞骨格内のアクチンのふるまいを理解する上で重要であり，半屈曲性高分子からなる粘弾性ネットワークのダイナミクスとして，理論的に研究が進められている．

　MacKintoshら[52]は，アクチンフィラメントのような半屈曲性高分子に対して，その架橋ゲルや立体的に絡み合った溶液のモデルを構築し，ネットワークの弾性特性を説明した．そこでは，フィラメントの曲げを考慮したハミルトニアン

$$H = \frac{1}{2}\int [\kappa(\nabla^2 \boldsymbol{u})^2 + \tau(\nabla \boldsymbol{u})^2]\,dx \tag{3.21}$$

を用いて，ネットワークの力学的特性が，アクチン溶液の濃度に依存することを示している．ここで，$\boldsymbol{u}$はフィラメントの軸（x軸）に垂直な変位を表し，κとτは，それぞれ，フィラメントの曲げ剛性と引張り剛性を表す．

　さらに，彼らの研究グループは，アクチン溶液中におけるネットワークの弾性特性について，2次元モデルを用いたシミュレーションによる評価を進

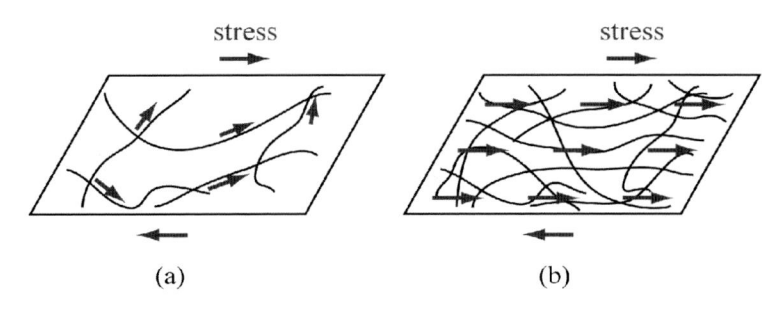

図 3.25 応力下におけるアクチンネットワークの弾性的ふるまい.

めた[79]．彼らは，アクチンネットワークが，個々のフィラメントの力学特性を反映した特徴的なふるまいを示すことを明らかにし，2つのタイプにまとめた[80]．1つのタイプは，アクチンフィラメントの濃度が低く，ネットワークの架橋密度も低い場合である（図 3.25(a)）．この場合，ネットワーク全体の変形挙動は，単一フィラメントの曲げ変形に大きく影響を受け，ひずみは材料内において非常に不均質となる．これに対して，もう1つのタイプは，アクチンフィラメントの濃度が高く，ネットワークの架橋密度が高い場合である（図 3.25(b)）．この場合，アクチンネットワークの変形挙動は，熱ゆらぎやエントロピ弾性に由来するフィラメントの変形抵抗を示し，ひずみは材料内で一様なものとなる．

これらのモデルは，細胞内におけるアクチンフィラメントネットワーク構造のダイナミクスを理解する上で，重要な考え方を与えるものである．

3.5 おわりに

3.5.1 アクチン細胞骨格のマルチスケールメカニクス研究の展開

アクチン細胞骨格構造システムの適応的な構造・機能の変化は，様々な細胞の動的な機能において重要な役割を果たしており，主として，分子レベルの複雑な相互作用の結果として理解される．しかしながら，数 10 nm から数 10 μm 程度の微視的な細胞空間の中で，構造システムを構築するタンパク質分子や関連するシグナル分子などの生化学的な因子は，マルチスケールな時

間・空間場を形成し，それらが力学的な因子と相互作用している．そのため，アクチン細胞骨格の動的なふるまいから細胞機能の発現メカニズムを理解するためには，次のような3つの視点が，重要であると考えられる．

1) 適応的ふるまい：細胞内の各種構成要素が，力学的な動的平衡の下，構造システムを形成し，その形態・機能が適応的に変化する．
2) システムの階層性：その構造システムは階層性を有し，マルチスケール間の相互作用により構造が調節され，細胞機能が発現する．
3) 力学・生化学的因子の相互作用：様々な生化学的因子は，時空間的な場を形成し，それらが力学的因子と相互作用しながら発展する．

このように，アクチン細胞骨格構造を細胞内の力学構造システムとして捉え，そのダイナミクスにおける力学・生化学的因子の相互作用から生み出される細胞機能の解明を目指す研究が，今後益々重要となってくると考えられる[4]．そこでは，実験研究と数理モデリング・シミュレーション研究を有機的にリンクさせながら，マルチスケールに広がる複雑な過程の結果として現れてくる細胞のダイナミックな機能変化に眼を向け，各スケールにおける個別のアプローチとそれらをつなぐ新たな手法の構築が望まれる[40,81]．特に，細胞・分子レベルの実験[7,82]とシミュレーションの相補的な組み合わせにより，細胞内力学構造システムの動的な機能発現の過程における力学・生化学的因子の相互作用そのものの重要性が強く認識され，さらに，分子レベルにおける機能発現から細胞を全体としてとらえる巨視的な機能発現まで，離散系と連続体の力学を駆使した新たな研究の展開が期待される．

3.5.2　細胞力学シミュレーションへ研究への展開

アクチン細胞骨格のみならず，細胞内の構造システムを構成する各種要素の力学的ふるまいを考慮したシミュレーション手法を構築することにより，分子レベルにおける力学・生化学的因子の相互作用が創り出す細胞機能シミュレーションへの展開が期待される[81]．このような細胞力学シミュレーション研究は，様々な細胞機能を理解する上で，細胞内外の物質や力学場を考慮す

ることの重要性を示すものである．さらに，これらの研究を通じて，分子生物学・細胞生物学的手法だけでは理解することのできない，様々な細胞機能の発現メカニズムを力学的に解明することが可能となると考えられる．このような研究は，細胞スケールに広がる場が作り出す細胞内局在や極性が現れるメカニズムの解明や多細胞システムが作り出す組織構築や形態形成[83–86]のメカニズムの解明など，多くの重要な課題を含んでおり，さらに，細胞内の物質・エネルギや情報・シグナルの移動・伝達と細胞内力学構造との連成から生み出される複雑な現象の解明にまでも及ぶものと考えられる．今後，細胞システムのマイクロ・ナノバイオメカニクスやメカノバイオロジー研究との融合による新たな展開が大いに期待される．

参考文献

(1) Pollard, T.D. and Borisy, G.G.: Cellular Motility Driven by Assembly and Disassembly of Actin Filaments. *Cell*, Vol. 112, No. 4 (2003), pp. 453–465.

(2) Adachi, T., Okeyo, K.O., Shitagawa, Y., and Hojo, M.: Strain Field in Actin Filament Network in Lamellipodia of Migrating Cells: Implication for Network Reorganization. *Journal of Biomechanics*, Vol. 42, No. 3 (2009), pp. 297–302.

(3) Okeyo, K.O., Adachi, T., Sunaga, J., and Hojo, M.: Actomyosin Contractility Spatiotemporally Regulates Actin Network Dynamics in Migrating Cells. *Journal of Biomechanics*, Vol. 42, No. 15 (2009), pp. 2540–2548.

(4) Okeyo, K.O., Adachi, T., and Hojo, M.: Mechanical Regulation of Actin Network Dynamics in Migrating Cells. *Journal of Biomechanical Science and Engineering*, Vol. 5, No. 3 (2010), pp. 186–207.

(5) Hayakawa, K., Tatsumi, H., and Sokabe, M.: Actin Filaments Function as a Tension Sensor by Tension-Dependent Binding of Cofilin to the Filament. *Journal of Cell Biology*, Vol. 195, No. 5 (2011), pp. 721–727.

(6) Galkin, V.E., Orlova, A., and Egelman, E.H.: Actin Filaments as Tension Sensors. *Current Biology*, Vol. 22, No. 3 (2012), pp. R96-R101.

(7) Miyoshi, H. and Adachi, T.: Spatiotemporal Coordinated Hierarchical Properties of Cellular Protrusion Revealed by Multiscale Analysis. *Integractive Biology*, Vol. 4, No. 8 (2012), pp. 875–888.

(8) Yamaoka, H., Matsushita, S., Shimada, Y., and Adachi, T.: Multiscale Modeling and Mechanics of Filamentous Actin Cytoskeleton. *Biomechanics and Modeling in Mechanobiology*, Vol. 11, No. 3-4 (2012), pp. 291–302.

(9) Alder, B.J. and Wainwright, T.E.: Phase Transition for a Hard Sphere System. *Journal of Chemical Physics*, Vol. 27, No. 5 (1957), pp. 1208–1209.

(10) McCammon, J.A., Gelin, B.R., and Karplus, M.: Dynamics of Folded Proteins. *Nature*, Vol. 267, No. 5612 (1977), pp. 585–590.

(11) Gao, J.L., Amara, P., Alhambra, C., and Field, M.J.: A Generalized Hybrid Orbital (Gho) Method for the Treatment of Boundary Atoms in Combined Qm/Mm Calculations. *Journal of Physical Chemistry A*, Vol. 102, No. 24 (1998), pp. 4714–4721.

(12) Isralewitz, B., Gao, M., and Schulten, K.: Steered Molecular Dynamics and Mechanical Functions of Proteins. *Current Opinion in Structural Biology*, Vol. 11, No. 2 (2001), pp. 224–230.

(13) Sotomayor, M. and Schulten, K.: Single-Molecule Experiments in Vitro and in Silico. *Science*, Vol. 316, No. 5828 (2007), pp. 1144–1148.

(14) Matsushita, S., Inoue, Y., and Adachi, T.: Quantitative Analysis of Extension-Torsion Coupling of Actin Filaments. *Biochemical and Biophysical Research Communications*, Vol. 420, No. 4 (2012), pp. 710–713.

(15) Jorgensen, W.L., Chandrasekhar, J., Madura, J.D., Impey, R.W., and Klein, M.L.: Comparison of Simple Potemtial Functions for Simulating Liquid Water. *Journal of Chemical Physics*, Vol. 79, No. 2 (1983), pp. 926–935.

(16) Holmes, K.C., Popp, D., Gebhard, W., and Kabsch, W.: Atomic Model of the Actin Filament. *Nature*, Vol. 347, No. 6288 (1990), pp. 44–49.

(17) Oda, T., Iwasa, M., Aihara, T., Maeda, Y., and Narita, A.: The Nature of the Globular-to Fibrous-Actin Transition. *Nature*, Vol. 457, No. 7228 (2009), pp. 441–445.

(18) Fujii, T., Iwane, A.H., Yanagida, T., and Namba, K.: Direct Visualization of Secondary Structures of F-Actin by Electron Cryomicroscopy. *Nature*, Vol. 467, No. 7316 (2010), pp. 724–728.

(19) Pfaendtner, J., Branduardi, D., Parrinello, M., Pollard, T.D., and Voth, G.A.: Nucleotide-Dependent Conformational States of Actin. *Proceedings of the National Academy of Sciences of the United States of America*, Vol. 106, No. 31 (2009), pp. 12723–12728.

(20) Wong, D.Y. and Sept, D.: The Interaction of Cofilin with the Actin Filament. *Journal of Molecular Biology*, Vol. 413, No. 1 (2011), pp. 97–105.

(21) Wriggers, W. and Schulten, K.: Stability and Dynamics of G-Actin: Back-Door Water Diffusion and Behavior of a Subdomain 3/4 Loop. *Biophysical Journal*, Vol. 73, No. 2 (1997), pp. 624–639.

(22) Wriggers, W. and Schulten, K.: Investigating a Back Door Mechanism of Actin Phosphate Release by Steered Molecular Dynamics. *Proteins-Structure Function and Genetics*, Vol. 35, No. 2 (1999), pp. 262–273.

(23) Dalhaimer, P., Pollard, T.D., and Nolen, B.J.: Nucleotide-Mediated Conformational Changes of Monomeric Actin and Arp3 Studied by Molecular Dynamics Simulations. *Journal of Molecular Biology*, Vol. 376, No. 1 (2008), pp. 166–183.

(24) Matsushita, S., Adachi, T., Inoue, Y., Hojo, M., and Sokabe, M.: Evaluation of Extensional and Torsional Stiffness of Single Actin Filaments by Molecular Dynamics Analysis. *Journal of Biomechanics*, Vol. 43, No. 16 (2010), pp. 3162–3167.

(25) Tsuda, Y., Yasutake, H., Ishijima, A., and Yanagida, T.: Torsional Rigidity of Single Actin Filaments and Actin-Actin Bond Breaking Force under Torsion Measured Directly by in Vitro Micromanipulation. *Proceedings of the National Academy of Sciences of the United States of America*, Vol. 93, No. 23 (1996), pp. 12937–12942.

(26) Chu, J.W. and Voth, G.A.: Allostery of Actin Filaments: Molecular Dynamics Simulations and Coarse-Grained Analysis. *Proceedings of the National Academy of Sciences of the United States of America*, Vol. 102, No. 37 (2005), pp. 13111–13116.

(27) Chu, J.W. and Voth, G.A.: Coarse-Grained Modeling of the Actin Filament Derived from Atomistic-Scale Simulations. *Biophysical Journal*, Vol. 90, No. 5 (2006), pp. 1572–1582.

(28) Drenckhahn, D. and Pollard, T.D.: Elongation of Actin-Filaments Is a Diffusion-Limited Reaction at the Barbed End and Is Accelerated by Inert Macromolecules. *Journal of Biological Chemistry*, Vol. 261, No. 27 (1986), pp. 2754–2758.

(29) Winder, S.J. and Ayscough, K.R.: Actin-Binding Proteins. *Journal of Cell Science*, Vol. 118, No. 4 (2005), pp. 651–654.

(30) Mogilner, A. and Oster, G.: Cell Motility Driven by Actin Polymerization. *Biophysical Journal*, Vol. 71, No. 6 (1996), pp. 3030–3045.

(31) Zigmond, S.H.: Recent Quantitative Studies of Actin Filament Turnover During Cell Locomotion. *Cell Motility and the Cytoskeleton*, Vol. 25, No. 4 (1993), pp. 309–316.

(32) Sato, K., Adachi, T., Matsuo, M., and Tomita, Y.: Quantitative Evaluation of Threshold Fiber Strain That Induces Reorganization of Cytoskeletal Actin Fiber Structure in Osteoblastic Cells. *Journal of Biomechanics*, Vol. 38, No. 9 (2005), pp. 1895–1901.

(33) Okeyo, K.O., Nagasaki, M., Sunaga, J., Hojo, M., Kotera, H., and Adachi, T.: Effect of Actomyosin Contractility on Lamellipodial Protrusion Dynamics on a Micropatterned Substrate. *Cellular and Molecular Bioengineering*, Vol. 4, No. 3 (2011), pp. 389–398.

(34) Chu, J.W., Izveko, S., and Voth, G.A.: The Multiscale Challenge for Biomolecular Systems: Coarse-Grained Modeling. *Molecular Simulation*, Vol. 32, No. 3-4 (2006), pp. 211–218.

(35) Bossis, G., Quentrec, B., and Boon, J.P.: Brownian Dynamics and the Fluctuation Dissipation Theorem. *Molecular Physics*, Vol. 45, No. 1 (1982), pp. 191–196.

(36) Sept, D., Elcock, A.H., and McCammon, J.A.: Computer Simulations of Actin Polymerization Can Explain the Barbed-Pointed End Asymmetry. *Journal of Molecular Biology*, Vol. 294, No. 5 (1999), pp. 1181–1189.

(37) Shimada, Y., Adachi, T., Inoue, Y., and Hojo, M.: Coarse-Grained Modeling and Simulation of Actin Filament Behavior Based on Brownian Dynamics Method. *Molecular and Cellular Biomechanics*, Vol. 6, No. 3 (2009), pp. 161–174.

(38) 安達泰治・島田義孝・井上康博・北條正樹: アクチンフィラメントに対する結合タンパク質分子の接近挙動解析. 日本機械学会論文集 A 編, Vol. 76, No. 8 (2010), pp. 1119–1127.

(39) Inoue, Y., Deji, T., Shimada, Y., Hojo, M., and Adachi, T.: Simulations of Dynamics of Actin Filaments by Remodeling Them in Shear Flows. *Computers in Biology and Medicine*, Vol. 40, No. 11–12 (2010), pp. 876–882.

(40) Inoue, Y., Tsuda, S., Nakagawa, K., Hojo, M., and Adachi, T.: Modeling Myosin-Dependent Rearrangement and Force Generation in an Actomyosin Network. *Journal of Theoretical Biology*, Vol. 281, No. 1 (2011), pp. 65–73.

(41) Pollard, T.D., Blanchoin, L., and Mullins, R.D.: Molecular Mechanisms Controlling Actin Filament Dynamics in Nonmuscle Cells. *Annual Review of Biophysics and Biomolecular Structure*, Vol. 29, (2000), pp. 545–576.

(42) Sato, K., Adachi, T., Shirai, Y., Saito, N., Tomita, Y.: Local Disassembly of Actin Stress Fibers Induced by Selected Release of Intracellular Tension in Osteoblastic Cell. *Journal of Biomechanical Science and Engineering*, Vol. 1, No. 1 (2006), pp. 204–214.

(43) Hayakawa, K., Tatsumi, H., and Sokabe, M.: Actin Stress Fibers Transmit and Focus Force to Activate Mechanosensitive Channels. *Journal of Cell Science*, Vol. 121, No. 4 (2008), pp. 496–503.

(44) Kojima, H., Ishijima, A., and Yanagida, T.: Direct Measurement of Stiffness of Single Actin-Filaments with and without Tropomyosin by in-Vitro Nanomanipulation. *Proceedings of the National Academy of Sciences of the United States of America*, Vol. 91, No. 26 (1994), pp. 12962–12966.

(45) Isambert, H., Venier, P., Maggs, A.C., Fattoum, A., Kassab, R., Pantaloni, D., and Carlier, M.F.: Flexibility of Actin-Filaments Derived from Thermal Fluctuations — Effect of Bound Nucleotide, Phalloidin, and Muscle Regulatory Proteins. *Journal of Biological Chemistry*, Vol. 270, No. 19 (1995), pp. 11437–11444.

(46) Otterbein, L.R., Graceffa, P., and Dominguez, R.: The Crystal Structure of Uncomplexed Actin in the Adp State. *Science*, Vol. 293, No. 5530 (2001), pp. 708–711.

(47) Graceffa, P. and Dominguez, R.: Crystal Structure of Monomeric Actin in the Atp State — Structural Basis of Nucleotide-Dependent Actin Dynamics. *Journal of Biological Chemistry*, Vol. 278, No. 36 (2003), pp. 34172–34180.

(48) Sept, D. and McCammon, J.A.: Thermodynamics and Kinetics of Actin Filament Nucleation. *Biophysical Journal*, Vol. 81, No. 2 (2001), pp. 667–674.

(49) Carlier, M.F., Laurent, V., Santolini, J., Melki, R., Didry, D., Xia, G.X., Hong, Y., Chua, N.H., and Pantaloni, D.: Actin Depolymerizing Factor (Adf/Cofilin) Enhances the Rate of Filament Turnover: Implication in Actin-Based Motility. *Journal of Cell Biology*, Vol. 136, No. 6 (1997), pp. 1307–1322.

(50) Carlsson, A.E.: Stimulation of Actin Polymerization by Filament Severing. *Biophysical Journal*, Vol. 90, No. 2 (2006), pp. 413–422.

(51) Gallo, G., Yee, H.F., and Letourneau, P.C.: Actin Turnover Is Required to Prevent Axon Retraction Driven by Endogenous Actomyosin Contractility. *Journal of Cell Biology*, Vol. 158, No. 7 (2002), pp. 1219–1228.

(52) MacKintosh, F.C., Kas, J., and Janmey, P.A.: Elasticity of Semiflexible Biopolymer Networks. *Physical Review Letters*, Vol. 75, No. 24 (1995), pp. 4425–4428.

(53) Kroy, K. and Frey, E.: Force-Extension Relation and Plateau Modulus for Wormlike Chains. *Physical Review Letters*, Vol. 77, No. 2 (1996), pp. 306–309.

(54) Maggs, A.C.: Two Plateau Moduli for Actin Gels. *Physical Review E*, Vol. 55, No. 6 (1997), pp. 7396–7400.

(55) Hale, A.L. and Meirovitch, L.: A General Substructure Synthesis Method for the Dynamic Simulation of Complex Structures. *Journal of Sound and Vibration*, Vol. 69, No. 2 (1980), pp. 309–326.

(56) Ming, D., Kong, Y.F., Wu, Y.H., and Ma, J.P.: Substructure Synthesis Method for Simulating Large Molecular Complexes. *Proceedings of the National Academy of Sciences of the United States of America*, Vol. 100, No. 1 (2003), pp. 104–109.

(57) Ming, D.M., Kong, Y.F., Wu, Y.H., and Ma, J.P.: Simulation of F-Actin Filaments of Several Microns. *Biophysical Journal*, Vol. 85, No. 1 (2003), pp. 27–35.

(58) Ben-Avraham, D. and Tirion, M.M.: Dynamic and Elastic Properties of F-Actin — a Normal-Modes Analysis. *Biophysical Journal*, Vol. 68, No. 4 (1995), pp. 1231–1245.

(59) Ben-Avraham, D. and Tirion, M.M.: Normal Modes Analyses of Macromolecules. *Physica A*, Vol. 249, No. 1–4 (1998), pp. 415–423.

(60) Carlsson, A.E.: Growth of Branched Actin Networks against Obstacles. *Biophysical Journal*, Vol. 80, No. 4 (2001), pp. 1907–1923.

(61) Carlsson, A.E.: Growth Velocities of Branched Actin Networks. *Biophysical Journal*, Vol. 84, No. 5 (2003), pp. 2907–2918.

(62) Carlsson, A.E.: Structure of Autocatalytically Branched Actin Solutions. *Physical Review Letters*, Vol. 92, No. 23 (2004), pp. 238102–1.

(63) Carlsson, A.E.: The Effect of Branching on the Critical Concentration and Average Filament Length of Actin. *Biophysical Journal*, Vol. 89, No. 1 (2005), pp. 130–140.

(64) Yang, L., Sept, D., and Carlsson, A.E.: Energetics and Dynamics of Constrained Actin Filament Bundling. *Biophysical Journal*, Vol. 90, No. 12 (2006), pp. 4295–4304.

(65) Cosserat, E. and Cosserat, F.: *Theorie des Corps Deformables*. Hermann, Paris. (1909).

(66) Ericksen, J.L. and Truesdell, C.: Exact Theory of Stress and Strain in Rods and Shells. *Archive for Rational Mechanics and Analysis*, Vol. 1, No. 4 (1958), pp. 295–323.

(67) Whitman, A.B. and Desilva, C.N.: Exact Solution in a Nonlinear-Theory of Rods. *Journal of Elasticity*, Vol. 4, No. 4 (1974), pp. 265–280.

(68) Antman, S.S.: Kirchhoffs Problem for Nonlinearly Elastic Rods. *Quarterly of Applied Mathematics*, Vol. 32, No. 3 (1974), pp. 221–240.

(69) Yamaoka, H. and Adachi, T.: Continuum Dynamics on a Vector Bundle for a Directed Medium. *Journal of Physics a—Mathematical and Theoretical*, Vol. 43, No. 32 (2010), pp. 325209–15.

(70) Yamaoka, H. and Adachi, T.: Coupling between Axial Stretch and Bending/Twisting Deformation of Actin Filaments Caused by a Mismatched Centroid from the Center Axis. *International Journal of Mechanical Sciences*, Vol. 52, No. 2 (2010), pp. 329–333.

(71) Satcher, R.L. and Dewey, C.F.: Theoretical Estimates of Mechanical Properties of the Endothelial Cell Cytoskeleton. *Biophysical Journal*, Vol. 71, No. 1 (1996), pp. 109–118.

(72) Ingber, D.E.: Tensegrity I. Cell Structure and Hierarchical Systems Biology. *Journal of Cell Science*, Vol. 116, No. 7 (2003), pp. 1157–1173.

(73) Sultan, C., Stamenovic, D., and Ingber, D.E.: A Computational Tensegrity Model Predicts Dynamic Rheological Behaviors in Living Cells. *Annals of Biomedical Engineering*, Vol. 32, No. 4 (2004), pp. 520–530.

(74) Isambert, H. and Maggs, A.C.: Dynamics and Rheology of Actin Solutions. *Macromolecules*, Vol. 29, No. 3 (1996), pp. 1036–1040.

(75) Morse, D.C.: Viscoelasticity of Concentrated Isotropic Solutions of Semiflexible Polymers. 1. Model and Stress Tensor. *Macromolecules*, Vol. 31, No. 20 (1998), pp. 7030–7043.

(76) Morse, D.C.: Viscoelasticity of Concentrated Isotropic Solutions of Semiflexible Polymers. 2. Linear Response. *Macromolecules*, Vol. 31, No. 20 (1998), pp. 7044–7067.

(77) Morse, D.C.: Viscoelasticity of Tightly Entangled Solutions of Semiflexible Polymers. *Physical Review E*, Vol. 58, No. 2 (1998), pp. R1237-R1240.

(78) Morse, D.C.: Tube Diameter in Tightly Entangled Solutions of Semiflexible Polymers. *Physical Review E*, Vol. 6303, No. 3 (2001), pp. 31502.

(79) Head, D.A., Levine, A.J., and MacKintosh, F.C.: Distinct Regimes of Elastic Response and Deformation Modes of Cross-Linked Cytoskeletal and Semiflexible Polymer Networks. *Physical Review E*, Vol. 68, No. 6 (2003), pp. 208101.

(80) Gardel, M.L., Shin, J.H., MacKintosh, F.C., Mahadevan, L., Matsudaira, P., and Weitz, D.A.: Elastic Behavior of Cross-Linked and Bundled Actin Networks. *Science*, Vol. 304, No. 5675 (2004), pp. 1301–1305.

(81) Inoue, Y. and Adachi, T.: Coarse-Grained Brownian Ratchet Model of Membrane Protrusion on Cellular Scale. *Biomechanics and Modeling in Mechanobiology*, Vol. 10, No. 4 (2011), pp. 495–503.

(82) Han, S.-W., Morita, K., Simona, P., Kihara, T., Miyake, J., Banu, M., and Adachi, T.: Probing Actin Filament and Binding Protein Interaction Using an Atomic Force Microscopy. *Journal of Nanoscience and Nanotechnology*, in press.

(83) Eiraku, M., Takata, N., Ishibashi, H., Kawada, M., Sakakura, E., Okuda, S., Sekiguchi, K., Adachi, T., and Sasai, Y.: Self-Organizing Optic-Cup Morphogenesis in Three-Dimensional Culture. *Nature*, Vol. 472, No. 7341 (2011), pp. 51–56.

(84) Eiraku, M., Adachi, T., and Sasai, Y.: Relaxation-Expansion Model for Self-Driven Retinal Morphogenesis: A Hypothesis from the Perspective of Biosystems Dynamics at the Multi-Cellular Level. *Bioessays*, Vol. 34, No. 1 (2012), pp. 17–25.

(85) Okuda, S., Inoue, Y., Eiraku, M., Sasai, Y., and Adachi, T.: Reversible Network Reconnection Model for Simulating Large Deformation in Dynamic Tissue Morphogenesis. *Biomechanics and Modeling in Mechanobiology*, in press.

(86) Okuda, S., Inoue, Y., Eiraku, M., Sasai, Y., and Adachi, T.: Modeling Cell Proliferation for Simulating Three-dimensional Tissue Morphogenesis Based on a Reversible Network Reconnection Framework. *Biomechanics and Modeling in Mechanobiology*, in press.

第2編　生体系と人工系のバイオメカニクス

【著者紹介】

第1章,第3章

村上輝夫（むらかみ・てるお）

  1975年 九州大学大学院工学研究科博士課程単位取得退学
  1975年 九州大学工学部助手
  1979年 九州大学工学部講師
  1980年 九州大学工学部助教授
  1988年 九州大学工学部教授
  現　在 九州大学バイオメカニクス研究センター特命教授
      九州大学名誉教授，工学博士
  専　攻 バイオメカニクス，バイオトライボロジー，生体工学，生体機能設計学
  主要著書 『生体機械工学』（共著，日本機械学会，1997）
      『生体工学概論』（共著，コロナ社，2006）
      『機械工学便覧デザイン編 $\beta 8$ 生体工学』（共著，日本機械学会，2007）

第2章

廣川俊二（ひろかわ・しゅんじ）

  1980年 大阪大学大学院工学研究科博士課程修了
  1981年 九州大学教養部助教授
  1993年 九州大学工学部教授
  2008年 九州大学大学院工学研究院教授を定年退職
  現　在 佐賀大学医学部教授
      九州大学名誉教授，工学博士
  専　攻 生体工学，人工膝関節の最適設計・評価
  主要著書 『バイオメカニクス工学』（養賢堂出版，1991）
      『身体運動のバイオメカニクス』（共著，コロナ社，2002）
      『生体工学概論』（共著，コロナ社，2006）

第1章　人工系による生体機能代替

村上輝夫

1.1　はじめに

　20世紀後半よりヒトの各種組織・器官を人工物・代替物で置換する試みが進み，脳以外の組織・器官・臓器のほとんどに対して，各種の人工物による代替や機能補助が試みられており，臨床応用で成果をあげているものが多々ある．これらは，機能別では以下のように大別される．

- 機械的機能（ポンプ・バルブ・軸受式継手・クラッシャーなど）の代替：人工心臓・人工心臓弁・人工関節・人工歯
- 構造組織の代替：人工血管・人工骨
- 代謝機能の代替：人工腎臓（透析器）・人工肝臓
- 制御機能の代替：心臓ペースメーカ
- 機能補助具：コンタクトレンズ・補聴器

　一方では，免疫抑制剤の改善や手術技術・臓器輸送技術の向上により臓器移植技術も定着し実用的な医療技術になり，法的に若年者からの移植も可能な時代になった．しかし，とくに我が国ではドナーの増加が望めず，生体肝移植を含めても少数に限定されているのが現状である．また，細胞培養に基づく再生組織を利用した再生医療技術も実用化に近づいているが，臨床応用のためには，一部例を除いてさらなる研究が必要とされている．したがって，当面は人工物による生体機能の代替が必要とされている．このような人工系による生体機能代替の適用に際し，とくに多様な力学場で機能する組織や器官の代替においては，後述するように実際の生体環境の理解に基づくバイオメカニクスの視点が重要となる．

人工物による代替技術のうちで，単機能的な機能代替を行う医療用デバイスである人工心臓弁・人工関節・歯科インプラント・大径人工血管・人工骨などでは，20世紀段階で10年以上の臨床実績が得られており，患者の機能回復に大きく貢献している．ただし，これらは一般に生体と異なる物性の人工物で構成されていることが多く，力学的生体適合性の面でバイオメカニクス的課題を有している事例も多く，今後の改善策が必要とされている．また，生命維持に直結する補助人工心臓としては国産デバイスが認可・臨床応用される段階に到達したが，埋込み型の完全置換人工心臓の実用化については，今後のさらなる開発研究が必要とされている．また，人工血管では大径においては臨床応用が進んでいるが，とくに直径6 mm以下の小径人工血管の場合には長期使用中の閉塞の課題があり，ハイブリッド多筒型人工血管などにより生体血管の構造や力学特性を再現する多様な試みがなされている．なお，近年のステント（一般には網目状金属チューブ）の臨床応用は急増しており，小径の冠動脈狭窄部への救命治療などの重要なデバイスとして注目されているが，長期的機能維持にはさらなる研究が必要とされている．

　代替デバイスの中でも代謝機能を代替する場合には，たとえば人工腎臓としての透析装置は腎機能代替装置として患者にとって不可避の人工臓器になっているが，腎機能の回復に寄与できない限界がある．また，肝臓の場合は多様な機能を有しているため肝細胞を用いたハイブリッド人工肝臓が開発されたが，細胞ソースなどの問題もあり，臨床応用への課題が残されている．

　人工系による生体機能代替のレベルを概観すると，とくに20世紀後半では，単一機能の代替を目指して生体環境で使用可能なバイオマテリアル（医療用人工材料や生体起源材料を含む）や人工臓器・装置が導入され，臨床応用の拡大により機能代替が実証されてきた．21世紀の生体医工学分野では，代替機能の高機能化・多機能化・長期機能維持などが要望されている．そのため，従来からの生体医工学技術に加えて，分子生物学・遺伝子技術・再生医工学・脳科学や，ナノテクノロジー・IT（情報技術）との融合を含む研究基盤の拡充と新産業の創出が期待されている．とくに，我が国では，すでに2007年に高齢化率（総人口に占める65歳以上高齢者数の比率）が21％を超える超高齢社会に突入しており（2011年10月時点では23.3％）[1]，さらなる

超高齢化社会への移行が予測されている．そこでは，QOL (Quality of Life) 向上・自立支援をめざした医療・福祉介護技術の変革が必要とされている．また，高度先進医療技術の進展とともに新規な医療機器や遺伝子治療・組織再生などの医療手段の患者への適用が増えることが予測され，そこでは，リスクとベネフィット（恩恵）の双方を考慮した安全性評価や倫理的な判断が要請される．

生体系と人工系のバイオメカニクスの最前線を紹介する第2編では，第1章において，力学的環境・力学的因子の影響が大きい医療・福祉機器などに関して，人工系による生体機能代替に焦点を絞り，現況を紹介したい．後半の第2章・第3章では，代表例として，生体関節と人工関節について，バイオメカニクスおよびバイオトライボロジーの視点から，その研究最前線を紹介する．

1.2 人工系による生体機能代替に関する留意点

生体内または生体と連結して人工物を使用する場合には，従来の一般産業用製品とは異なった設計の視点が必要とされる．すなわち，生体に対して無害性・無毒性は必然の条件であり，生体環境で劣化せず機能を維持する耐久性を含めて満足する「生体適合性」の条件をクリアする必要がある．約百年前，1912年におけるステンレス鋼の発明は，生体と連結して使用できる材料の先がけであり，その後のCo-Cr-Mo合金，チタン合金や，各種高分子材料の発明とともに人工材料の医療応用を促進する革新技術となった．

一般の製品や機器・装置の設計では，所望の機能（仕様）を実現することが目的とされ，その強度設計では，最大応力を許容応力以下におさめることが安全の基準となる．一方，医療機器などの設計では，複雑・多様な機能を有する生体組織・臓器の全機能を代替することは困難な場合が多く，主要機能に限定して代替される場合が多い．とくに，人工物で代替物を設計する場合には，生体組織と物性が大幅に異なる材料を使用する場合も多く，物理的・化学的にも周囲の生体環境と適合できず，界面での応力集中や逆の現象のストレスシールディング (Stress shielding)，あるいは劣化などの事例も生じてい

る．医療デバイスの強度設計として最大応力を許容応力以下におさめることは産業用機器の設計と共通であるが，生体組織と共存するデバイスでは，応力レベルが低すぎる部位においては，ストレスシールディングが生じ，生体組織の機能低下をきたす場合がある．

たとえば，構造・荷重支持組織の骨では，力学環境に適応するために再構築（リモデリング，Remodeling）という現象を生じるし，刺激や負荷が低すぎれば機能が低下ないしは退化する．骨における再構築や力学刺激に対する応答は，Wolffの法則[2]と称される．

図1.1には，人工股関節のステムとして，従来のチタン合金（縦弾性率：$E = 110\,\mathrm{GPa}$）ステムと皮質骨と同程度の弾性率（$E = 20\,\mathrm{GPa}$）を有するアイソエラスティック (isoelastic) ステムを用いた置換術直後の大腿骨部における力学刺激レベルの分布を示す．この刺激値は，ひずみ適応骨リモデリング則に基づく平均弾性エネルギー（単位質量当たり）の基準状態との差を示しており，荷重（骨頭部圧縮力と大転子部筋力）の変化と骨密度の分布を考慮した算出値 (Huiskes et al.[3]) である．負の刺激値を示すチタン合金ステムの近位・内側では骨吸収が進展し弛みが発生する可能性が示唆される．弛みを防止するためには，ステムデザインの修正や骨・ステム結合の改善などの対策が必要とされる．(b) 図の低弾性率ステムを用いればストレスシールディングの発生は抑制されるが，剛性低下により近位の骨・ステム界面の応力が増加する可能性があり，適切な弾性率を選択する必要がある．従来のTi-6Al-4V合金は $E = 110\,\mathrm{GPa}$ であったが，近年では，AlおよびVフリーのTi-Nb-Sn合金やTi-Nb-Ta-Zr合金など，低弾性率（約40〜60 GPa）のチタン合金[4]が開発されつつあり，設計の最適化が期待されている．

これまで人工物と生体との不適合性に基づく相互作用により代替物や生体において機能低下や副作用を生じた場合には，再置換を必要とされた例も生じている．とくに，元来の生体と異なった材料・機構・システムにより代替する場合の設計の基本指針として，「生体機能設計」の視点[5]が重要となる．すなわち，生体の本来の機能・機構・構造の十分な理解に基づき，生体の諸機能を，いかにして，どのレベルまで代替・再現するかについて，現有する知識・技術を駆使して，柔軟な発想を加えて対処する必要がある．たとえば，

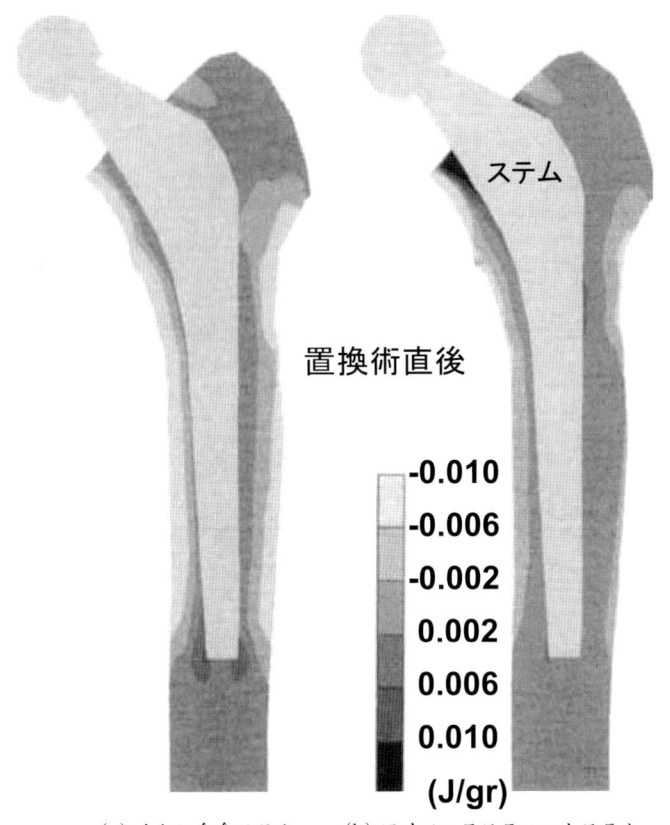

第 1 章　人工系による生体機能代替

(a) チタン合金ステム　　(b) アイソエラスティックステム

図 1.1　剛性の異なるステムを用いた人工股関節周囲大腿骨における力学刺激レベル[3]．負刺激は，ストレスシールディング：骨吸収に，正は骨形成に対応．

　生体を規範にして人工系を設計する，いわゆる「生体規範設計」は，その代表例であり，本編では生体関節を規範にした人工関節の設計について後述する．なお，各種生体機能代替デバイスは，動的に複雑に変化する生体環境で使用されるため，相互作用の中で動的に存在する生体機能を育てるとの視点を重視した「生体環境設計」[6]の提言を考慮して設計に反映すべきであろう．
　また，バイオミメティクス（生体模倣技術）と称される分野では，可能なかぎり生体に接近した模倣が追求されているが，生体規範設計の視点では，生体を規範にする立場に立つことが根本となる．すなわち，生体に匹敵する類

似のものを再現する場合を含むとともに，生体とかなり異なった人工系材料・機構・システムで代替する場合も含まれるので，より広範で柔軟な設計が可能となる．

ロボットの世界では，近年では多種の二足歩行ロボットが実現されているが，その機構や制御システムは，内骨格系のヒト筋・骨格・制御系とは大幅に異なっている．ただし，共通点も有しており，転倒を防ぐためにゼロモーメントポイントに留意する点や，直線歩行からコーナーを曲がろうとするときに，人間と同様に事前にコーナー内側への身体重心移動動作をさせる予測運動制御により滑らかな歩行を可能にした事例[7]がある．一般のロボットの関節は，ピンジョイントまたはリニアスライダにより構成されているが，一方では，たとえば，生体肩関節を規範にした球面関節と筋代替ワイヤ駆動系にニューラルネットを導入したロボットアーム[8]が開発された．そこでは，内骨格系で軽量・コンパクト化と多自由度制御が可能となり，福祉・対人用ロボットなどへの応用が期待されている．

1.3 臓器・組織の代替技術におけるバイオメカニクスの視点

生体ないし生命体は，合理的な構造や機構，機能を有しているために，約40億年前の生命誕生以来，現在の環境に到るまで進化を遂げながら生存を続けており，工学的な視点からは，必要な機能要求を満足するひとつの「満足解」として解釈できる．また，軽量化・コンパクト性・エネルギー効率性などの観点では最適設計に相当する場合も多い．生体の特色は，生きていることであり，生命維持のために代謝活動を行うとともに，環境の変化に応じて適応や修復が可能なことである．適応の許容限界以内では，恒常性（ホメオスタシス，Homeostasis）を有するとともに，前述したように，環境に適応するために再構築という現象が生じるし，刺激や負荷が低すぎれば機能が低下ないしは退化する．たとえば，硬組織の骨における再構築や応答に関する機構については今なお未解明な点があり詳細な究明が進められている．一方，軟組織についても適応や再構築の機構[9]が解明されつつある．一般に，生体は，損傷に対しては修復機構を有し，外的攻撃に対しては免疫系を含む防御機構

を有している一方で，寿命や機能に限度があるし，不合理とみなされる面も有している．このように，生体は，環境に適応して構造・機能を維持する能力を有しており，重力場環境においては，力学的環境が重要な影響をもたらしている．ここでは，最近技術の進展がみられた人工臓器や医療福祉デバイスにおけるバイオメカニクスの役割を紹介する．

1.3.1 人工心臓の臨床適用におけるバイオメカニクス

人工心臓の開発は 1958 年における阿久津（米国クリーブランド・クリニック）の人工心臓埋込み動物実験における生命維持成功を契機として開始され，1969 年には，D. Liotta により開発された全置換型人工心臓（拍動型）が D. Cooley により施術され，心臓移植までの 64 時間のブリッジ使用の役割を実現した[10]．その後，血栓形成や溶血，感染などの課題解決を経て，1980 年代以降には，完全置換型人工心臓による心臓移植までのブリッジ使用や補助人工心臓の臨床応用が普及した．また，体外システムと連結した人工心臓の臨床応用も試みられていた．いわゆるコードを不要とする（電磁誘導利用の充電式電池を体内に内臓）完全植込み型 (Abiocore) については，21 世紀当初 (2001 年) に米国ルイビル大学チームが延命に成功し，その後重症患者に限定されながら適用された[11]．バイオメカニクスの視点では，体内血液ポンプとして生体適合性材料の適用や機構改善により血流下で血栓形成を抑制できたことと，ワイヤレス方式の導入により患者の自立活動を可能にした点が着目される．2007 年には 14 名の治験結果における延命効果の実績を得て，米食品医薬品局 (Food and Drug Administration:FDA) により販売が認可された．

当時の本タイプは重量（約 900 g）・サイズの問題もあり日本人への適用の難しさが指摘されていたが，拍動流でなく無拍動型ポンプでも代替機能を果たせることが認められ，ロータリーポンプなどの応用により小型化が可能となった．無拍動型では人工心臓弁が不要になるために人工弁起因の血栓を避けうるメリットもあった．このような背景のもとで，我が国では，2005 年に東京女子医大・早稲田大学・東京大学・ピッツバーク大学の研究グループが体内植込み（埋込み）型補助人工心臓（エバハート：(株)サンメディカル技術研究所)[12]

の臨床応用に成功し，寝たきりであった拡張型心筋症の患者の社会復帰を可能とした．約 3.2 kg 程度の制御部・電池部は体外装置に収められたため，回線や冷却水パイプでの接続は必要であるが，体内本体はポンプ部外形 58 mm, 重量 420 g 程度になり小型化が可能となった．血流が触れるポンプ内面には親水性の合成リン脂質 MPC (2-methacryloyloxyethyl phosphorylcholine) ポリマー処理がなされ血液凝固の発生が防がれた．また，ポンプ軸シール（メカニカルシール）部分の血液凝固およびモーター発熱を抑えるため，純水をポンプ・モーター内部に循環させる独自のクールシステムを有している．

また，赤松らの開発による磁気浮上型遠心ポンプを導入したテルモ（株）の左心補助人工心臓は，2007 年には欧州で CE マークを取得し，販売が開始された．本方式では，遠心ポンプの採用により小型化を可能にするとともに，軸受部に機械的な接触部が無く長期の耐久性が期待できる上，血液の澱みが無く流れがスムーズで血栓ができにくい構造という特色を有している[13]．

これらの人工補助心臓の 2 機種については，2010 年 12 月 8 日に厚生労働省により国内での製造販売が承認され，臨床応用が進められ，退院後の自宅療養・生活活動も可能となったことは大きい恩恵である．国内では，一般に，欧米に比べて医療機器の審査・認可に長期間を要していたために，「デバイスラグ」と称される重要な課題があり，問題解消のための審査・認可システムの改善が求められていた．たとえば，人工心臓に関しては，国策により，開発・審査のためのガイドライン[14,15]が近年に策定されたことが認可の実現に寄与したと思われ，その後にも新技術を導入した機種が開発されている[16]．

1.3.2 再生組織におけるバイオメカニクス

たとえば，トカゲのシッポやヒトデの腕の切除後の組織再生と同様に，幹細胞の機能による組織を再生する機構を医療に利用できれば再生医療が可能となる．このような細胞による再生機能を活かして生体組織・臓器を再生する再生医療の実現をめざした研究が急速に進展しつつあり，山中による iPS 細胞 (induced pluripotent stem cell) の培養実現[17]や岡野ら[18,19]による細胞シートの開発により当分野の研究が加速されている．細胞・組織に関するバ

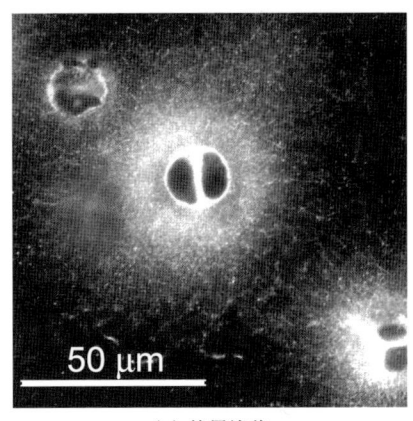

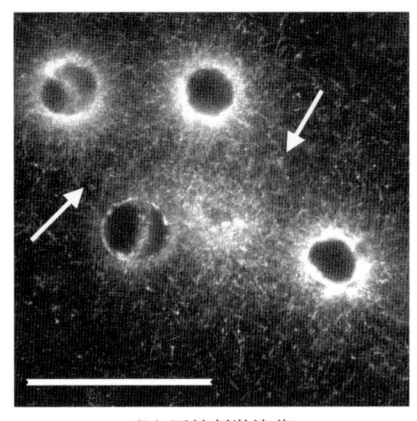

(a) 静置培養　　　　　　　　　(b) 圧縮刺激培養

図 1.2　軟骨細胞・アガロースゲル複合体培養試験における免疫染色画像
（青：タイプⅠコラーゲン，緑：タイプⅡコラーゲン，赤：コンドロイチン硫酸（口絵参照））[20]

イオメカニクスに関しては，第1編で詳述されているため，ここでは再生組織による機能代替に関するバイオメカニクスの役割について簡略に紹介する．

　再生医工学の視点から，必要機能を代替する組織を再生可能とする条件として，1. 細胞，2. スカッフォールド（担体，足場材料），3. 活性因子（成長因子など）の3条件を満足することが要求されている．さらに，とくに力学場にさらされる組織の場合には，力学的刺激の付与の重要性が指摘されている．筆者らは，インキュベータ内で圧縮やせん断刺激を付与可能な装置を試作し軟骨細胞・アガロース複合体の培養における再生軟骨組織の構造形成や機械的物性の変化を調査している．たとえば，周期的な圧縮刺激を負荷した場合に，無刺激条件に比べて，タイプⅡコラーゲンやプロテオグリカンの産生状況と弾性率の変化を調査した[20]．また，コラーゲンの産生には，ビタミンCの共存も必要なことが指摘されているため，各種濃度の影響も評価した．図1.2には，$32\,\mathrm{pmol}/10^9\,\mathrm{cells}$ 濃度のリン酸化ビタミンC (ascorbic acid 2-phosphate)を含有する培養液中において，静置培養と単軸圧縮刺激（円柱状試験片に周期的15％圧縮ひずみ（1Hz，三角形波）を1日当たり6h）を付与した場合の再生組織（22日培養後）の免疫染色画像を示す．圧縮刺激を与えた場合には，コラーゲン線維（タイプⅡ）群が細胞間で明瞭な連結構造

((b) 図の矢印部) を形成しており，マクロな試験片で測定した接線弾性率の比較において，コラーゲン線維の連結性が不明瞭な静置培養試験片に比べて高い弾性率を示していた．このように，適切な力学刺激を付与することにより，再生組織の構造と機能が改善されることは，バイオメカニクスの重要性を指摘する事例である．

再生軟骨の場合には，圧縮負荷のほかに，生体環境と類似な静水圧や摩擦負荷の繰返し刺激が再生軟骨の構造・物性改善に寄与すること[21]が指摘されており，組織再生用バイオリアクターの設計において，バイオメカニクスの視点が必要とされる．

また，前述したように，組織再生や生体材料の臨床応用に際して生体内環境の重要性に着目し，「生体内環境設計」という視点からの提言[6]も行われている．生きた組織は，周囲の化学的・生物学的・力学的な環境条件に応じて自己を改変しながら形態と機能を維持するため，生命体の能力を活用する生体内環境設計（細胞増殖因子などのdrug-delivery，細胞や遺伝子のdelivery，足場構成や力学的刺激）が有効になることが指摘されている．

1.3.3　運動機能代替におけるバイオメカニクスの視点

ヒトは二足立位歩行を可能としたことにより，立位による視野拡大を獲得するとともに，上肢の解放によりその自由な動作能力を拡張するのみならず，脳機能の発達を促進させ，道具の開発や文明の進展をもたらすという恩恵を得たものと考えられる．また，二足歩行は不安定な姿位であり筋骨格系の制御が必要とされるが，周囲の環境の急変に際して姿位の変化を容易にするという利点も有する．一方では，地上という重力場における立位主体の活動は，とくに下肢関節部における力学的負荷の増大をもたらし，変形性関節症などの関節変性の誘因となり，脊椎部への高負荷は腰痛発生や脊椎損傷の要因となっている．

二足歩行への進化の過程では，筋骨格系の強化がなされ，滑らかな運動を可能としているが，高齢化にともなう筋・骨格系の機能低下や関節変性により，転倒時骨折や変形性関節症の進行などにより，歩行不能となる場合が増

大している．多様な運動様式や力学的環境の変化に対する生体関節の優れた機構や特性については，人工関節による機能代替の問題を含めて後述するので，ここではそれ以外の福祉工学的な話題について概説する．

たとえば，下肢の歩行障害が生じた場合には車いすを利用することになる．国内では年間約30万台が販売されている状況にあるが，今後の超高齢化社会への進行に向けて利用者が増大するものと予測されている．現在の問題点のひとつは，老々介護や女性介護者の増大を考慮すると移動時（とくに上下方向の移動）における力学的負担の増大に関して，軽量化への要望が大きい点である．新規な構造設計や新材料の導入により軽量化が試みられているものの，普通型では10 kg前後に止まっているのが現状である．

筆者らは，難燃性マグネシウム合金がアルミ合金の2/3の密度であり曲げ加工や溶接操作も可能であることに着目し，軽量化設計に取り組んできた．評価に当たっては，アルミ合金とマグネシウム合金で同一フレームの試作車を製作し，強度評価と乗り心地評価を行った（（財）テクノエイド協会 福祉用具研究開発助成事業）．マグネシウム合金は，アルミ合金に比べて弾性率が低く（46.7 GPa），減衰性に優れるという特性がある．試作機では，重量差として1.1 kgの差があったが，ブロック道路では，マグネシウム合金の乗り心地が良い（振動の評価である「ごつごつ感」が少ない）との評価が得られたのに対して，アスファルトではアルミ合金の乗り心地が良い（バランスの良さ）との評価が得られた[22]．停止時の操作性については，フレームの剛性が低いマグネシウム合金では，停止時のフレームのぐらつきが大きく，軽量化による重心位置の上方化にともなう安定性の低下が見られたが，一方では，段差50 mm登りでは「後輪の上げやすさ」で高い評価が得られた．長時間走行時の評価に着目した3～5 km/hの3種の速度条件下のローラ試験においては，自覚的運動強度，ストローク数では速度間で有意差が認められなかったが，平均酸素摂取量及び平均心拍数については，5 km/hの高速条件では，マグネシウム合金で高めの値が得られた（図1.3）[23]．しかし，普通型の使用条件である4 km/hでの適用では問題ないと判断されたため，フレーム設計を含めて最適設計に取り組んでいるところである．実用化に際しては，強度・安全性評価を確立し，動作解析や筋負担評価に加えてユーザの感性評価を含むバイ

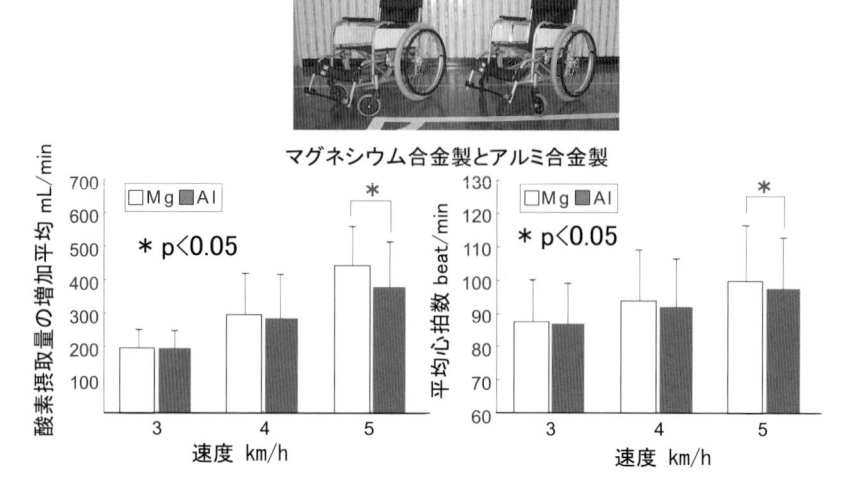

図 1.3 車いすローラ試験における酸素摂取量の増加平均（運動時酸素摂取量 − 安静時酸素摂取量）と平均心拍数に及ぼす速度条件の影響[23]

オメカニクス的評価を進める必要がある．

近年では，電動車椅子が普及しつつあり，全方向移動車や階段走行車いすの開発も進められている．Dean Kamen により開発された全 6 輪車で後 4 輪を駆動輪とする iBOT[24] では，ジャイロセンサとコンピュータを搭載しており，階段の上り下りや段差越えが可能（2 組の駆動輪が相互に回転可，図 1.4）である．また，2 輪での安定した姿勢維持も可能なため，健常者と視線レベルを同レベルに保持できる（図 1.5）という特筆すべき機能も備えている．2003 年に FDA 認可が得られて市販され好評を得たが，医療必需品 (medical necessities) としては認められなかったこともあり，2009 年に販売が一旦中止され，メンテナンスサービスに限定された．しかしながら，生活領域を変えうる先導的福祉デバイスとしてのニーズがあり，製造再開が計画されている．

1.3.4 運動支援パワーアシストデバイスにおけるバイオメカニクス

最近ではロボット技術を応用した種々の装着型パワーアシストデバイスが開発されている．山海らの開発によるサイボーグ型ロボットのロボットスー

図 1.4 階段機能による昇降[24]　　図 1.5 バランス機能による eye-to-eye[24]

ツ HAL (Hybrid Assistive Limb)[25]は，脳・筋間生体信号系とスーツ制御系の調和を重視することによりバイオメカニクス的条件を満足させ，安全で円滑な身体機能の拡張や増幅を実現した点で注目される．すなわち，人間の脳が筋骨格系を動かそうとするときに流れる微弱な生体電位信号を皮膚表面で検出し，その動きをサポートするためにロボットスーツが動くという仕組みであり，密着したロボットスーツが人間の筋骨格系を動かし，動いた筋骨格系から「動いた」という情報が脳へと返ってくる．生体電位センサの他にも，関節角度を測定する角度センサ，重心の位置を検出する床反力センサなども組込まれている．この人間とロボット・情報系のインタラクティブなスパイラルループにより，装着者の筋肉の動きと一体的に関節を動かす動作支援が可能となった．福祉・介護分野における自立動作支援，介護支援をはじめ，工場などでの重作業支援，災害現場でのレスキュー活動支援，エンタテイメントなど，幅広い分野での適用が期待されている．これらの技術開発には，工学以外に，行動科学，脳神経科学，生理学，心理学などの学問分野や，法の整備や倫理，安全性の検討も必要であり，このような多様な分野の融合複合し

た包括的な学術体系としての「サイバニクス」への取組みが進められている.

最近では,多種の運動・リハビリ・介護支援デバイスが開発されているが,対人デバイスとしての代替機能を明確化し,実用に際しては,安全性を最優先すべきである.とくに,多様なユーザのニーズを実現するためには,フール・プルーフ (Fool-proof) かつフェイル・セイフ (Fail-safe) の両視点が必要とされる.たとえば,支援デバイスとヒトとの衝突発生時には当然ながらヒトの安全維持が優先されるが,多様な使用条件を想定して設計する必要がある.そのような要望に対応して,対人ロボットなどの安全性に関する国際規格化[26]の検討が進行しており,安全設計の基準の明確化が期待される.

一方では,ヒトと同等な機構・仕組み・柔軟性を有するロボットを導入すれば,異質な人工物デバイス起因の危険性を避けうるという提案もある.次節では,内骨格系ロボットの事例を紹介する.

1.3.5 ヒト肩関節の筋骨格構成を規範としたロボット肩関節シミュレータ

成人の骨格は,206前後の骨から構成されており,骨間は,部位や運動様式に応じた関節形態を有しており,一般には屈筋と伸筋の組合せに代表される拮抗により駆動され,複雑な運動や荷重支持を可能としている(ただし,2.2.2項に詳述されているように.拮抗筋の共同収縮が重要となる場合もある).ここでは,ヒト関節で最も可動域が広い肩関節を対象にして,生体を規範にした人工系による代替の事例を紹介する.ヒト肩関節は,肩甲上腕関節と,鎖骨により安定化された肩甲骨の胸郭面に対するすべり運動で構成され,複合関節(上肢帯)として複雑な運動と広い可動域を可能としているが,その実態については不明な点も多い.

たとえば,肩部の回転運動をできないイヌやウマは,鎖骨を有していないのに対して,肩を介して大きい羽ばたきをするコウモリは強力な大胸筋が付着する鎖骨を有している.また,枝を握るような木登りをするサルは肩部の回転も可能で鎖骨を有しているが,ヒトはサルと比較しても肩峰がとくに発達しているという特徴を有している.肩関節は複数の靭帯や筋力のバランスにより安定化されるため,外傷や萎縮,加齢による変形などで,可動域など

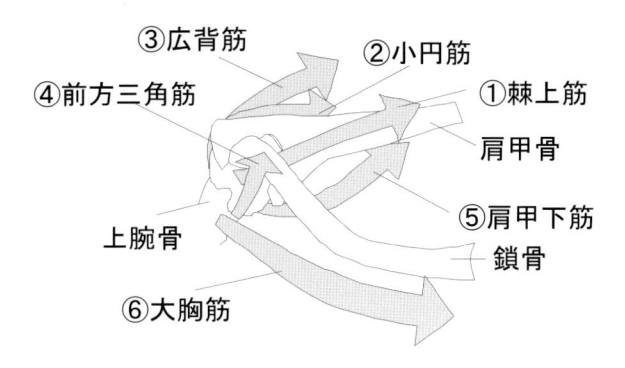

第 1 章 人工系による生体機能代替

図 1.6 肩甲上腕関節の筋骨格構成（上方図）[28]

が影響を受けるという宿命も有している．いわゆる五十肩の発症時には，大幅な可動域の狭小化とその後の回復という可動域の重要性を体験できる．

肩関節物理モデルの原型として，Mollier は人体解剖に基づき各筋をワイヤにより置き換え，鍵盤を押すことで駆動されるモデルを作製し，'Shoulder Organ' と称した (1989)[27]．坂井ら[8]は，機能面に着目した Kapandji の筋骨格図解（図 1.6）[28]を基本として代表的な筋をワイヤで代替する物理モデルを構成した．

まず，ボールジョイントに相当する肩甲上腕関節を複数の筋で駆動する構成[8]について紹介する．ここでは，肩甲上腕関節の可動域として 1/8 球内を選定し全域での屈曲および領域内任意部位での 90 deg の回旋を評価した．なお，回旋中心は生体運動に近い連成回旋を打ち消す座標系を使用した．図 1.6 に基づく 6 本ワイヤモデルと，簡易化した 5 本ワイヤモデル（⑤肩甲下筋と⑥大胸筋をそれらの中間位置に配置した筋で代行）とを試作し，ジョイント部へ発生させるモーメントアームを実機で計測評価した．ワイヤ配置に関しては，解剖学的筋配置を規範にして設定し，各屈曲・回旋運動でのモーメントアームが上腕骨頭半径の 1/2 以上を確保できるようにワイヤ付着部や通過孔部位の修正を行った．その結果，5 本モデルでは可動性が不足する領域が生じたのに対して，6 本モデルにおいては所定の可動性が確かめられた．生体規範設計における簡易化による機能再現の限界を示す一例である．

上腕部アームの駆動制御には逆問題とニューラルネット (neural net: NN)

学習を応用した．すなわち，逆問題的手法として，まずアーム側より関節を動かすことにより全可動域でのワイヤ移動量を計測し，NNに学習させた．NNは非線形素子が微分可能であれば，入出力間の微分量関係もチェーンルールにより算出可能である．よって，学習されたNNの重みデータから，ワイヤとアーム間の仮想変位の関係が得られる．なお，この関係はワイヤが関節周りに発生させるモーメントアームそのものである．本機構は，特定のアーム姿勢に対してワイヤ長が一意に定まる完全幾何拘束型であるため，オープンループでの特性としてワイヤの伸びを無視して駆動した．また，特定のアーム姿勢近傍で線形とみなし，目標力のためのモーメントアームを生成するワイヤに重点的に張力を発生させ力制御を行った．さらに，軌道誤差を修正する方向に力を発生させ，位置フィードバック制御を行った．本装置では各動作に対して複数のワイヤが作用しており，簡易化のために，目標力と直交する方向へ力を発生させるモーメントアームについては無視した．図1.7に肩甲上腕関節構成について屈曲角度に10 sで円軌道を与えた駆動結果を示す．力制御のない場合は重力方向（角度2）へ軌道が変位した．重力補正を行った場合でも動作方向が急激に変わる場面で軌道誤差が大きかったが，フィードバック駆動した場合には目標軌道に良好に追従した．本機構は1関節で3自由度を有するため，軽量コンパクトなデバイスとして，図1.7写真に示すように1関節でカップの粉をすくい，それを隣に移す作業が可能であった．

　肩関節の広い可動域を再現するためには，肩甲上腕関節の運動に加えて肩甲骨の胸郭面に対するすべり運動を付加する必要がある．この機構を再現した肩関節複合体シミュレータ[29]の写真を図1.8に示す．肩関節は多くの筋で駆動され，各筋は広がりや厚みを持つが，本シミュレータでは各筋の機能に着目しながら代表的な筋を選定し15本のワイヤで置き換えた．なお，上述の肩甲上腕関節モデルでは上腕部を6本のワイヤで駆動していたが，生体の筋骨格系をより良く再現するために，背部近位に②小円筋と並列的に⑦棘下筋を追加し，7本ワイヤ駆動とし，肩甲骨駆動系は，8本とした．図1.8に示すように，今回の複合機構の適用により，(b) 135 deg外転（肩甲・上腕関節部：90 deg，肩甲骨回転：45 deg）や，(c) 前方屈曲135 degが可能となった．すなわち，胸郭・鎖骨・肩甲骨・上腕骨の筋骨格系を再現することにより，外

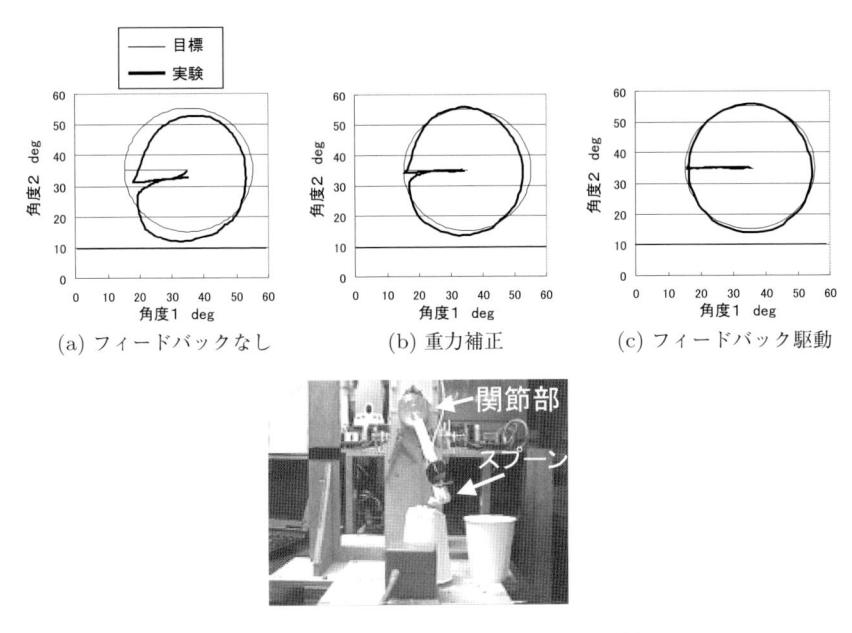

第 1 章　人工系による生体機能代替

(a) フィードバックなし　(b) 重力補正　(c) フィードバック駆動

図 1.7　駆動実験結果および作業実験の写真[8]

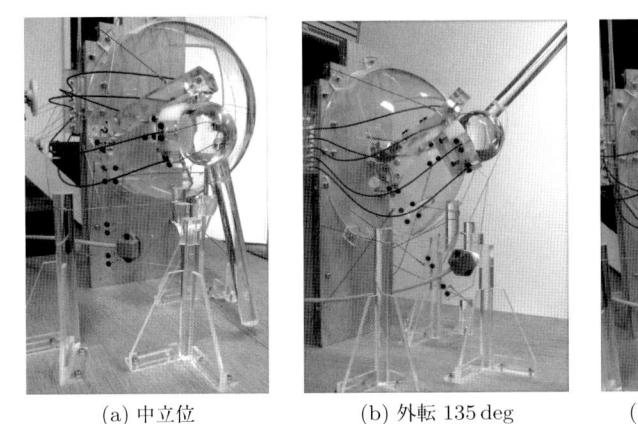

(a) 中立位　(b) 外転 135 deg　(c) 前方屈曲 135 deg

図 1.8　肩関節複合体シミュレータ[29]

転および前方屈曲における高屈曲領域における姿勢を再現できた．生体規範設計の有用性[30]を示す事例である．

1.3.6 神経生理学的リハビリ用ロボット装具

以前には脳卒中で半身不随（片麻痺）になると損傷した神経細胞は再生しないために麻痺側の機能回復は難しいとみなされていた．しかしながら，脳科学の進歩にともない，中枢神経系における神経幹細胞の存在や，損傷を免れた神経細胞が損傷部位の機能を代替するという「可塑化」の有用性が確認された．とくに，脳の可塑性が従来考えられていたよりも短期間で生じることが指摘されており，片麻痺を回復促進させる運動療法として，促通リハビリが重要視されるようになった[31]．脳卒中促通リハビリ療法としては多様な手法が提案されているが，基本的には，療法士が体の動きに合わせて麻痺半身に適切な運動と刺激を加え，特定の神経路の再建・強化をめざす手法である．目的の随意運動に関与している神経路に興奮を起こさせ，随意運動として誘発させることが重要であり，筋力トレーニング的なものではない．

ここでは，神経生理学的リハビリ用の装着ロボットの開発例について紹介する．神経生理学的リハビリ用ロボットでは，パワーアシストや自立支援型装着ロボットと異なり，外部に対して仕事を行うことではなく，ヒトを適切に駆動し運動抑制することが目的となる．たとえば，米国では，肩運動に追従するためにパラレルリンクを組み合わせた機構を用いて，前腕部から握り動作までをカバーした脳卒中リハビリロボット[22]が開発されたが，体幹と肩上肢の協調の機構は包含されていない点に課題を残した．すなわち，脳卒中患者に対する上肢機能リハビリでは，各関節単独のリハビリでは関節が協調運動する日常動作に対して効果が少なく，上肢全体の安定に不可欠な肩甲骨および体幹の安定が確保された上で上肢リハビリを行うべきとの指摘がなされている．そのため，療法士は背後より患者の肩甲骨を把持することにより肩と体幹を制御し，肘部を掴み，前腕・上腕を制御しながら，指屈筋の運動や腱の動作を確認している．

そこで，前腕部リハビリの効果を日常生活において発揮するために必要な肩-体幹の促通用として，リハビリ用ロボット装具（図1.9）[30]が開発された．本機構では，脳卒中リハビリの基本動作である到達把持を可能とするため，体幹部にピンジョイントとリンク機構を組み合わせ，体幹の屈曲，揺動，ね

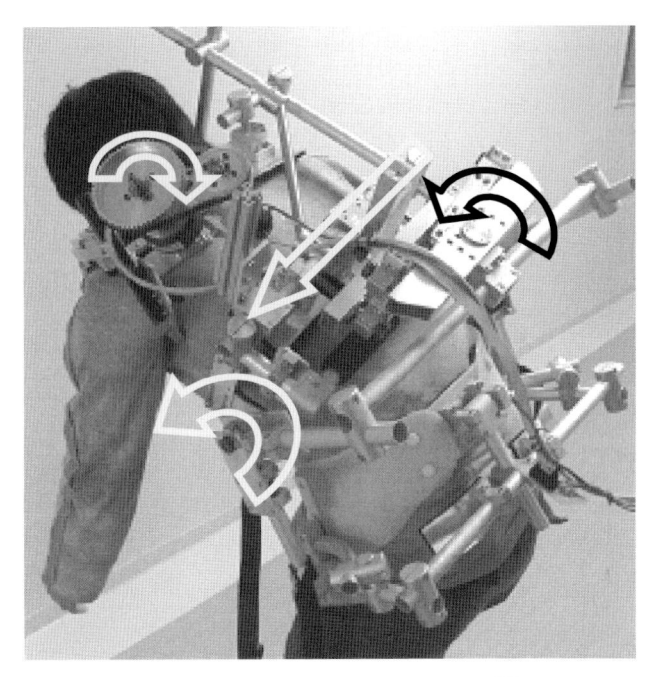

第 1 章　人工系による生体機能代替

図 1.9　リハビリ用肩体幹ロボット装具[30]

じりを行うことができる．また，肩甲骨把持のための装具を療法士らと作製し，動作解析により肩甲骨外転運動に対する主要な 1 軸を算出し，6 軸センサおよび駆動装置を取り付けた上で装具に実装した．体幹部機構はロボット装具の重量を骨盤に逃がす役割を持つ．

その後，骨盤・腰前後屈曲機構を導入した着座式[33]を開発し，異なる体幹運動に対応可能な多自由度の（肩甲骨-体幹-骨盤系）外骨格系ロボット装具として到達把持動作に合わせた駆動を行った．その際に異なった到達把持動作を行った場合には，対応する身体運動の適切な計測が可能であり，体幹を適切にコントロールできる促通リハビリ支援ロボット装具としての機能を確認できた．このように，リハビリへのロボットの導入は，療法士の負担軽減をもたらし，患者の要望にあわせた在宅（遠隔）を含むリハビリの柔軟なプログラムを可能にするとともに，運動状態の計測や記録が可能となり，リハビリ効果の定量化や疾患の理解の深化に寄与できるメリットがある．

1.4 おわりに

　上述したように，生体系の機能代替では，多種多様なデバイスまたはシステムの実用化が進行しつつある．とくに，力学的環境にさらされる場合の代替機能を維持・強化するためには，生体の応答を考慮したバイオメカニクスの視点が重要となる．過度な力学的刺激や過酷すぎる力学環境を回避し，適度な力学刺激を活用するとの指針は，最適設計選定の基準として位置づけられる．そこでは，空間・時間的な非線形性や複雑性，個体差の影響を考慮すべきであり，力学原理に基づくモデリングは生体の物性・挙動を適正に評価する際の有力な手法となる．これらの諸技術を実用化するためには，臨床担当者と関連諸技術者を含む異分野メンバー間の医工融合の実質化[34]が成否の鍵を握ると思われ，今後の学際的研究のさらなる進展が期待される．

　おりしも，介護・福祉に役立つ先端機器（介護ロボット）への公的保険の適用範囲を拡大し，必要な機能を絞り込んだ上で介護保険の対象として，2015年度から利用料の9割を補助するとの政府方針の報道[35]がなされた．介護ロボットなどの開発および運用においては，いわゆる四力学（材料力学・機械力学・流体力学・熱力学）のみの生体系への応用に留まらず，生体機械工学全般を包含する広義のバイオメカニクスの視点が，その成否の鍵を握ると考えられる．今後のライフイノベーション研究の展開において，バイオメカニクスの重要性についての理解が深まることを期待したい．

参考文献

(1) 平成24年度版 高齢社会白書，（2012年6月15日閣議決定）．
(2) Wolff, J.: *The Law of Bone Remodeling*, Trans. By P. Maquet and R. Furlong, Springer-Verlag (1986).
(3) Huiskes, R., Weinans, H. and van Rietbergen, B.: The Relationship Between Stress Shielding and Bone Resorption Around Total Hip Stems and the Effects of Flexible Materials, *Clinical Biomechanics and Related Researches*, 274 (1992), 124–134.
(4) 新家光雄：生体用体心立方晶系チタン合金の現状と動向，ふぇらむ（日本鉄鋼協会）15(11)，(2010), 661–670.
(5) 村上輝夫編著：生体工学概論，コロナ社 (2006), 62–72.
(6) 富田直秀：機能設計から生体環境設計へ 「安心」を育てる科学と医療，丸善，(2005).

(7) たとえば，http://www.honda.co.jp/ASIMO/（2004 年 5 月 5 日）

(8) 坂井伸朗・村上輝夫・澤江義則：生体肩関節を規範にしたロボットアームの開発，バイオメカニズム，17，慶応義塾大学出版会，(2004)，143–155.

(9) 林 紘三郎：バイオメカニクス，コロナ社 (2000).

(10) Smithsonian National Museum American History, http://americanhistory.si.edu/

(11) http://www.abiomed.com/products/heart-replacement/

(12) http://www.evaheart.co.jp/

(13) http://www.terumo.co.jp/duraheart/

(14) 経済産業省「体内埋め込み型能動型機器分野（高機能人工心臓システム）開発ガイドライン 2007」平成 19 年 5 月 (2007).

(15) 厚生労働省「次世代医療機器評価指標の公開について-次世代高機能人工心臓の臨床評価のための評価指標」，薬食機発第 0404002 号，平成 20 年 4 月 4 日 (2008).

(16) 山根隆志：人工心臓の技術動向—点接触軸受から非接触軸受へ，月間トライボロジー，No.301, (2012), 41–43.

(17) Yamanaka, S.: Induced Pluripotent Stem Cells: Past, Present, and Future, *Cell Stem Cell*, 10, (2012), 678–684.

(18) Okano, T., Yamada, N., Okuhara, M., Sakai, H., and Sakurai, Y.: Mechanism of cell detachment from temperature-modulated, hydrophilic-hydrophobic polymer surfaces. *Biomaterials* 16, (1995), 297–303.

(19) Hayashi, R., Yamato, M., Takayanagi, H., Oie, Y., Kubota, A., Hori, Y., Okano, T. and Nishida, K. : Validation system of tissue-engineered epithelial cell sheets for corneal regenerative medicine, *Tissue Eng Part C Methods*, 16(4), (2010), 553–560.

(20) Omata, S., Sonokawa,S., Sawae, Y. and Murakami,T.: Effects of both vitamin C and mechanical stimulation on improvement in mechanical characteristic of regenerated cartilage, *Biochemical and Biophysical Research Communications*, 424, (2012), 724–729.

(21) 澤江義則：関節機能再建を目指した再生軟骨のトライボロジー，トライボロジスト，53, (2008), 799–804.

(22) 内藤慎也・塩満春彦・村木里志・坂井伸朗・村上輝夫：主観評価からみた難燃性マグネシウム合金製軽量車いすの操作性，九州人間工学，第 29 号，(2008), 26–27.

(23) 塩満春彦・内藤慎也・村木里志・坂井伸朗・村上輝夫：運動強度による難燃性マグネシウム合金製車いすの評価，人間工学 第 44 巻 特別号，(2008), 112–113.

(24) http://www.ibotnow.com/ (2008)

(25) http://www.cyberdyne.jp/

(26) たとえば，ISO/DIS 13482 Robots and robotic devices — Safety requirements for non-industrial robots — Non-medical personal care robot

(27) van der Helm, F. C. T. : A Finite Element Musculoskeltal Model of The Shoulder Mechanism, *J. Biomechanics*, 27, (1994), 551–569.

(28) Kapanji, I.A.: *The Physiology of the Joints, Vol.1, Upper Limb*, (1974) Churchill Livingstone.

(29) 坂井伸朗・澤江義則・村上輝夫：生体筋骨格構成を規範とした肩関節複合体シミュレータ，第 32 回 バイオメカニズム学術講演会予稿集，(2011), 99–102.

(30) 坂井伸朗・澤江義則・村上輝夫：上肢バイオメカニズムとロボットへの応用に関する研究，日本ロボット学会誌，26-3, (2008), 222–225.

(31) 川平和美：片麻痺回復のための運動療法 川平法と神経路強化的促通療法の理論，医学書院，(2006)．

(32) http://interactive-motion.com

(33) 坂井伸朗・林 克樹・涌野広行・安谷屋晶子・澤江義則・小野山薫・村上輝夫：脳卒中リハビリ支援ロボット装具による到達把持運動の計測，ロボティクス・メカトロニクス講演会 2011 講演論文集，(2011), 2P2-G06.

(34) たとえば，第 51 回日本生体医工学会大会 パネルディスカッション「医工融合への提言」（2012 年 5 月 10 日）．

(35) 日本経済新聞，2012 年 7 月 30 日報道．

第2章　生体関節と人工関節のバイオメカニクス

廣川俊二

2.1　はじめに

　第1章で紹介したように，現在では，脳以外のヒトの組織・器官・臓器のほとんどすべてで人工物による代替が可能となっている．これらの中でもっとも臨床応用が進んでいる人工代替物のひとつが人工関節である．本書の題目であるバイオメカニクスとは，本来，運動器を対象とする場合には，生体の運動形態（キネマティクス）と運動力学（キネティクス）を扱う研究対象・分野を意味するが，ヒトの組織・器官・臓器の中でも，このバイオメカニクスの定義にもっともふさわしい研究対象は関節であろう．そこで，本章では生体・人工関節のバイオメカニクスについて解説する．なお，人工関節における重要な課題の一つに摩耗の問題があり，人工関節摺動面の摩耗の抑制と潤滑，耐摩耗性向上のための新素材開発に関する研究が活発に行われているが，これらについては第3章で詳述されるため，本章では説明を省略する．

　100種以上に及ぶヒト関節の中で人工関節の適用例がもっとも多い関節は下肢関節，とくに股関節と膝関節である．股関節と膝関節を比較した場合，股関節はほぼ完全な球面軸受構造となっており，ボール（骨頭）とソケット（臼蓋）間では純粋な滑り運動が行われている．これに対し膝関節接触面の適合性は悪く，大腿骨と脛骨間の運動は滑りと転がりが混在している．膝関節運動を規定しているのは，関節面形状よりむしろ半月板や筋・靭帯などの軟組織である．

　上記のような股関節と膝関節の違いは，人工股関節と人工膝関節の設計方針にも現れている．人工股関節の場合，関節形態をそのまま人工的に複製すれば股関節の生理的運動をほぼ忠実に再現できるため，可動域制限や脱臼な

どの問題を除けばキネマティクスが問題となることは少ない．人工股関節の最大の課題は，あくまで上述したように摩耗対策である．

一方，人工膝関節の場合，摩耗の問題に加え，元の膝関節のキネマティクスの再現が重要課題となっている．ただし，人工膝関節を適用する際には多くの軟組織を切除しなければならないために，生体膝関節同様のキネマティクスを再現するには関節面形状の工夫が必要となり，その結果がキネティクスにも影響を及ぼすことになる．

以上から明らかなように，キネマティクスとキネティクスのいずれからとらえても膝関節には股関節より多くの課題が存在する．そこで本章では，主として膝関節を対象に生体・人工関節のバイオメカニクスを論ずることにし，2.2 節「生体関節のバイオメカニクス」では，膝関節の基本的なキネマティクスについて概説した後，膝関節を取り巻く筋・靱帯などの軟組織を含めた複合系としての膝関節のキネマティクスを論じ，最後にキネティクスに関する例として関節荷重の問題を解説する．次に，2.3 節「人工膝関節のバイオメカニクス」では，多種多様の現用人工膝関節を形状と機能面から分類した後，生体内に埋め込まれた人工膝関節のキネマティクスをいかにして計測するかという問題，現用人工膝関節のキネマティクスに関する究極課題とも言える深屈曲位[1]を達成するための試み，について解説し，最後にキネティクスの例として膝関節荷重の in vivo（生体内）計測の例を紹介する．

すでに述べたように，摩耗以外に人工股関節で問題となっている事例は可動域制限と脱臼であり，脱臼は生体股関節においても主要な症例の一つとなっている．そこで，2.4 節「生体・人工股関節のバイオメカニクス」では，この脱臼問題を詳しく論じることにする．

最後に 2.5 節「関節のバイオメカニクスに関する課題と展望」では，関節のバイオメカニクスが読者にとってさらに興味深い対象となることを期待し，現在進行中の身近なトピックスを 3 例紹介する．

---

[1] 膝の深屈曲位については，2.3.3 項で詳しく説明する．

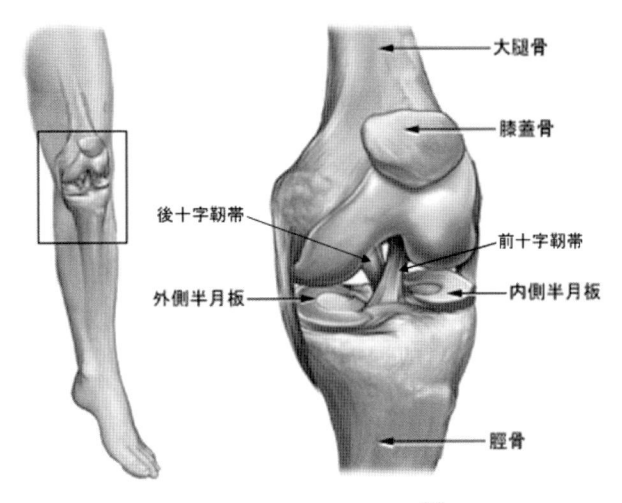

図 2.1 生体膝関節の構造[1]

2.2 生体膝関節のバイオメカニクス

図 2.1 に生体膝関節の解剖構造を示す．膝関節の運動は多軸性運動であると言われ，屈曲・伸展運動の他にも内外反，内外旋などの回転運動や，前後・内外方向の移動運動を生じる．したがって，膝関節は可動性に優れている反面，大腿骨と脛骨の関節接触面の適合性が悪く，荷重支持性に劣る．

2.2.1 生体膝関節のキネマティクス

生体膝関節のキネマティクスで重要な現象はロールバックとスクリューホーム運動である．ロールバックとは膝屈曲とともに大腿骨が脛骨上を転がって後方移動する現象を言う．図 2.2 で (a) のような純粋滑りの場合，図中の矢印の個所で大腿骨が脛骨後縁に突き当たり（このような現象をインピンジと言う），それ以上は膝が屈曲できない．一方，(c) のような純粋転がりの場合，膝屈曲が進むと大腿骨顆は脛骨面上を外れてしまうことになる．結局，大腿骨と脛骨の相対運動は (b) のように滑りと転がりが混在した運動である．インピンジや脱臼を避けて膝を深く屈曲させるには適度なロールバックが必要であり，人工膝関節においてもこのロールバックをいかにして再現するかが

図 2.2 ロールバック[2]

図 2.3 スクリューホーム運動

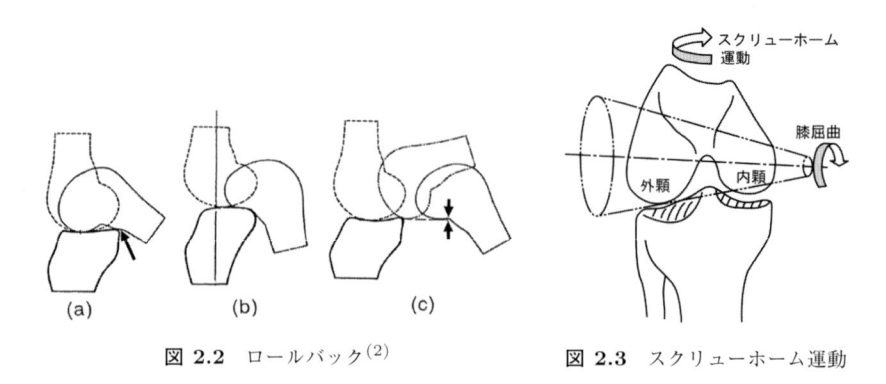

重要な課題となっている[3].

スクリューホーム運動[4]とは膝の屈曲・伸展に伴って付随的に生じる大腿・下腿間の回旋現象のことである．大腿骨外側顆は内側顆より球面半径が大きいため，膝屈曲に伴って大腿骨が脛骨面上を転がる際，外側顆は内側顆より多く後退する．その結果，図 2.3 に示すように，大腿骨は脛骨に対し外旋する．言い換えると脛骨は膝屈曲とともに内旋する．このことは，膝伸展位で約 20° 外方を向いていた足の爪先が，膝 90° 屈曲位で前方を向くことで確かめられる．

2.2.2 筋・靭帯の協調作用

関節接触部の適合性が悪いにも関わらず膝関節が安定した運動を行えるのは，筋・靭帯や半月板などの軟組織の働きによる．この中で，十字靭帯は機械的バネ要素としてだけでなく，膝関節の固有位置覚センサーとして大腿筋の収縮指令の調整に関わっていると考えられている．前十字靭帯 (ACL; Anterior Cruciate Ligament) が損傷すると，これに付随して大腿四頭筋が萎縮することが知られている．このような大腿四頭筋の萎縮反応は，損傷した ACL の伸長を抑止するために生体が示す一種の防御反応であると考えられている[5]．また，大腿四頭筋（大腿直筋）とハムストリングスはそれぞれ膝の屈曲，伸展という相反する運動をつかさどる筋（拮抗筋）であるにも関わらず，膝の屈曲，伸展のいかんを問わず常に共同収縮することが知られている．拮抗筋

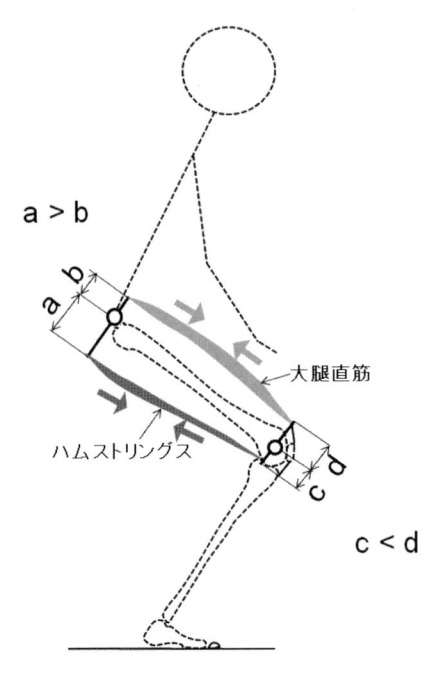

第 2 章　生体関節と人工関節のバイオメカニクス

図 2.4 Lombard のパラドックス

が共同収縮する理由については，Lombard のパラドックス[6]説が有名であるが，この他にも，大腿・脛骨間の前後移動を抑制したり，大腿・脛骨接触面間の接触圧の低減を図るためであるとも考えられている．

　上記の Lombard の説とは，拮抗筋である大腿直筋とハムストリングスが同時に収縮するのは，椅子座位やしゃがみ込みから立ち上がる際，股関節と膝関節を同時に伸展させるためであるという説である．図 2.4 に示すように，大腿直筋とハムストリングスは股関節と膝関節にまたがっているため二関節筋と呼ばれており，大腿直筋の収縮は股関節を屈曲させると同時に膝関節を伸展させ，ハムストリングスの収縮は股関節を伸展させると同時に膝関節を屈曲させる．ここで，股関節回りのモーメントアームの長さについては，図 2.4 に示すように，ハムストリングス付着部と股関節中心間の距離 a はハムストリングス付着部と股関節中心間の距離 b より大きいため，仮に大腿直筋とハムストリングスが同一張力を発生した場合，モーメントアーム長の差によっ

て股関節は伸展する．同様に，膝関節についてもモーメントアーム長 c, d の間に $c < d$ の関係が成り立つため，大腿直筋とハムストリングスの同時収縮で膝関節は伸展する．股関節が伸展するとは，大腿直筋を介して膝関節をも伸展させることを意味し，膝関節が伸展するとは，ハムストリングスを介して股関節をも伸展させることを意味する．このような閉鎖リンク機構（大腿直筋とハムストリングスをリンクとみなす）での増幅作用により椅子座位やしゃがみ込みからの立ち上がりが容易に行えるというのが Lombard の説である．股関節の屈曲筋と見なされている大腿直筋が，結果的には，股関節伸展のために働くことになるため"パラドックス"と呼ばれている．同様に，膝関節屈曲筋と見なされているハムストリングスの収縮が，実際には，膝関節の伸展に寄与していることになる．

　図 2.5 は，大腿四頭筋の収縮（厳密には膝蓋腱張力）により，膝屈曲角度が小さい間は脛骨の前方移動が，また膝屈曲角度が大きくなると脛骨の後方移動が生じる理由をベクトルで示した図である．同図 (a) のように膝屈曲角が小さい間は，大腿四頭筋力（膝蓋腱力）P_F の水平成分 F_A は脛骨を前方へ引き出し，(b) のように屈曲角が大きくなると，P_F の水平成分 F_P は脛骨を後方へ引き戻す．一方，ハムストリングス筋力については，膝屈曲角のいかんに関わらず，その水平成分 H_P は常に脛骨を後方へ引き戻すように働く．

　図 2.5 の関係を基に，大腿四頭筋とハムストリングスの共同収縮で，大腿・脛骨間の前後移動が抑制される理由を考察する．図 2.6 において①大腿四頭筋の収縮により，②脛骨が伸展する際（膝屈曲角度が小さい場合），③脛骨の前方移動が生じ，これに伴って④ ACL が引き伸ばされる．このとき，⑤ハムストリングスが共同収縮するならば，⑥脛骨の後方引き戻しが行われる．結果的に④の ACL 伸長も抑制される．

　なお，図 2.6 で説明したようなメカニズムが実際に機能するには，ACL 自身が伸びセンサーを内蔵し，ACL とハムストリングス間に何らかの情報伝達が行われている必要がある．この点に関しては，十字靭帯がセンサーとして大腿筋の収縮指令の調整に関わっているとの説が提唱されたことは前述した通りである．その後，さらにこの考えを一般化し，ACL とハムストリングスの間には図 2.7 に示すような神経ループで形成された反射弓が存在するとい

第 2 章　生体関節と人工関節のバイオメカニクス

(a) 膝屈曲角度が小さい場合　　(b) 膝屈曲角度が大きい場合

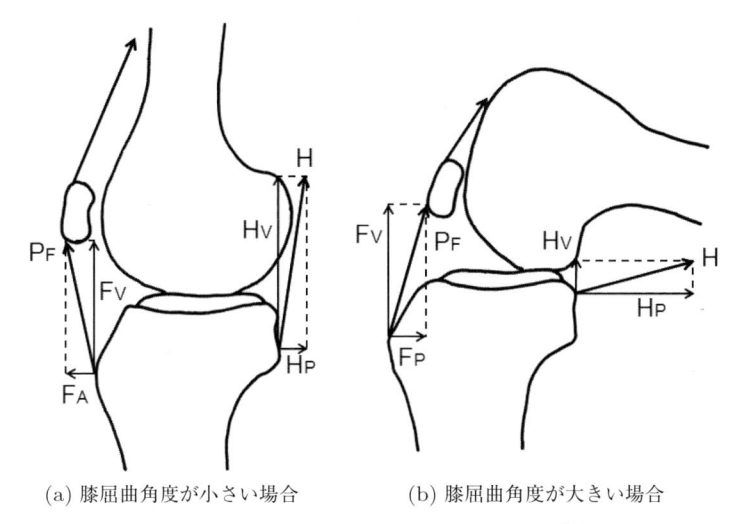

図 2.5　大腿四頭筋張力と脛骨前後動の関係[7]

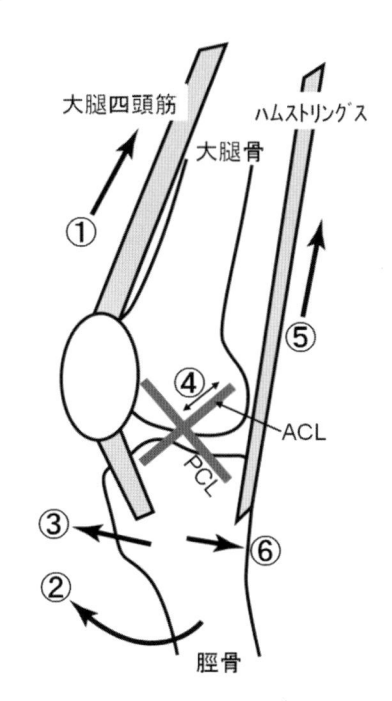

図 2.6　筋・靱帯の協働作用と脛骨前後動[8]

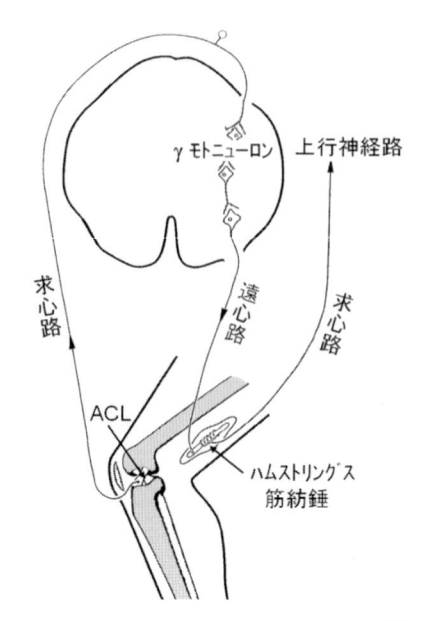

図 2.7 ACL-ハムストリングス反射弓[9]

う説[9]が提唱された．このような反射弓が存在するならば，たとえば，膝に衝撃的外力（たとえば脛骨の前方引出し力）が加わっても，ハムストリングスが反射的に収縮することでACLの過伸長を防ぐことができる．猫の後肢膝のACLに電気刺激を加えて収縮させ，ハムストリングスから収縮（指令）に伴う電気信号を検出した実験[5]やヒト膝関節を対象とした同様の実験[10]などの結果から，現在では，図2.7に示すような神経ループ（ACL-ハムストリングス反射弓）の存在が広く認められるようになっている．さらには，外力によるACL損傷は，ACL自身の引張り強度不足だけでなく，ACL-ハムストリングス反射弓の機能不全によっても生じるとした報告もある[11]．

　大腿四頭筋とハムストリングスの共同収縮は，図2.8に示すように，関節面の部分的な浮き上がり（リフトオフ）を防ぎ，接触圧の低減を図る上でも有効である[12]．Anらは肘関節のモデル解析[13]で，主動筋のみの収縮では関節接触部が偏って応力集中を生ずるが，拮抗筋の共同収縮で（接触力はむしろ増大しているにも関わらず）接触部が均一化し，接触応力が軽減したと

第 2 章　生体関節と人工関節のバイオメカニクス

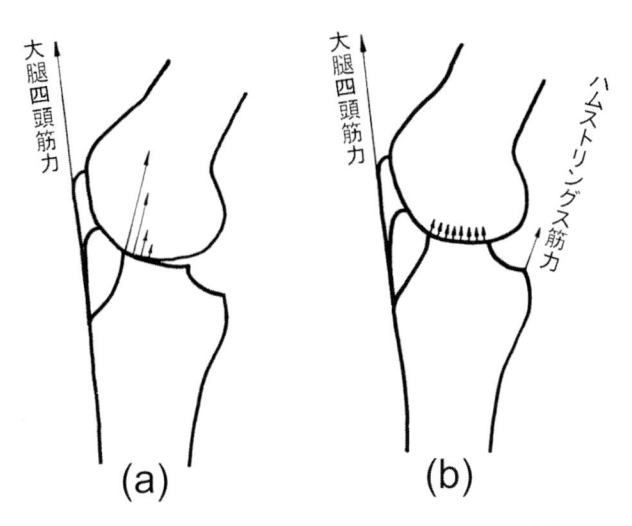

図 2.8　拮抗筋の共同収縮による関節面圧の均一化[12]

の結果を求めている．

　生体関節のバイオメカニクスに関する研究では，切断肢を対象とした実験（in vitro 実験）やシミュレーション解析が中心になるが，in vitro 実験や解析は神経ループを遮断した状態で行われていることに注意する必要がある．生体関節のメカニズムを本当に理解するには，神経支配までを含めた同定が必要である．

2.2.3　関節に働く荷重の計算

　関節のバイオメカニクスを研究する上でまず必要なことは関節に働く荷重の正確な値を知ることであり，この値を基に関節の治療や手術あるいは人工関節の設計が行なわれる．

　生体内の関節接触力や接触応力を直接計測できる非侵襲的な方法は存在せず，これらの値は切断肢を用いた計測や力学モデルによる計算で求めなければならない．関節の各分節に働く負荷外力の値が既知であれば，力学モデル式を解くことで，筋，靭帯および関節面に働く荷重を算出できる．

　ただし，実際には力学モデル式の導出過程でいくつもの仮定が必要になっ

表 2.1 さまざまな下肢運動で膝関節にかかる荷重[14]

対象動作	報告者	[BW]
平地歩行	Seireg (1973)	7.1
	Paul (1965)	2.7〜4.3
	Morrison (1970)	2.1〜4.0
	Komistek (2005)	2.1〜3.4
	Wimmer & Andriacchi (1997)	3.3
階段昇り	Taylor (2001)	2.8
	Paul (1965)	4.4
階段降り	Taylor (2001)	3.1
	Paul (1965)	4.9
斜面上り	Paul (1965)	3.7
斜面下り		4.4
しゃがみ込みからの立ち上がり	Dalkvist (1982)	5.1
直立姿勢からのしゃがみ込み	Dalkvist (1982)	5.4

BW: Body Weight

たり,モデルパラメータの値が正確には求められないなどの問題があり,関節力の計算は容易ではない.これまで,歩行時や階段昇降時における関節力は多数報告されているが,研究者によって値が著しく異なっている.しかも,報告された関節力値の妥当性が生体内実験(in vivo 実験)で検証されているわけではない.表 2.1 はさまざまな下肢運動において膝関節にかかる荷重の計算結果をまとめた一例である[14][2).表中の [BW] とは荷重値を被験者の体重で割って無次元化した単位を表す.

切断肢を用いた in vitro 実験では,外力負荷と関節力の関係を求めることはできるが,生体内で生ずる内力値までは求められない.身体各部の質量,重心位置,慣性モーメントなどのパラメータ値は,死体を切断して実測したデータ[15]から回帰的に推定する方法が用いられている.

力学モデルによる計算法は次の 2 種類に大別される.第一は,身体を適当な体分節(リンク)に分解し,剛体リンクで構成した後,関節部に相当するリンク継手にかかる荷重を計算する方法である.この方法はリンクモデルと呼ばれ,一般に二次元モデルが多い.第二は,特定の関節,たとえば膝関節を対象に構成要素の幾何学的形状や物性値までを考慮した複雑な三次元モデ

---

2) 表 2.1 の数値はあくまでも一例であり,これ以外にも数多くの文献で様々な値が報告されている.また,後で 141 ページで述べるように,センサー埋め込み式人工膝関節が開発され,膝屈曲角が大きくない動作については,より正確な値が得られるようになっている.

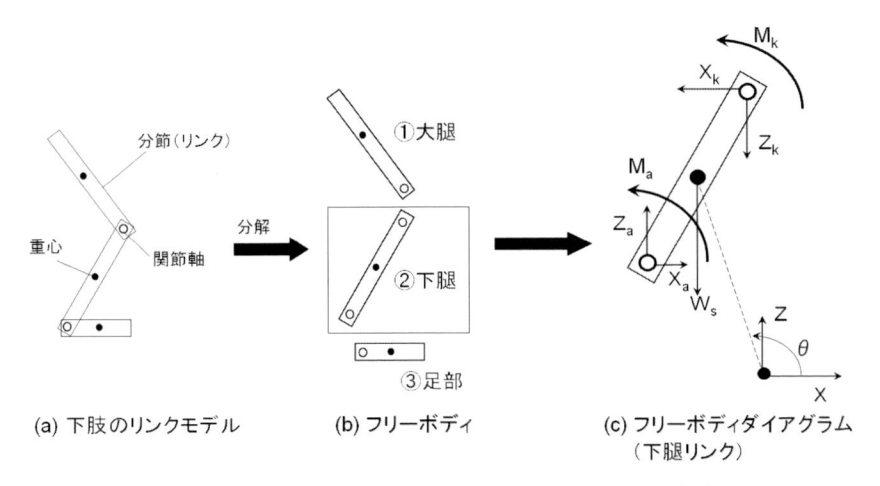

第 2 章　生体関節と人工関節のバイオメカニクス

図 2.9　下肢リンクモデルとフリーボディダイアグラム[16]

ルを作成して力学解析を行う方法であり，有限要素解析はその代表例である．ただし，第二の場合も入力データが実験で求まらない場合，第一のリンクモデルの計算結果を入力データとして用いることになる．

　リンクモデルはさらに，フリーボディダイアグラム法と筋力モデル法に分けられる．フリーボディダイアグラム法は，身体を構成するリンクごとに力とモーメントの釣り合い式を立て，すべてのリンクに関する式を連立させて解く方法である．図2.9は下肢リンクモデルにおける下腿リンクの例を示す．同図は静的運動の場合であり，動的運動の場合，各リンクの慣性モーメントやリンク間の角加速度を釣り合い式に含める必要がある．ただし，以下に述べるような問題を解決せずに動的問題を扱っても信頼性のある結果は得られないであろう．

　フリーボディダイアグラム法で注意すべき点は，モーメントを発生させる筋力の影響が考慮されていないことである．関節力の大きさは筋力値によって大きく異なるから，フリーボディダイアグラム法では，モーメントに関しては真値に近い値が求まるが，関節力に関してはかなり低い値が求まる．

　筋力によるモーメントの発生機構をリンクモデルに織り込んだものが筋力モデルである．筋力モデルによる計算では，筋付着部位置をどのように定め

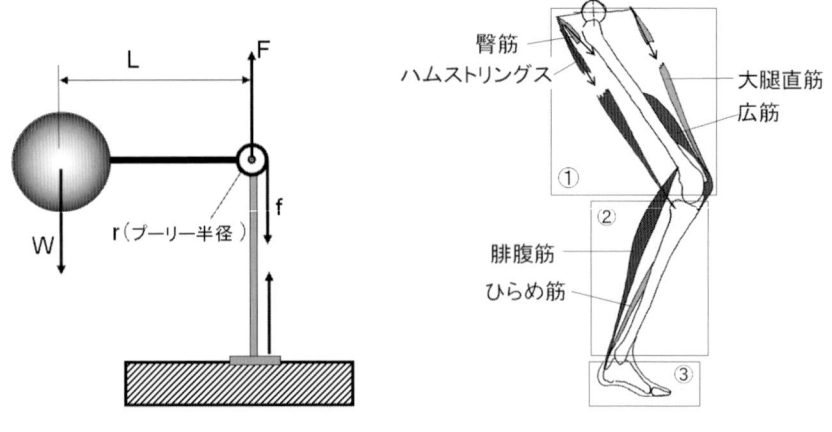

図 2.10 プーリーモデル　　　　**図 2.11** 下肢筋力モデル

るかという基本的な問題や，筋数の冗長性をいかに扱うかという本質的な問題が障害になっている．

筋力モデルでは筋付着部をわずかに変えただけで関節力が大きく異なる．このことを図 2.10 に示した簡単なプーリーモデルで説明する．図中の記号はそれぞれ，r：筋付着部位置，F：関節力，f：筋力，W：体重，L：体分節（リンク）長を表すとしよう．ここで，$L = 30\,\mathrm{cm}$，$r = 3\,\mathrm{cm}$ とすると，$f = W \times (30/3) = 10W$，$F = W + f = 11W$ となるが，r を $2.5\,\mathrm{cm}$ に変更すると，$f = 12W$，$F = 13W$ となる．したがって，筋付着部位置を $0.5\,\mathrm{cm}$ 変えただけで，関節力 F は体重の 11 倍から 13 倍に変わることになる．一般に筋付着部は面状であるため，その位置を特定するのは容易でない．しかも，この位置が測定誤差のオーダーで変わっただけで，関節力が体重の数倍のオーダーで変動する．このことが，表 2.1 に示したように研究者によって関節力の値が著しく異なっている理由の一つである．

ヒトの関節回りには多数の筋，靭帯が付着しているため，関節の力学モデルを扱う場合に，方程式の数より未知数の数が多くなるという不静定問題[3]に直面する．そこで，生理学的な合理性に基づくさまざまな仮定を設けて，不静定問題を解く試みがなされている[17]．図 2.11 に示す下肢筋力モデルにお

---
[3] 不静定問題については 141〜146 ページでも解説する．

いて，力とモーメントの釣り合い式を立てて整理すると，それぞれ，①大腿部，②下腿部，③足部を対象とした方程式が導出され，式の数は3となる．これに対し，求めるべき解は同図に示した6筋の収縮力であり，未知数の数は6となる．この不静定問題を解くためのもっとも単純な仮定は，同一関節に対し同様な機能を有する筋群をひとまとめにすることである．図2.11では，それぞれ1)大腿直筋と広筋，2)臀筋とハムストリングス，3)腓腹筋とひらめ筋を同一筋群にまとめることにより，3筋群の収縮力が3方程式から求まり，このようにして求まった3筋群の収縮力を基に関節力を求めることができる．

なお，2.2.1項で述べたように，膝関節に限らず一般に生体関節では拮抗筋が共同収縮することが知られており，これまで述べたようなモデル解析手法では拮抗筋の共同収縮力を求められないことも正確な関節力の導出を難しくしている．

2.3　人工膝関節のバイオメカニクス

膝関節リュウマチ，変形性膝関節症などで疼痛を生じたり，機能不全に陥った膝に対して，人工膝関節置換術 (TKA: Total Knee Arthroplasty) が施される．

現用の人工膝関節が抱えている課題は，弛みの防止，耐摩耗性の向上，可動性の改善（可動域の拡大）の3点に集約される．この中で，耐摩耗性の向上と可動性の改善は互いに相反する要求仕様であり，両仕様の相克が人工膝関節の改良・開発の歴史であると言っても過言ではない．

2.3.1　人工膝関節の分類

図2.12に示すように，人工関節を適用した膝では半月板，および十字靭帯のすべて，もしくは一部を除去した上で，大腿骨顆と脛骨インサート間の曲面適合性で膝運動機能の再現を図っている．現用の人工膝関節は，適合性と可動性の観点から下記 (1) の3種に分類され，機能面からは後述する (2)〜(4) の3種に分類される．

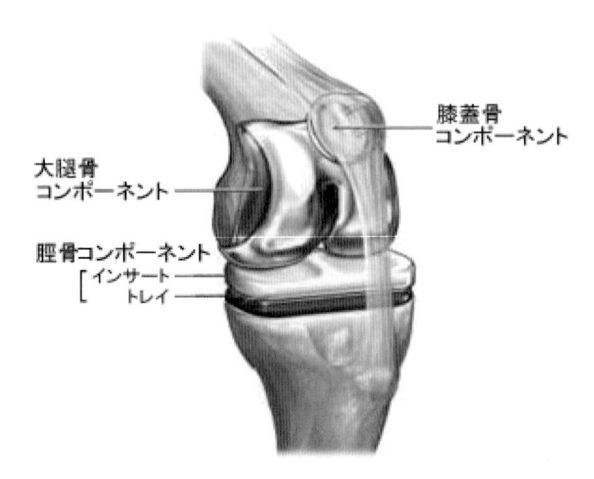

図 2.12 人工膝関節の構造[1]

(1) 関節曲面形状による分類[18]

初期の人工膝関節は大腿骨顆と脛骨インサート間の曲面適合性を重視する一方で，可動性はあまり重視しないデザインであった．したがって，接触圧が低く接触面間の相対滑りが少ないことから，耐摩耗性はあまり問題にはならなかった．

その後，膝屈曲に従って大腿骨を後方へロールバックさせたり，膝の内外旋を許容するなどの可動性を得るため，関節曲面には以下の3種の基本形状が用いられるようになった（図 2.13）．

1) 脛骨インサート面を平坦にし，可動性を最重視した flat 型
2) 関節曲面同士の適合性を中程度に抑え，可動性と安定性をともに重視した laxity 型
3) 安定性を図るため関節面同士の適合性を重視した conformity 型

(2) 後十字靭帯温存型（CR 型：Posterior Cruciate Retention Design）[19]

TKA では ACL を切除するが，後十字靭帯（PCL; Posterior Cruciate Ligament）は必ずしも切除する必要はない．図 2.4 で ACL が脛骨の前方移動を抑制していることを示したが，PCL は脛骨の後方移動抑制に寄与しており，

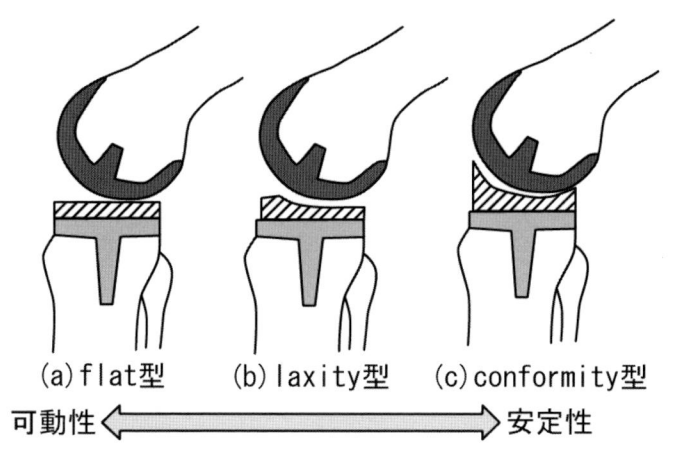

図 2.13 人工膝関節面形状の分類

(a) flat 型　(b) laxity 型　(c) conformity 型
可動性 ⟷ 安定性

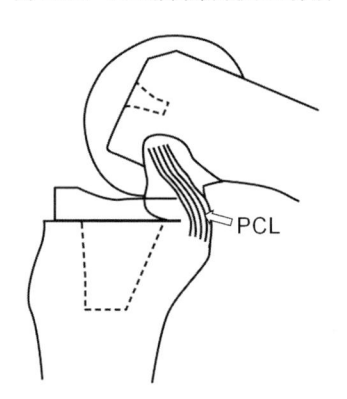

図 2.14 CR 型人工膝関節

　また，ACL と同様に脛骨の前後動を検知していると考えられている．さらに重要なことは，PCL が膝屈曲に伴って図 2.1 で示したロールバックを誘発することである．以上のような理由から，PCL を残すように設計された人工膝関節が図 2.14 に示す CR 型人工膝関節である．

　実際には，CR 型の特長を活かしてロールバックを誘発するには，脛骨インサートに図 2.13(a) の flat タイプを適用する必要があり，その結果，適合性の低下や接触応力の増大による耐摩耗性の低下という問題が生じている．妥協案として，図 2.13 の laxity タイプの適用や大腿骨顆の曲面形状を工夫する

ことが行われている．

CR 型では PCL が正常に機能していることが前提となるが，一般に，人工関節を適用せざるを得ない膝では PCL 自体も拘縮，弛緩している場合が多い[19]．結局，CR 型を適用するかどうかは，PCL が正常であるかどうかが一つの判断材料になる．

(3) 後十字靱帯代償型（PS 型：Posterior Stabilizer Design）[19]

PS 型人工関節の適用に際しては，ロールバックの役割を持たない PCL は切除する．ACL を切除した以上，脛骨の前後動を検知しているはずの PCL の固有位置覚ももはや膝運動の制御には役立たないと考えられることも PCL 切除を容認する理由の一つになっている．なお，PCL 切除後の膝に適用される人工関節は文字通り PCL 切除型（CS 型：Cruciate Sacrificed Substituting）[4]と呼ばれている．ただし，CS 型では大腿・脛骨コンポーネントの接触曲面形状を工夫するだけでは脛骨コンポーネントの前後移動を抑えたり，逆に，ロールバックを誘発したりすることが難しいため，CS 型を改良した PS 型の方がより広く用いられている．PS 型では，図 2.15 に示すように脛骨インサート中央に突起状のポスト部を，また，大腿骨コンポーネントの顆間窩にカム部を設け，ポスト・カム間の押し合いにより，人工的にロールバックを誘発する

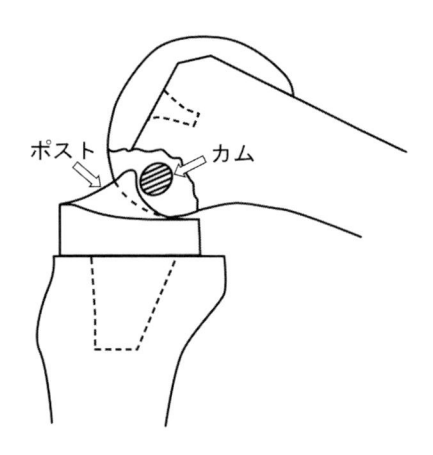

図 2.15　PS 型人工膝関節

---

[4] CS 型に付いては後 139 ページでも紹介する．

機構を採用している.

ただし，PS型の特長であるポスト・カム構造は同時に以下のような問題を引き起こす．第一は，ポスト・カム間の荷重負荷[20]によりポストのポリエチレン摩耗や脛骨コンポーネントの緩みの可能性が増すこと，第二は，ポスト・カムを収納するスペースを確保するため大腿骨顆間の骨を切除しなければならず，その結果，大腿骨強度が低下してしまうことである．また，屈曲・伸展の可動範囲は増大するが，内外旋の可動性は低下する．

(4) モバイル型（MB型：Mobile Bearing Design）[19]

図 2.13 に示した3種の関節曲面形状の組み合せでは適合性と可動性という相反する条件を同時に満足することが難しい．そこで，脛骨インサートとトレイを一体化せず，両者の間で相対運動を許容することにより，インサート上面（関節面）で適合性，下面（アンダーサーフェイス）で可動性を受け持たせる構造としたものがMB型人工関節である．

インサート関節面は大腿骨顆と高い適合性を持ち，大腿骨顆とは滑り接触を行なう．大腿・脛骨間の前後動や回旋はインサートのアンダーサーフェイスとトレイ間の相対滑りで行なわれる．インサート・トレイ間の可動形態には，前後移動型（図 2.16(a)），回旋運動型（図 2.16(b)），および前後移動と回旋運動の兼用型がある．

他のタイプの人工膝関節と同様に，MB型にもいくつかの問題点がある．第一は，実際にはインサートがトレイに対し設計仕様どおりに可動しないことである．このことは，患者に装着したMB型をX線で撮影した結果[21]，およびシミュレータに取り付けたMB型のキネマティクスを直接計測した結果[22]のいずれにおいても確認されている．大腿骨コンポーネントからの外力でインサートを可動させることは理論的には可能でも，実際には摩擦や組み付け精度との関連で滑らかに可動しない場合が多い．また，往復動の場合，インサートの慣性の影響も無視できないであろう．可動域の拡大についても，大腿骨顆とインサート関節面との高い適合性のため，膝は一定の角度以上は屈曲しにくく，ロールバックも起こりにくい．

第二は摩耗の問題である．インサートが上面（関節面）と下面（アンダー

(a)前後移動型　　(b)回旋運動型

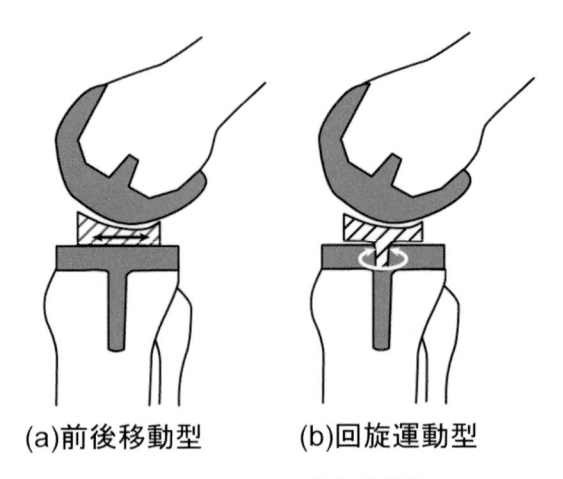

図 2.16　モバイル型人工膝関節

サーフェイス）の両面に摺動面を持つため摩耗量の増大が懸念される．アンダーサーフェイスとトレイ間に骨片や骨セメント片が混入し，新たな摩耗を引き起こす可能性もある．

　MB 型の摩耗でさらに懸念されることは，摩耗様式の変化である．適合性の低い人工膝関節では，大腿骨顆の転動で，ポリエチレンインサート摺動面より 1~2 mm 下に生じた微小亀裂が除々に伝播していき，やがて薄片となって剥脱するような摩耗（デラミネーション摩耗）を生じる．一方，人工股関節と同様に，形状適合性が高い MB 型では，2 固体間の凝着部位や接触部位が摩擦運動によりせん断されることに起因して生ずる凝着摩耗が生じやすく，摩耗粉は微細なものが主体となる．人工股関節では，凝着摩耗粉が骨溶解（壊死や破壊）を引き起こし，これが弛みの原因となっている．一般に，デラミネーション摩耗による破損よりも，凝着摩耗粉に対する異物反応による弛みの方が発生頻度が高いため，MB 型においても人工股関節と同様に弛みの問題が懸念される．

　ただし，MB 型ではインサートが可動することで，装着時における設置位置・姿勢の調整不良（ミスアライメント）を自動修正したり，接触面での片当りや応力集中を回避できる利点がある．

2.3.2 体内における人工膝関節のキネマティクスの測定[23]

装着術後の人工膝関節に対しては，大腿・脛骨コンポーネント相互の適合性の良否，接触面での片当りや浮き上がりのチェック，コンポーネントの可動範囲の測定などを定期的に行なう必要がある．この目的で，X線撮影による診断が行なわれてきたが，X線像にポリエチレン製の脛骨インサートは映らないため，大腿・脛骨関節面の適合性や片当たり，浮き上がりなどを確認することは困難であった．そこで，一方向から撮影した人工膝関節のX線像を基に，透視投影の原理に基いて大腿・脛骨コンポーネントの三次元位置・姿勢を求め，両コンポーネント間のキネマティクスをチェックする手法が考案され，臨床診断に用いられるようになった．具体的には，パターンマッチング法[24]，イメージマッチング法[25]，2D-3D レジストレーション法[26]などのアルゴリズムが提案されている．どのアルゴリズムも計測（推定）精度に関しては同様の問題を抱えており，その解決のために様々な改良が試みられている．最近では，二方向から同時にX線像を撮影することも行われているが，特殊の装置を必要とし，X線被爆量が増大する上，被験者の動きも拘束されるため，一般的な臨床診断に用いられることは少ない．

(1) パターンマッチング法[24]

図2.17に人工膝関節大腿骨コンポーネントを対象としたX線透視投影と座標系の関係を示す．C_{pd}, Z_{lib} はそれぞれ，投影中心および人工関節座標系原点から投影面までの距離を表す．

図2.17に線形幾何学（アフィン）変換を適用すれば，大腿骨コンポーネントの空間位置 (x, y) はX線像の位置 (X, Y) から，z 軸方向の位置はX線像の大きさ（面積）を基に計算できる．また，z 軸回りの回転角 θ もX線像の回転角 Θ から計算できる．問題は，x, y 軸回りの回転角 ϕ, φ をいかにして求めるかである．一般に，対象物体が球のような点対称，あるいは円柱のような軸対称の形状をしていなければ，その投影像の輪郭形状は ϕ, φ に応じて変化する．したがって，ϕ, φ が既知の対象物体の投影像群をあらかじめデータベースとして用意しておき，ϕ, φ が未知の対象物体の輪郭形状をデータベースのそれらと比較・対照すれば，ϕ, φ を推定できることになる．以上がパターン

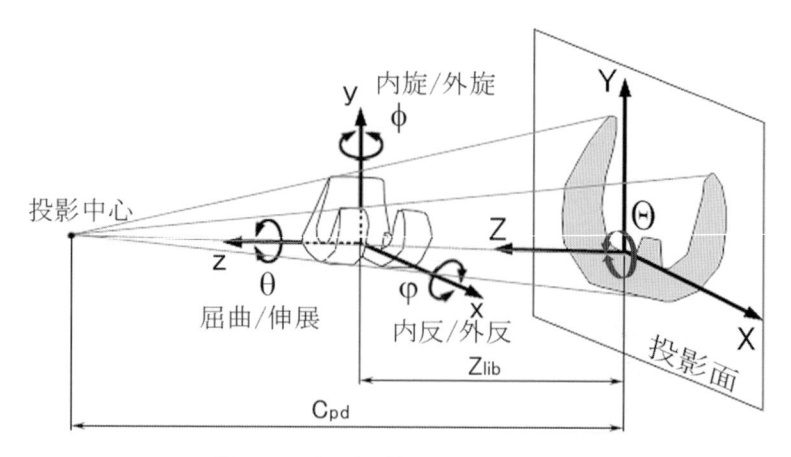

図 2.17 人工膝関節の X 線透視投影系

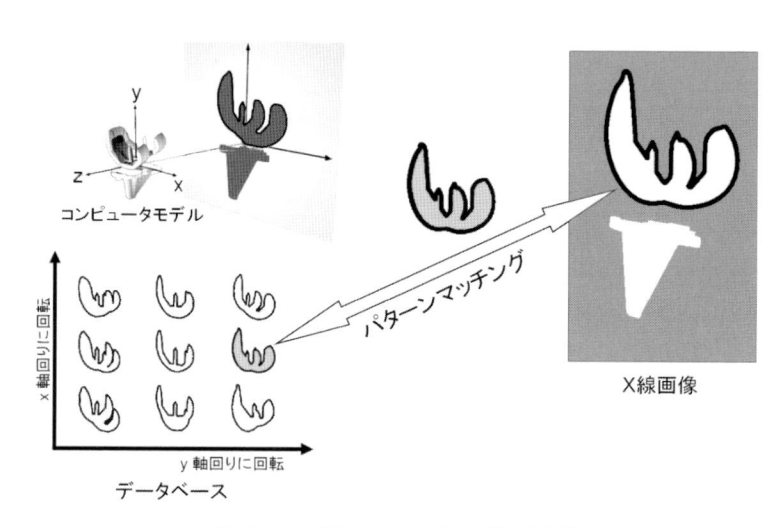

図 2.18 パターンマッチング法の原理

マッチング法の基本的な考え方であり，図 2.18 はパターンマッチング法の原理を模式的に表したものである．

このアルゴリズムは，元々 Wallace ら[27]が飛行中の戦闘機の姿勢の推定を目的に開発したものを Banks[24]が体内の人工膝関節の位置・姿勢推定用に改良したものである．輪郭形状の比較・対照には，輪郭形状をフーリエ級数

(a) X線像

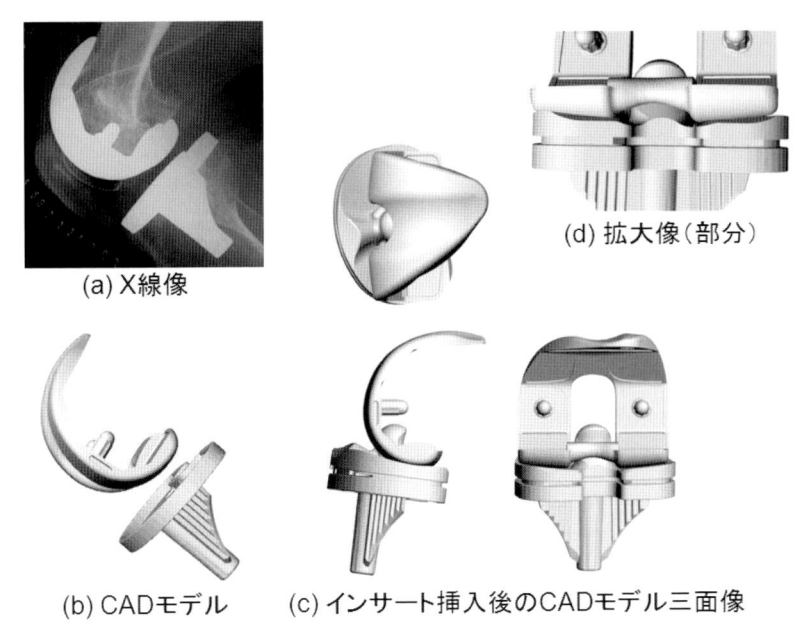

(d) 拡大像(部分)

(b) CADモデル　(c) インサート挿入後のCADモデル三面像

図 2.19　人工膝関節の位置・姿勢推定結果を CAD モデルで可視化した例

で表し，フーリエ係数を比較・対照する手法が用いられる．データベース内の投影像群には数に限りがあるため，実際には，推定対象の投影像輪郭形状にもっとも近いものを投影像群から見出した後は，その周辺の投影像との間で内挿法を適用することで推定精度を高めている．

パターンマッチング法による推定結果を CAD モデルで可視化した例を図 2.19 に示す．同図 (a) は推定対象の右人工膝関節を内側から撮影した X 線像，(b) はパターンマッチング法を用いて推定した位置・姿勢に CAD モデルを配置した図を示す．(b) ではインサートを外しているため，CAD モデルの輪郭形状は (a) のそれと一致している．(c) は脛骨インサートをはめ込んだ上で，大腿・脛骨間の相対位置・姿勢を (b) と同一に保ったまま大腿骨を中立姿勢に戻した状態を，上面，内側，後面から見た時の三面像である．(d) は大腿骨・脛骨インサート間の接触点近傍をより分かりやすい方向から見た拡大像（部分）を示し，この像を基に，接触状態の詳細観察が可能となる．最近では X 線動画像（フルオロ画像）から CAD モデルのアニメーションを作成し，臨

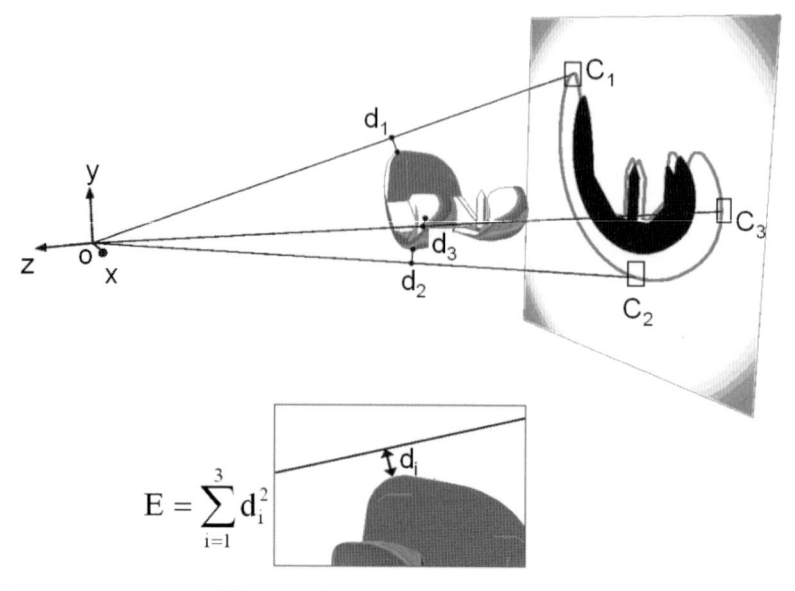

図 2.20 イメージマッチング法の原理

床診断に利用することも行なわれている．

(2) イメージマッチング法[25]

　イメージマッチング法は，図 2.20 に示すように，人工膝関節の X 線像輪郭の数カ所（図 2.20 の場合，3 カ所）から投影中心点に向かって投影線を引く．次いで，人工関節のコンピュータモデルを様々に回転・移動させ，モデルと投影線との距離 $E = \sum d^2$ が最小の場合が求める位置・姿勢であると判断するアルゴリズムである．

　イメージマッチング法では，パターンマッチング法のように，データベースを用意しておく必要が無い．また，投影像の輪郭全周を対象としていないため，X 線像輪郭の一部が不鮮明であったり，他脚の人工関節コンポーネントによって視野が遮られたような場合でも位置・姿勢の推定が可能である．ただし，コンピュータモデルを効率的に回転・移動させていくには，最急降下法などの複雑な計算が必要となる．また，輪郭の数カ所をどうやって決めるかの根拠が得られておらず，操作者の判断で決定しているのが実情である．

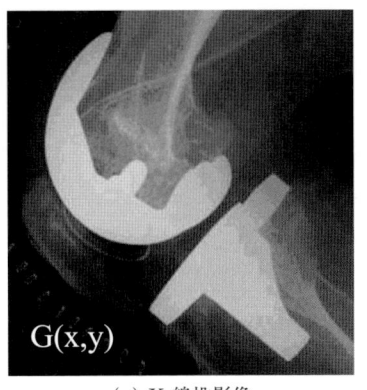

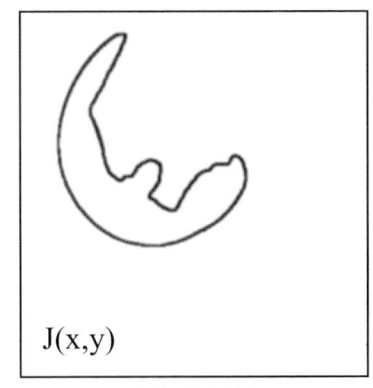

第 2 章　生体関節と人工関節のバイオメカニクス

(a) X 線投影像　　　　　　　　(b) 輪郭線像

図 2.21　人工膝関節 X 線投影像とその輪郭線抽出画像

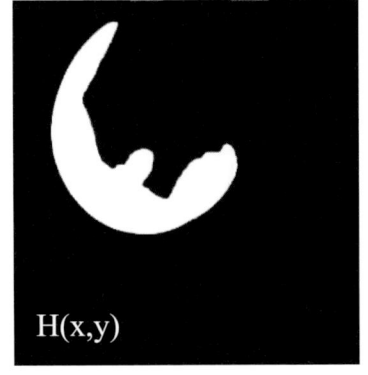

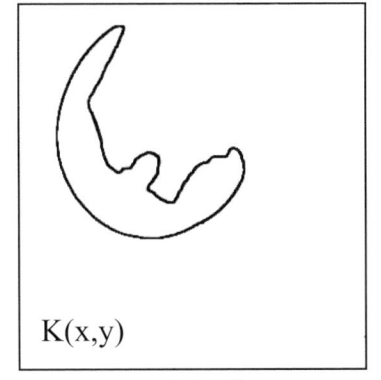

(a) モデル投影像　　　　　　　(b) 輪郭線像

図 2.22　コンピュータモデルの投影像とその輪郭線抽出画像

(3) 2D-3D レジストレーション法[26]

イメージマッチング法で $E = \sum d^2$ を最小とすることが評価関数であったのに対し，このアルゴリズムでは，人工膝関節の X 線像とコンピュータモデルの投影像との重なり具合を評価関数としている．図 2.21(a) は人工膝関節の X 線像，(b) は (a) の大腿骨コンポーネントの輪郭線抽出画像を示す．一方，図 2.22(a) は図 2.21 の位置・姿勢推定値にコンピュータモデルを配置した時の投影像，(b) は (a) の輪郭線抽出画像を示す．

図 2.21(a) の大腿骨コンポーネント画像を $G(x,y)$ で表し，ここで，x, y はピクセル座標，G は座標 (x,y) での濃淡値を表す．同じく，図 2.22(a) を $H(x,y)$ で表すと，次の相互相関係数が高いほど X 線像とモデル像との重なり具合が高いと見なせる．

$$I_1 = \sum G(x,y)H(x,y)/\sum H(x,y) \tag{2.1}$$

同様にして，図 2.21(b) の輪郭線像を $J(x,y)$，図 2.22(b) を $K(x,y)$ で表すと，両輪郭線像の重なり具合は次式で評価できる．

$$I_2 = \sum J(x,y)K(x,y)/\sum K(x,y) \tag{2.2}$$

最終的には，人工膝関節の X 線像とコンピュータモデルの投影像との重なり具合を，

$$I = \omega_1 I_1 + \omega_2 I_2, \quad \omega_{1,2}：重み係数 \tag{2.3}$$

で評価するものとし，I が最大となるようコンピュータモデルを回転・移動させていく．

このアルゴリズムの特長は輪郭線抽出に伴う誤差を最小限に抑えるため，評価関数に式 (2.1) を加えていることである．ただし，コンピュータモデルの初期位置・姿勢はマニュアルで決定しており，推定過程で局所解に陥ることがある．

(4) 人工膝関節のキネマティクス計測における問題と解決策

どのようなアルゴリズムを用いても，現実には人工膝関節の三次元位置・姿勢を正確に推定できない場合があり，その主な原因は透視投影と画質の問題に帰着される．

透視投影における問題とは X 線撮影画面に垂直な方向の推定精度が不十分なことである．一般に，一方向からの X 線像（二次元情報）から，人工膝関節の位置・姿勢（三次元情報）を推定する場合，奥行き（図 2.17 の z 方向）の情報が貧弱になる．このため，z 方向の位置の推定精度をいかにして改善するかが従来のアルゴリズムにおける最大の課題であった．

上記のような問題を解決する方法として，関節面間の接触モデル式をパターンマッチング法と併用する方法が考案されている[28]．図 2.23 の二次元モデ

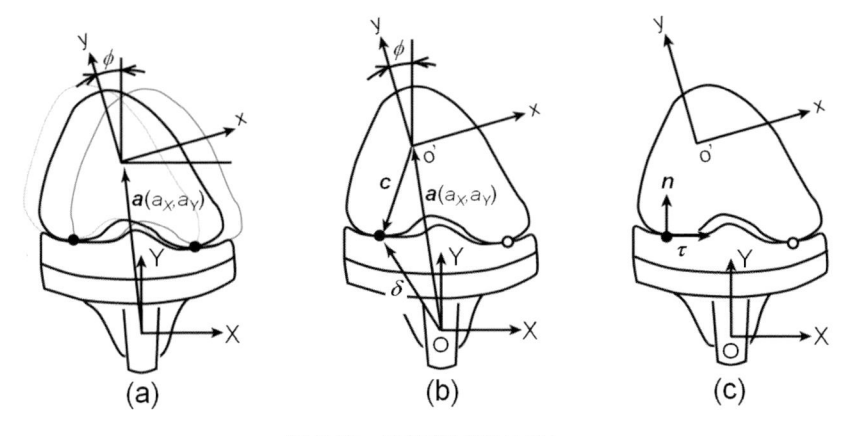

図 2.23 幾何学的接触モデル

ルでその要点を説明する．ただし，図 2.23 は二次元モデルであるから，上記の三次元位置・姿勢推定における奥行き方向（z 方向）の推定精度に代えて，図 2.23 の x 方向の推定精度を改善するものとして話を進める．

図 2.23(a) で，脛骨座標系に対する大腿骨座標系の位置・姿勢はパラメータ a_X, a_Y, ϕ で表される．大腿骨顆が脛骨インサートと接触している場合，大腿骨は脛骨に対し一定の拘束条件の下でのみ移動・回転が可能である．すなわち a_X, a_Y, ϕ の間には従属関係が生じている．したがって，パターンマッチング法でたとえば a_X の推定精度が極端に低い場合，上記の従属関係を利用すれば，他の 2 変数 a_Y, ϕ の推定値を基に a_X の値を求めることができる．

上記のような拘束条件（従属関係）を規定するのが接触モデル式である．図 2.23(b), (c) を基にこの接触モデル式を導出する．(b), (c) では内側接触についてのみ示してあるが，これと同様の関係は外側においても成り立つ．内外側での 2 点接触の場合は，以下に示す内側接触での関係式を外側についても導出し，両者を連立させて解けばよい．

図 2.23(b) において，大腿骨上の任意の点の位置ベクトルを c，脛骨インサート上の任意の点の位置ベクトルを δ，さらに，脛骨座標系に対する大腿骨座標系の位置ベクトルを a とすると，c と δ が大腿骨顆と脛骨インサート間の接触点であるための条件は，次式が成り立つことである．

$$\boldsymbol{\delta} = \boldsymbol{a} + \boldsymbol{T}\boldsymbol{c}, \quad \boldsymbol{T} = \boldsymbol{T}(\phi) = \begin{bmatrix} cos\phi & sin\phi \\ -sin\phi & cos\phi \end{bmatrix} \tag{2.4}$$

ここで，$\boldsymbol{T}$ は，脛骨座標系に対する大腿骨座標系の回転行列である．

上記 (2.4) 式は2曲線が交差している点でも成り立つから，2曲線が交差しないためには，大腿骨上の c 点での接線ベクトル $\boldsymbol{\tau}$ と脛骨インサート上の $\boldsymbol{\delta}$ 点での法線ベクトル $\boldsymbol{n}$ が直交するという条件を追加する必要がある．この条件は，図 2.23(c) を基に，

$$(\boldsymbol{\tau} \cdot \boldsymbol{T}\boldsymbol{n}) = 0 \tag{2.5}$$

のように表される．

上記 (2.4)，(2.5) 式をベクトル要素に分解すると，次の3式

$$\delta_X = a_X + \cos\phi\, c_x + \sin\phi\, c_y$$
$$\delta_Y = a_Y - \sin\phi\, c_x + \cos\phi\, c_y$$
$$n_X(-\sin\phi\, \tau_y + \cos\phi\, \tau_x) + n_Y(\cos\phi\, \tau_y + \sin\phi\, \tau_x) = 0 \tag{2.6}$$

で表される．

一方，未知数は以下の5変数である．

- 大腿骨側の接触点位置：c_x
- 脛骨側の接触点位置：δ_X
- 脛骨座標系に対する大腿骨座標系の位置ベクトル：a_X, a_Y
- 脛骨に対する大腿骨の回転角：ϕ

ここで，c_y や δ_Y は大腿骨顆や脛骨インサートの形状を表す曲線式が求まっていれば，c_x や δ_X から求められる．

脛骨に対する大腿骨の相対的位置・姿勢 a_X, a_Y, ϕ はパターンマッチング法で求まるから，実際の未知数は接触点位置 c_x, δ_X の2変数のみである．一方，(2.6) 式で示したように方程式の数は3であるから，パターンマッチングで求めた3変数中の1変数は (2.6) 式からでも求められる．したがって，パターンマッチング法で，たとえば a_X の推定精度のみが極端に低くなるようであれば，(2.6) 式から求めた a_X の値で代用すれば良い．

接触モデル式併用のもう一つの特長は，(2.6) 式から接触点位置 c_x, δ_X が求まることである．体内における人工関節のキネマティクスを計測・推定する目的の一つは，これによって関節接触点の移動軌跡を求め，ポリエチレン製の脛骨インサートの摩耗状態を予測することである．しかしながらこれまでの研究では，大腿骨・脛骨の投影像の輪郭（図 2.23(a)）が最も接近した箇所を接触点とみなすような間接的な推定法しか用いられていなかった．これに対し，接触モデルを併用する方法は接触点位置を解析的に求める手法であるため，接触点を特定したり，膝屈曲に伴う接触点の移動軌跡を高精度で求めることができる．

以上で示した関係は三次元モデルの場合も同様に成り立ち，この関係を利用して，投影面に垂直な方向の位置の推定精度を高め，かつ接触点位置を求めることができる．

画質の問題は，コンピュータビジョンや画像処理の分野における一大研究テーマである．人工関節の動態計測の分野でも輪郭線抽出や境界値の識別に様々な処理が試みられている．ただし，フルオロ撮影では画像が流れる場合が多く，画質の改善もさることながら，画質の影響を受けにくいアルゴリズムを工夫することが重要である．この点で，前述した 2D-3D レジストレーション法は輪郭線の抽出精度の影響を抑え，ロバスト性の高い推定を行うのに適している．

人工膝関節の動態計測に関する最近の研究の動向はアルゴリズムの改良などの問題を離れ，この計測法をいかに効果的に臨床応用するかに力点が置かれていることである．その代表例がフロリダ大学で行われている移動ロボットを援用した人工膝関節の動態計測プロジェクト[26]である．

次世代の人工膝関節に対する要求仕様は可動域の拡大と長寿命化であり，この中，可動域拡大については次節で解説する．長寿命化については超高分子量ポリエチレン (Ultra High Molecular Weight Polyethylene — UHMWPE) 製の脛骨インサートの摩耗特性や強度に関する研究が多数行われていることはすでに本章の冒頭で述べた通りである．

ところで，脛骨インサートの強度に関するシミュレーションや基礎実験の結果によれば，種々の下肢運動時には UHMWPE の降伏応力を超える応力が

脛骨インサート（とくにポスト部）に作用しているはずであるが，その割にはインサートの破損実例は比較的少ない．この理由として，人工膝関節装着患者に対する術後生活指導が徹底していることもさることながら，この他にも，そもそも人工膝関節が体内では設計時に意図した通りの運動ができていない（ポスト・カム接触が十分に行われていない）ため，結果的にはインサート（ポスト）の破損を免れているとの見方もある．このような疑問に答えるためにも体内における人工膝関節のキネマティクス計測は今後も必要である．

2.3.3 深屈曲が可能な人工膝関節の開発[30]

次世代人工膝関節に必要な条件の一つは，多様な下肢動作が可能となるよう膝の可動範囲を拡大することである．

アジア・アラブ系の人々の人口は世界人口の57%[31]に達し，これらの人々の多くが生活上または宗教上の理由で床座での起居のため膝を深く曲げる動作を行っている．しかしながら，欧米で誕生し発展を遂げてきた現用の人工膝関節は椅子式生活に対応可能な可動域しか有しておらず，広範な可動域を必要とする床座生活に対応できるデザインになっていなかった．機種によっても異なるが，現用人工膝関節の最大膝屈曲角は約 $120°$ ほどであり，体重を掛けた状態で現用人工膝関節が保証している最大屈曲角は約 $90°$ までである．このため，現用人工膝関節では，歩行，階段昇降，椅子からの立ち上がりなどの基本動作を除く多くの下肢動作が満足に達成できてはいない．西洋の人々も園芸，スポーツ，靴下の着脱，足指の爪きり等々の場面で膝を深く曲げる必要があるため，後に定義する"深屈曲"可能な人工膝関節は世界中の人々から求められている．

(1) 正常膝の深屈曲メカニズム

正常膝が自身の筋収縮力により達成できる最大屈曲角度は約 $130°$ であり，それ以上の屈曲は体重などの外力が加わることで初めて達成される．2003年の第33回日本人工関節学会では人工膝関節置換術後の深屈曲位(deep flexion)を外力による屈曲角 $130°$ 以上の強制肢位と定義している．したがって深屈曲状態と単に膝を深く屈曲させた状態は区別する必要がある．なお，自身の筋

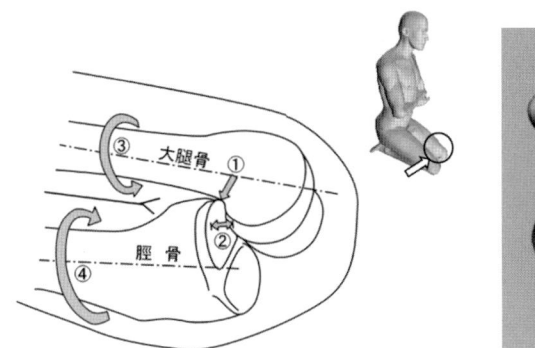

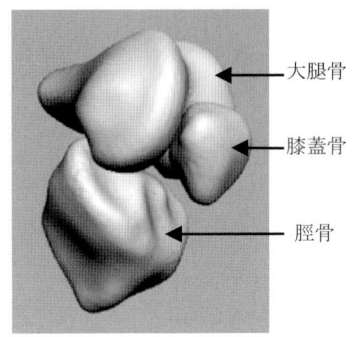

第 2 章　生体関節と人工関節のバイオメカニクス　　　　　　　　*137*

(a) MRI 画像を基に整理した膝姿位の特徴　　　(b) CT 画像を基に復元した三次元 CG

図 2.24　正常膝の正座時における姿位（左膝を内側から見た図）

力で達成でき，かつ屈曲角が 90°以上の状態は高屈曲位 (high flexion) と呼ばれている．

深屈曲用の人工膝関節を開発する上で参考になるのが正常膝の深屈曲位におけるキネマティクスである．また，究極の深屈曲位は正座位である．そこで，以下では正常膝の正座時のキネマティクスについて解説しよう．図 2.24(a) は Nakagawa らが MR 画像を基に整理した正座時の膝姿位の特徴[32]を模式的に表した図であり，同図 (b) は筆者らが CT 画像から再構築した三次元 CG 画像である．(a), (b) では対象膝や撮影方法が異なっているにも関わらず，共通した姿位を示している．(a) によれば，大腿骨外側顆は脛骨面後方へロールバックし，亜脱臼している．その結果，①大腿骨内側顆の上方後部と脛骨後縁とがインピンジし，ここをテコの支点として②大腿骨顆が脛骨面から浮き上がっている（リフトオフ）．大腿骨外顆がロールバックし内顆がインピンジしているとは，図 2.24(a) で大腿骨，脛骨が互いに③，④の方向にねじれ合っていることを意味する[5]．

以上の特徴は (b) でも同様にあてはまり，大腿骨，脛骨相互がほとんど接触していない亜脱臼状態であることがわかる．さらに膝蓋骨も大腿骨（の膝蓋接触面）から遊離している様子がうかがえる．

正常膝は正座時に図 2.24(a)，(b) に示すように一種の亜脱臼状態になるが，

---

[5] このような状態を"脛骨が大腿骨に対し内旋している"と表現する．

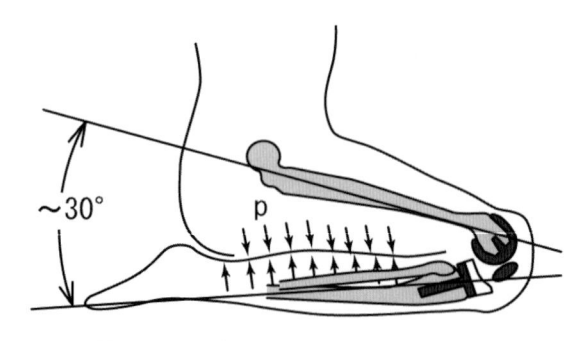

図 2.25 正座時における軟組織の力学作用

立ち上がるときには十字靭帯の働きにより元の適合状態に復帰できる．一方，十字靭帯を切除した PS 型人工膝関節（図 2.15）の場合，図 2.24 の状態は本格的な脱臼を意味する．したがって，人工膝関節では全可動範囲を通じ大腿・脛骨間で安定した接触を維持する必要がある．図 2.24 の正座位では脛骨が内旋しているが，横座りや，尻を床に着けて座る割座などでは脛骨の外旋も必要になる．したがって，生体膝関節の形態を忠実に模倣しても深屈曲用の人工膝関節にはなり得ない．さらに深屈曲用の人工膝関節では，これまで考慮されていなかった要素が重要になってくる．その一例が図 2.25 に示した下肢の筋肉や脂肪などの軟組織の力学作用である[33]．具体的には，人工膝関節装着者の体型，肥満度によって人工膝関節にかかる荷重の方向や大きさは多様に変化し，正座位の膝屈曲角度も異なる[34]．

現用の人工膝関節では，高・深屈曲位における大腿・膝蓋関節部の適合性や安定性はあまり重視されてこなかった．高屈曲位以降は膝蓋骨が大腿骨顆間窩に嵌まり込む[30]ため，大腿骨顆間窩のデザインを再検討する必要がある．しゃがみこみ状態から立ち上がるときには，大腿・膝蓋関節部には極めて大きな荷重がかかる[35]ため，膝蓋骨と大腿骨顆間窩の接触面積を広げる工夫も必要になる．

(2) 深屈曲対応型人工膝関節

現用人工膝関節のような大腿骨顆と脛骨インサートの適合形態では，深屈曲位での亜脱臼を回避できないため，第三の接触面が新たに必要になる．こ

のようなコンセプトに基き，わが国で開発された深屈曲対応型人工膝関節を以下に紹介する．

イ) Bi-surface (KU) 型[36]

膝の高・深屈曲を目指して開発された Bi-surface 型（日本メディカルマテリアル㈱[6]）は，前述した CS 型に分類される．本来の大腿・脛骨接触面（顆部関節面）に加えて，顆間部中央後方部に，高・深屈曲時の回転中心接触面となるボール・ソケット部（球状関節面）を追加工した文字通り二界面を有する人工関節であり（図 2.26(a)），すでに実用化されている．ボール・ソケット部は図 2.15 に示した PS 型のポスト・カム部に比べ大きく後方に位置しており，球面軸受け構造であるため，大腿顆部が十分にロールバックし高屈曲が可能で，しかも脛骨が自由に回旋できる（図 2.26(b)）などの特長を有する．臨床診断では，膝屈曲角 60°でボール・ソケットが接触し始め，それ以降は内外側の顆部関節面との 3 点接触が行われていること，最大膝屈曲角の平均は 124°であり，適用患者の 10%がしゃがみ込み動作が可能になったことな

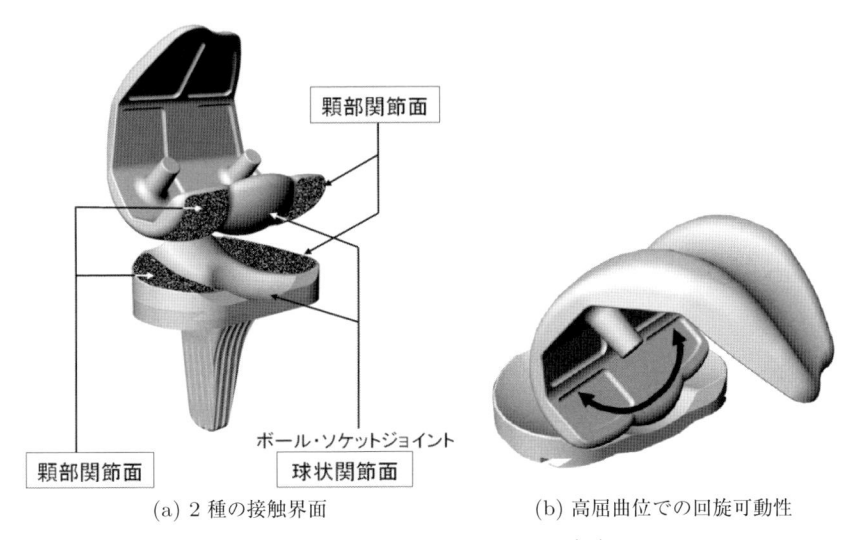

(a) 2 種の接触界面 (b) 高屈曲位での回旋可動性

図 2.26 Bi-surface 型人工膝関節[37]

---

[6] 現，京セラメディカル㈱．なお，この Bi-surface 型は京都大学との共同開発であるため，KU (Kyoto University) 型とも呼ばれている．

どの結果が得られている[38]．ただし，最大膝屈曲角 124° は深屈曲の定義角 130° におよばず，正座のような深屈曲動作には不十分な角度である．中には 150° 近くまで膝屈曲し，正座が可能となった患者もいるが，150° 屈曲位ではボール・ソケットが解離しており[39]，立ち上がり時に脱臼する恐れがある．このような問題を回避するためのデザイン変更を繰り返した後，最近ではソケット前端に PS 型のポストに相当する突起を設けた新型が開発されており，こちらの方は CS 型でなく PS 型に分類されている．

ロ）**Tri-Surface 型**[40]

上記 Bi-surface 型の限界を打開して，機構的に屈曲角 180° の完全深屈曲の実現を目指して開発されたものが図 2.27 に示す人工膝関節である．この人工膝関節は上記 Bi-surface の突起を設けた最新型を先取りする形で，Bi-surface で大腿骨顆間窩に埋没している状態の球状面ボールをより積極的に完全なボールとして突出させたデザインになっている．三界面の接触形態を有する人工関節であることから，ここでは便宜上，Tri-surface 型と呼ぶことにする．Tri-surface 型は上記 Bi-surface 型のボール・ソケット部を前方へ延長して PS 型のポスト・カム部とつなぎ，ボール・ソケットとポスト・カムを球面軸受状に一体化した人工膝関節である．図 2.28 に Tri-surface 型の各膝屈曲角における姿位を示す．図中に矢印で示したように，膝屈曲角 0〜90° で本来の顆部関節（図 2.28(a)），屈曲角 90〜150° で顆部からボール・ソケット部へ（図

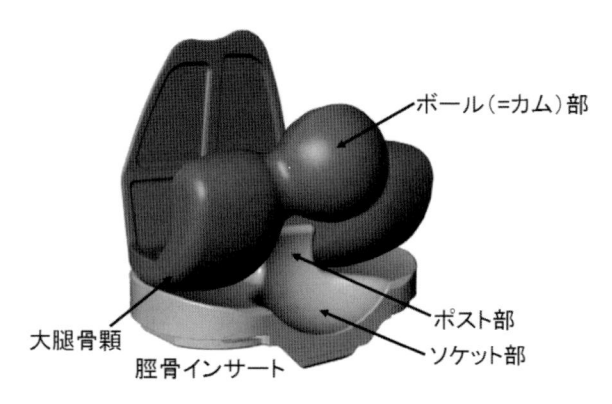

図 2.27　Tri-surface 型人工膝関節

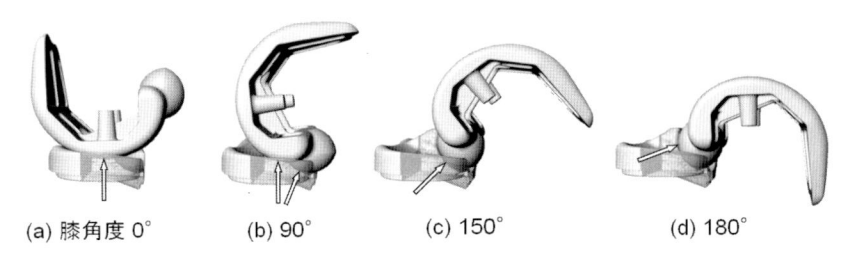

第 2 章　生体関節と人工関節のバイオメカニクス

(a) 膝角度 0°　　(b) 90°　　(c) 150°　　(d) 180°

図 2.28 Tri-surface 型の各膝屈曲角における姿位
(a) 顆部関節面接触（膝角度 0°），(b) 顆部関節面からボール・ソケット接触へ（膝角度 90°），(c) ボール・ソケットからポスト・カム接触へ（膝角度 150°），(d) ポスト・カム接触（膝角度 180°）

2.28(b)，(c)），屈曲角 150〜180° でボール・ソケット部からポスト・カム部へと接触面が移行する（図 2.28(c), (d)）．屈曲角 0〜180° の全可動範囲を通じ，3 界面のいずれかで接触を保ち，脱臼を防いでいる．全屈曲角で脛骨の回旋が可能なことも Tri-surface 型の特長の一つである．ただし，膝伸展時にボールが膝窩動脈を圧迫する可能性があり，実用化に向けて，ボールの大きさや取り付け位置（オフセット），さらにはボールに代わる新たな曲面形状の採用などに関する検討が進められている．

2.3.4　膝関節荷重の in vivo 計測[41-44]

　生体関節にかかる荷重を直接計測できる方法が存在しないことは 2.2.1 項で述べたが，近年欧米では，人工関節自体を荷重計測装置に利用する試みがなされている．図 2.29(a) はセンサー埋め込み型人工膝関節の構造[41]，図 2.29(b) は計測結果の表示例[42]を示す．図 2.29(a) の人工膝関節を装着した in vivo 計測の結果によれば，膝関節にかかる最大荷重は階段下りで 3.46[BW]，上りで 3.16[BW]，平地歩行で 2.61[BW] となっている[43]．人工関節にかかる荷重を in vivo で計測できれば，より正確に人工関節の強度評価を行うことができる．生体関節にかかる荷重を推定することも容易になる．したがって，上記のようなセンサー埋め込み型人工膝関節を用いた in vivo 計測が，欧米では広く行われつつある[7]．

---

[7] このような侵襲的計測法はわが国では許可されていない．

(a) 荷重センサーを内蔵型[41]
人工膝関節

(b) in vivo データの例[42]

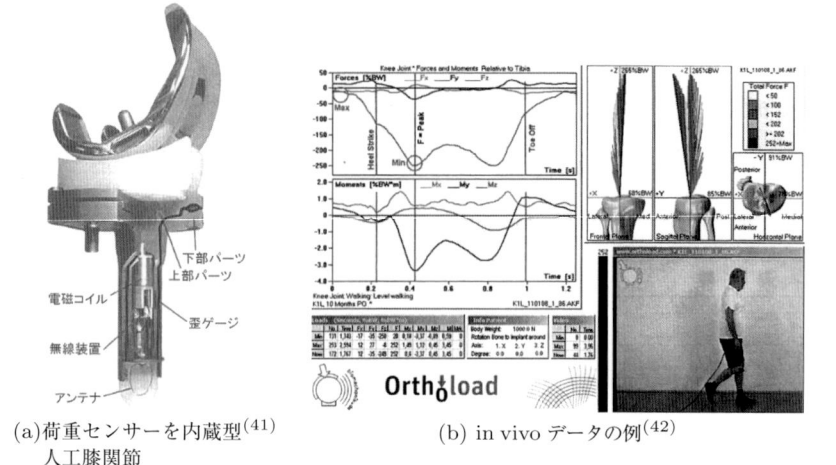

図 2.29　膝関節荷重の in vivo 計測

　ただし，上記のような in vivo 計測のみが関節荷重計測の主流になるかと言えば，必ずしもそうとは言えない．その第一の理由は，装着者の負担が大きい侵襲的計測法は患者の人権保護の立場から見直されつつあることである．第二に，体内埋め込み型の計測装置は装着後の調整やメインテナンスが困難である上，現用の人工膝関節でも大きな問題となっている摩耗粉の介在環境下で長期間に渡り信頼性のあるデータを収集することができないという問題もある．

　また，in vivo 計測法が普及してもモデル解析法の必要性が無くなることはない．モデル化手法は，新たに得られた in vivo データを活用することで，さらに未知のデータの探求へと展開できる．その代表例が 2.2.3 項で述べた不静定問題を解くことであり，以下にその具体例を紹介しよう．

　図 2.30(a)〜(c) は二次元モデル解析で求めた膝関節力[44]を図 2.29 の in vivo データ[43]と並べて示したものである．

　モデル解析法の詳細は文献[44]に譲るが，図 2.30 の (a), (b) および (c) の脛骨軸方向成分はモデル解析と in vivo 計測の結果が良く符合している．その一方で，なぜ (c) の脛骨前後方向成分のみが in vivo データと大きく異なるのかという疑問が生じる．ここで，2.2.3 項で不静定問題を解くために，似た

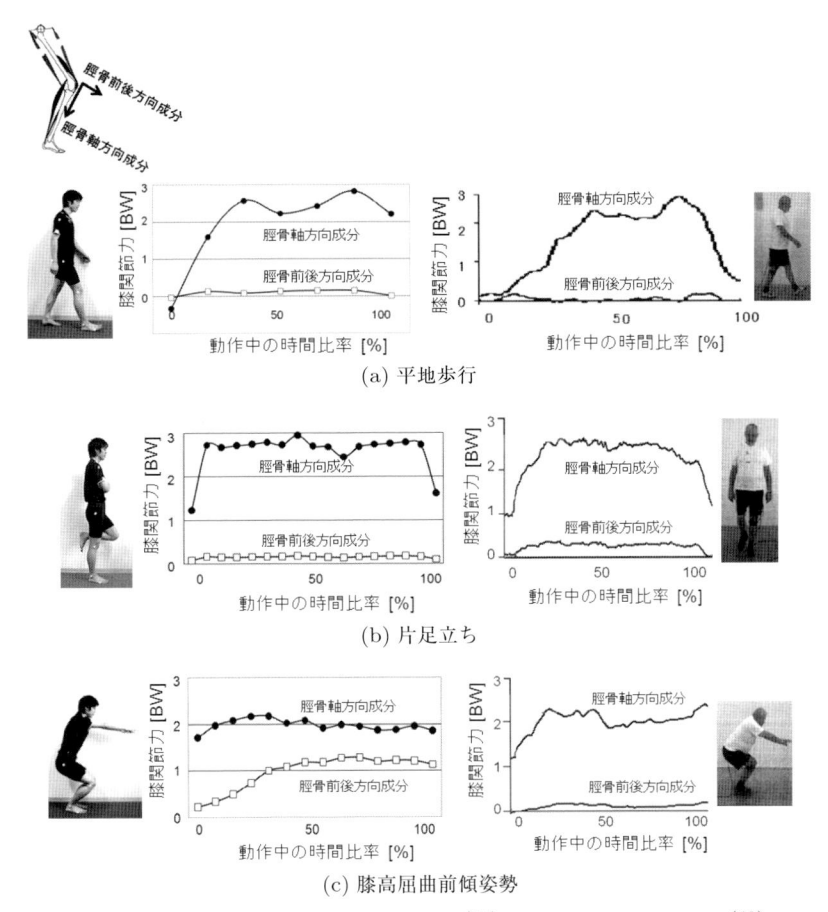

第 2 章　生体関節と人工関節のバイオメカニクス　　　　　　　　　　　　　143

(a) 平地歩行

(b) 片足立ち

(c) 膝高屈曲前傾姿勢

図 2.30　膝関節力のモデル解析結果（左）[44]と in vivo 計測結果（右）[43]
　　　　　((c) の脛骨前後方向成分のみが大きく異なっている).

働きをする筋群をひとまとめにしたことを思い出そう．

　図 2.31 は膝高屈曲前傾姿勢を例に下肢の主要筋を図示したものである．図 2.31 の姿勢を維持するためには，股関節伸展モーメント①が必要であるが，これは股関節の伸展筋である大臀筋 GM とハムストリングス H によって生成されている．先に示した図 2.30(c) 右のモデル解析結果は，不静定問題を解

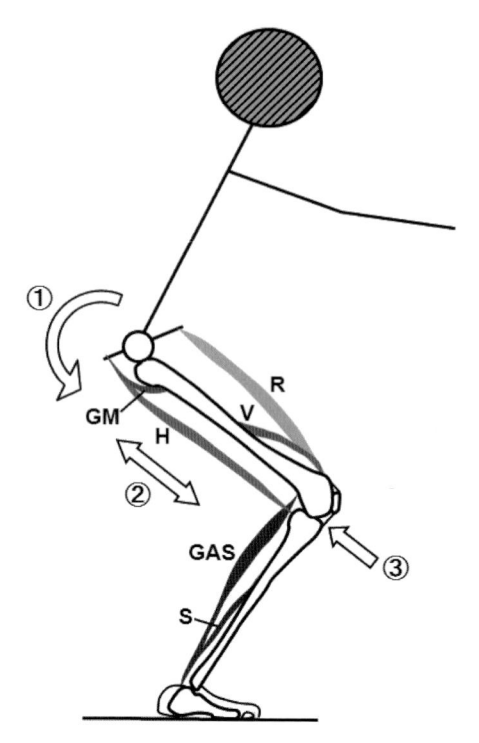

図 2.31 膝高屈曲前傾姿勢で膝関節力の脛骨前後方向成分が増大する理由

くために，GM と H の張力の配分比を $GM_F = H_F$[8)]としたときの結果である．ハムストリングスは股関節の伸筋であると同時に膝関節の屈筋としても働いている「二関節筋」であり，股関節の伸展には有効に働いているものの，膝関節の伸展を妨げるようにも働いている．膝関節伸展を阻害しているハムストリングスの張力を減少させるためには，$GM_F = H_F$ とした配分比を変更し，大臀筋の張力を増大させればよい．脛骨前後方向に直接関与しているハムストリングス力②が減少することで脛骨前後方向力③も減少し，結果的に膝関節力は in vivo データに近づくと考えられる．

そこで，$GM_F = H_F$ という条件を $GM_F = r \cdot H_F\ (r > 1)$ と置き換え，

[8)] 厳密には，大臀筋 GM が発生する股関節回りのモーメントとハムストリングス H が発生する股関節回りのモーメントが等しいという仮定を用いているが，大臀筋とハムストリングスの張力が等しいと仮定しても論旨は通じるので，紙面の都合上，モーメントでなく，張力が等しいという仮定の下で解説している．

第 2 章　生体関節と人工関節のバイオメカニクス

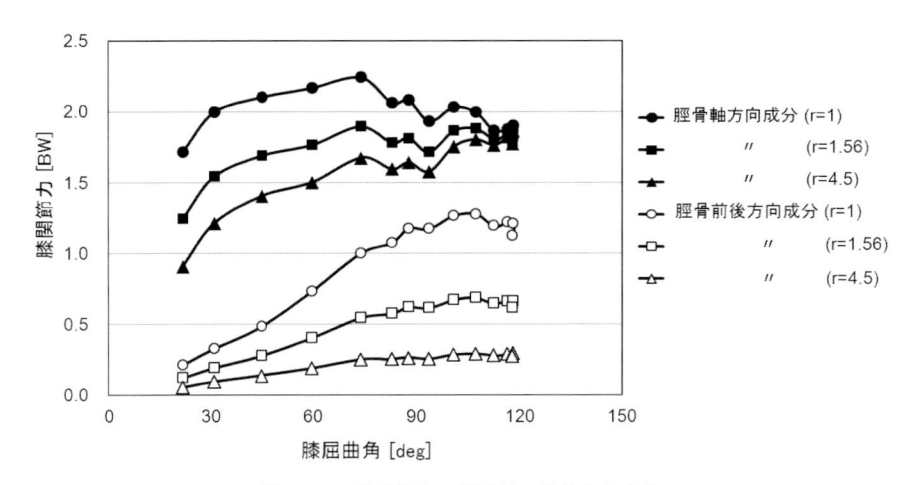

図 2.32　膝関節力の脛骨軸・前後方向成分
（r の値を 1 から 4.5 に変えると，脛骨前後方向成分が大きく減少し（△印），かつ脛骨軸方向成分も右肩上がりの傾向を示し（▲印），in vivo データと似た特性を示すようになる）．

r を 1) $r = 1$, 2) $r = 1.56$, 3) $r = 4.5$ の 3 通りに設定し，それぞれの場合の膝関節力を求めてみると，図 2.32 の結果が得られる．ただし同図ではデータ整理の都合上，横軸を膝屈曲角度で表している．ここで，1) の $r = 1$ は図 2.30(c) の結果を導出する際に仮定した条件のままの場合，2) の $r = 1.56$ は筋力が筋の生理学的断面積に比例するという報告[45]を参考に，各筋の生理的断面積[46]を基に決定した値，3) の $r = 4.5$ は，図 2.30(c) での膝関節力の脛骨前後方向成分が同図右の in vivo データと一致するように試行錯誤的に決定した値である．3) の場合，脛骨前後方向成分が著しく減少し in vivo データに近づいており，GM と H の実際の活動を再現している可能性が高い．

図 2.32 の結果は，in vivo データと符合するよう GM と H の張力比を調整することで（張力比の調整には生理学的合理性を伴わなければならないが），直接計測が困難であった GM と H の張力比を推定できることを意味する．実測値と符合するようモデルのパラメータを調整することで逆にパラメータの値を推定する手法は"パラメータ同定法"と呼ばれ，バイオメカニクス以外の科学技術分野でも広く用いられている手法である．ここで取り上げている下肢関節モデルに限って言えば，モデル式の構成が大きく誤っている可能性

は低く，要は複数筋力の配分比が未知なだけであるから，in vivo データと符合するよう筋力比を調整することで，筋数の冗長性による不静定問題を解決できると考えられる．

2.4 生体・人工股関節のバイオメカニクス（脱臼のメカニズム）

図 2.33 に股関節運動の定義および生体の正常股関節[2]と人工股関節の可動域を示す．ただし，同図はあくまで標準的な値を示したものであり，文献によっても様々な値が報告されている．正常股関節の可動域は，膝関節が屈曲（大腿四頭筋が伸長）しているか，外力が加わっているかなどによって異なり，熟練したバレリーナやフィギュアスケータは 150° 以上の屈曲や 90° 近い外転が可能である．人工股関節の可動域も機種によって多様に異なる．

機能不全に陥った股関節に対しては，膝関節の場合と同様人工股関節置換術 (THA: Total Hip Arthroplasty) が施される．図 2.34 に THA 術の流れとともに人工股関節各部の名称を示す．同図に示すように，人工股関節は骨盤側に埋め込んだ椀状の臼蓋（カップ）に大腿骨側の人工骨頭をはめ込んだ球面軸受構造になっている．実際には臼蓋と骨頭の間にライナーと呼ばれる半球殻状のスペーサを挿入する．よって，大腿骨ステムは骨頭を中心に円錐状の可動域を有することになる．この円錐の頂角をオシレーション角 (oscillation angle) と呼び，この角度の大きさで人工股関節の可動域を評価する．ただし，オシレーション角の大きさもさることながら，臼蓋を骨盤に埋め込む際の設

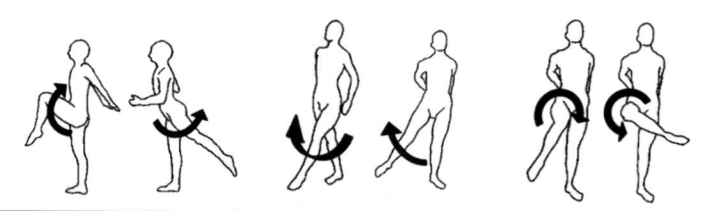

	屈曲	伸展	内転	外転	内旋	外旋
正常股関節	120°	20°	30°	45°	30°	60°
人工股関節	90°	30°	30°	20°	20°	30°

図 2.33 股関節運動の定義と可動域

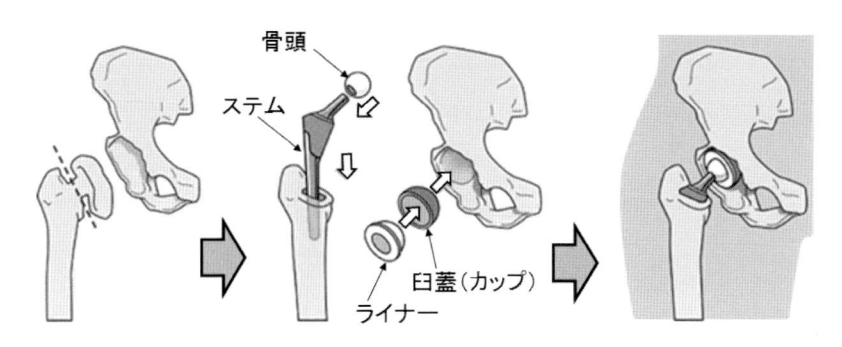

(a) 骨の切除　　(b) 人工股関節各部の名称と設置手順　　(c) 置換術後の状態

図 2.34　人工股関節術の流れ

置角（アライメント）が適切でなければ，人工股関節装着後に所定の可動域を確保することはできず，さらには後述する脱臼の誘発にもつながる．人工股関節の骨盤や大腿骨に対するアライメントを決定するパラメータには図 2.35 に示す 3 種の角度が用いられている．

　現用人工股関節のキネマティクスに関する重要課題は可動域拡大と脱臼防止である．一般に，可動域を拡大するには臼蓋を浅くすれば良いが，それだけ脱臼の危険性が増す．結局，可動域拡大と脱臼防止は相反する要求仕様であるが，脱臼のメカニズムを解明することができれば，抗脱臼性と可動域拡大の双方を念頭に，より最適なアライメントの調整指針や人工股関節の改良・開発方針が得られるであろう．そこで本節では脱臼とそのメカニズム解明に向けた取り組みを紹介する．

　一般に，骨頭と臼蓋の適合性は非常に高く，骨頭と臼蓋間の強い密着力[9]によって骨頭は簡単には臼蓋から外へは取り出せない．脱臼は図 2.36 に示すように，臼蓋の外縁に骨頭頸部が当たり（インピンジし），ここを支点としたテコの原理で拡大された引き抜き力によって生ずる場合が多い．単純な引き抜きや骨頭の臼蓋縁への乗り上げによる脱臼も，上記のインピンジとテコの原理による引き抜きを発端とし，これに引き続いて生じる現象であることが多い．結局，インピンジが起きなければ，あるいはインピンジが起きても図の

---

[9] この密着力は骨頭と臼蓋間に侵入している関節液の分子間力によって生じ，さらに，この分子間力は関節液成分を構成している分子同士の引力によって生じる．

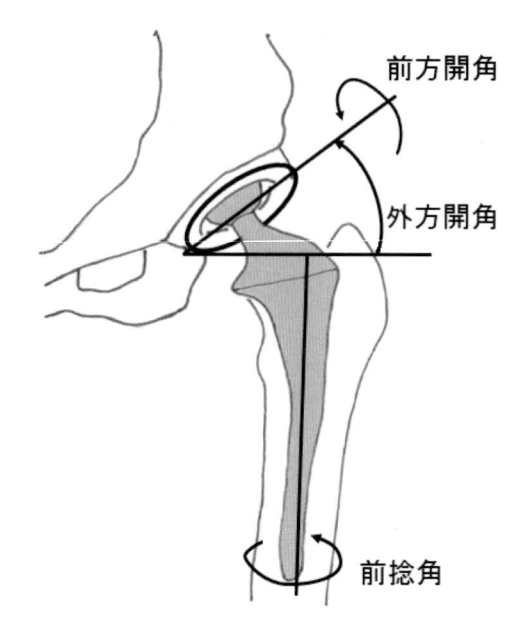

図 2.35　人工股関節のアライメントを規定するパラメータ

矢印のモーメントが弱ければ脱臼を生じることはない．このため，THA 後の患者に対しては，インピンジが生じるような股関節姿勢を回避するよう生活指導が行われている．また，図 2.36 から類推できるように，骨頭径を増大し

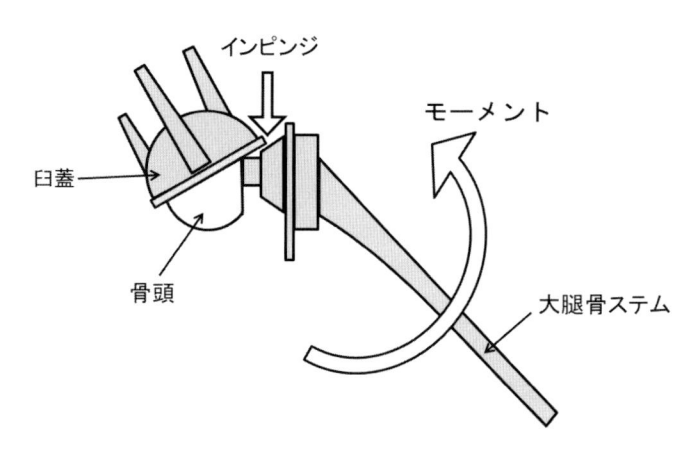

図 2.36　人工股関節脱臼のメカニズム

第 2 章　生体関節と人工関節のバイオメカニクス

　　　　(a) 骨頭の脱臼方向　　　　(b) 脱臼を生じやすい動作

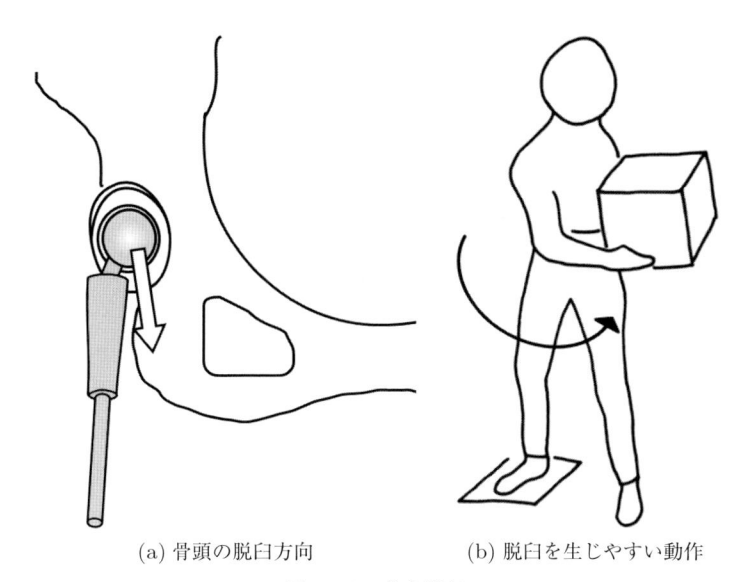

図 2.37　前方脱臼

た方がオシレーション角が増大するし，臼蓋・骨頭間の分子間力が増大して抗脱臼性は増す．よって，解剖学的に許される限り大径の骨頭を使用する方が望ましい．

　脱臼は骨頭が臼蓋に対してどの方向に外れたかで図 2.37 に示すような前方脱臼と図 2.38 に示すような後方脱臼に大別される．前方脱臼は股関節の過伸展・外旋により骨頭が臼蓋より前方へ脱臼する現象である（図 2.37(a)）．基本的には上半身をのけ反る動作で生じる現象であり，立位で上半身を捩じった場合に生じやすい（図 2.37(b)）．後方脱臼は股関節の過屈曲・内旋・内転により骨頭が臼蓋より後方へ脱臼する現象である（図 2.38(a)）．基本的には上半身を深く前傾させる動作で生じる現象であり，しゃがみ込み時や靴下の着脱時などに生じやすい（図 2.38(b)）．一般には後方脱臼の方が発生頻度が高いが，老齢者は骨盤が後傾ぎみであるため，見た目以上に股関節が過伸展している場合が多く，前方脱臼を生じやすい．

　人工股関節脱臼を in vivo で再現することはできないことから，脱臼のメカニズム解明のためにはシミュレータを用いた再現実験が行われている．図

(a) 骨頭の脱臼方向   (b) 脱臼を生じやすい動作

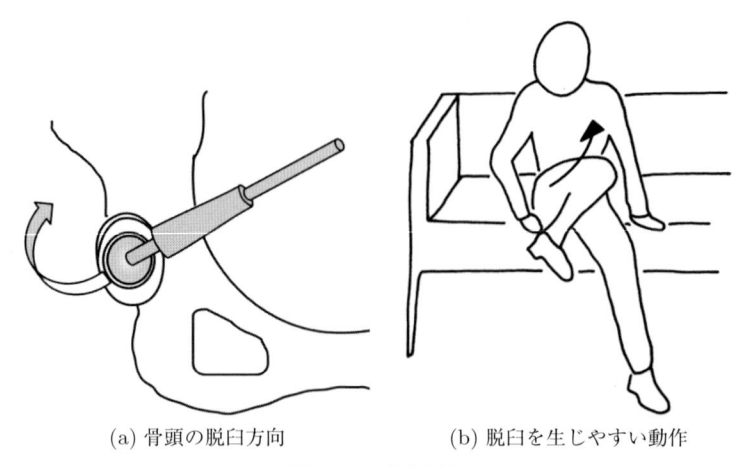

図 2.38　後方脱臼

2.39 に佐賀大学で開発された股関節シミュレータ[47]の機構図を示す．このシミュレータは任意の股関節角度と股関節にかかる荷重を生成できるようになっている．ただし，このシミュレータを用いて脱臼の再現実験を行う場合，股関節にかかる荷重を 2.2.1 項で述べたモデル化手法で求めるのは必ずしも適当ではない．その理由は，股関節回りに付着している筋数は非常に多く，これらすべての張力を考慮するとなるとモデルが極度に不静定になるためである．脱臼のような非生理的現象を扱うのであれば，脱臼現象に特定した実験系を構築し，脱臼の再現実験を行う方が望ましい．

そこで Kiguchi らは以下のような方法で股関節にかかる荷重を推定した上で，図 2.39 のシミュレータを用いて股関節脱臼の再現実験を行っている[48]．

最初に Delp らの研究[49]を参照して，健常男子の股関節回りの 28 筋の解剖学的付着位置を求め，各筋の長さを幾何学的に計算しておく．

次に，健常男子を対象に，脱臼を誘発しやすい動作を行っているときの股関節角度を三次元動作解析システムで計測し，股関節角度や角速度とともに，各筋の時々刻々の長さとその時間微分（筋収縮速度）を求めておく．また，動作中の床反力も計測しておく．前方脱臼を生じやすい動作には図 2.38 に示した上体のひねり動作，後方脱臼を生じやすい動作には直立状態からのしゃが

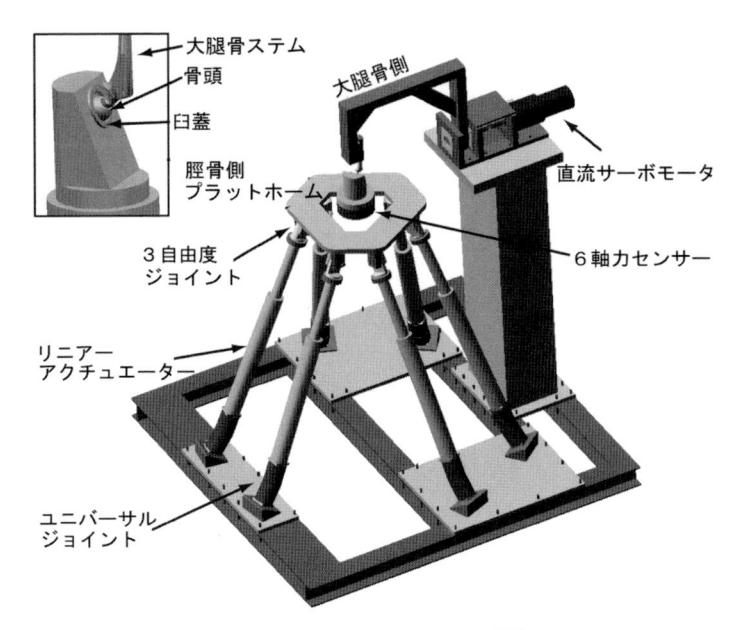

図 2.39 股関節シミュレータ[47]

み込み動作を選定している.

最後に,各筋に対し Hill の式[50][10]を適用し,かつ床反力データをも考慮して各筋の張力を求め,各筋力の総和を動作時に股関節にかかる荷重とみなした上で,股関節角度(角速度)と組み合わせてシミュレータへの入力値に用いている.

対象人工股関節は米国社製で骨頭径は 26 mm であり,臼蓋・骨頭間の吸引力を再現するためにヒト関節液の代りに生理食塩水や牛血清を用いている.

すでに述べたように通常の下肢運動で人工股関節が脱臼することはきわめて稀であり,本シミュレータ試験ではあえて脱臼を誘発するため図 2.35 に示した設置角を以下のように設定している.

- 前方脱臼再現実験(上体ひねり動作):外方開角 $45°$,前方開角 $40°$,前捻角 $40°$

---

[10] 骨格筋が収縮する際の筋力 P と収縮速度 v の関係を $(P+a)(v+b) = b(P_0 + a)$ で表した式.ここで P_0 は最大収縮力,a は熱定数,b はエネルギー遊離の速度定数を表す.

(a) 臼蓋・骨頭間接触力

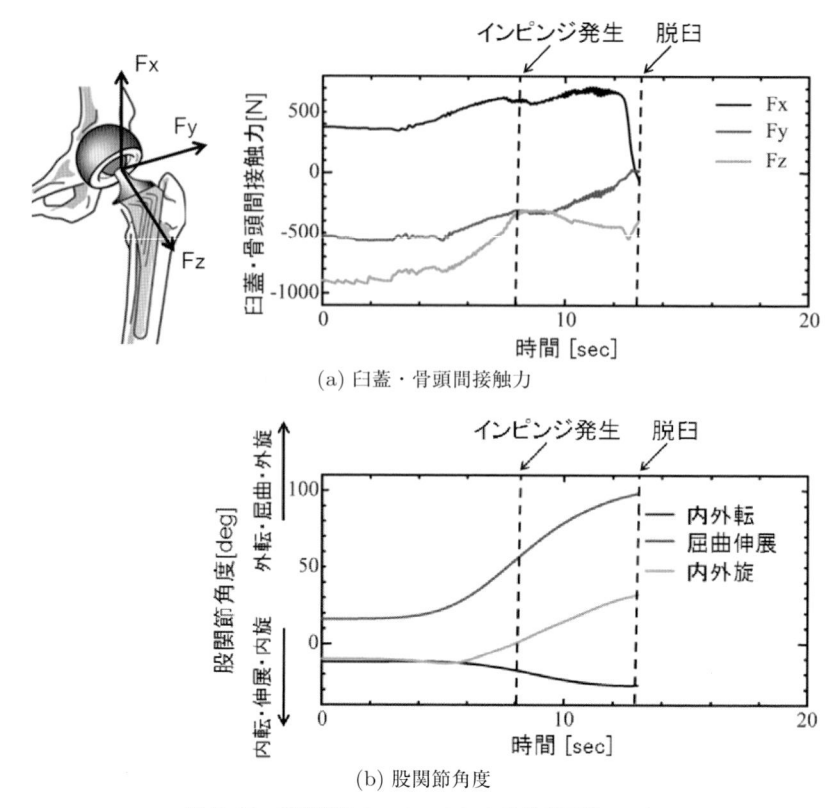

(b) 股関節角度

図 2.40　股関節シミュレータによる脱臼再現データ

- 後方脱臼再現実験（しゃがみ込み動作）：外方開角 45°，前方開角 0°，前捻角 0°

図 2.40 は，しゃがみこみ動作における臼蓋，骨頭間の接触力および股関節角度（屈曲，内転，外旋）の時間変化のグラフを示したものであり，動作開始後 8.05 秒でインピンジを生じ，13.0 秒で後方脱臼を生じていることがわかる．図 2.40(a) の臼蓋・骨頭間接触力の時間変化グラフによれば，インピンジ発生後，接触力の x 方向成分 F_x が急激に減少し脱臼に至っている．これに対し，y, z 方向成分 F_y, F_z はインピンジ後もマイナス方向の力，すなわち臼蓋・骨頭間の押付け力を持続している．図 2.40(b) の股関節角度の時間

変化グラフによれば，脱臼時の股関節角度は屈曲 100°，内転 26°，外旋 32° である．

上体ひねりによる前方脱臼に関する結果も図 2.40 と同様にして求まるが，脱臼に至る過程は多様であり，必ずしも同一条件下で脱臼が生じるとは限らない．様々な条件設定で脱臼の再現実験を繰り返した結果，現在までに確認されている基本的内容は以下の通りである．

人工股関節の設置アライメントが適切であればしゃがみ込み動作中にインピンジも脱臼も生じないが，アライメントが不適切であるとインピンジに引き続いて脱臼を生じる．筋力あるいは床反力を無視した場合，インピンジが発生しても脱臼を生じない．

2.5 関節のバイオメカニクス研究に関する課題と展望

関節のバイオメカニクスに関する研究は古典力学をベースにしつつも，数多くの新しくまた難しい問題を含んでいる．以下では，それらの中から三つのトピックスを取り上げて解説する．

2.5.1 関節運動の正確な計測

関節運動を正確に計測することは，関節のバイオメカニクスを研究する上でもっとも基本的な条件の一つである．しかしながら，工学的に確立されている高精度で信頼性の高い計測手法を生体関節の運動計測に適用しようとすると，工学システムの計測時には経験しなかった問題に遭遇する．この問題は，工学的に計測されたデータを臨床的に意味のあるデータに変換する際に生ずるものであり，具体的には誤差の問題と関節の三次元運動に対する定義と解釈の問題に帰着される．

誤差は測定誤差と変換誤差に分類される．測定誤差は計測装置の性能に依存して生じるものであるためここでは説明を省略し，変換誤差についてのみ解説する．

関節角度の計測には角度計や皮膚マーカが用いられる．角度計は身体分節に外部固定されるため，角度計の原点は関節の回転中心と一致しない．とく

に，関節の内外旋軸は身体分節の内外旋軸と離れて配置されるため，この配置が種々の誤差を生む要因となっている．角度計による計測誤差を系統的に求めるため，Chao らは 9 自由度の空間リンクモデルを作成し，正確なキャリブレーション結果を報告している[51]．

皮膚マーカによる関節角度の計測法では，身体分節表面上の三つ以上のマーカの三次元位置情報から身体分節の位置ベクトルと回転行列を計算する際に変換誤差（計算誤差）を生じる．さらに深刻な問題は，身体の運動中に皮膚マーカのずれにより誤差が生じることである．皮膚マーカのずれによる計測誤差を解消するために，Andracchi は多点マーカ計測法 (PCT: Point Cluster Technique) と呼ばれる計測法を提唱している[52]．PCT とは要するに，各マーカに質量を分配し，分布質量系の重心と慣性テンソルを計算した上で，この慣性テンソルの固有値と固有ベクトルを身体分節に代わる座標軸に設定しようというものである．この PCT によれば，皮膚マーカが多少ずれても，それによる慣性テンソルの固有値と固有ベクトルの変化は相対的に小さいため，関節角度の計測誤差も小さくて済むというものである．

上記 Chao のキャリブレーションや Andracchi らの PCT によれば関節角度の高精度計測が可能になるが，いずれも複雑な計算を必要とすることから，臨床的に応用するには課題が多い．

関節運動の正確な計測をさらに難しくしているのが関節の三次元運動に対する定義と解釈のあいまいさである．剛体の三次元回転運動を表す場合，回転の定義法や座標系の取り方によって様々な問題を生じる．たとえば，オイラー角表示法に見られるように直交 3 軸まわりの回転の順序に依存して最終的な姿勢が異なること，第一，第二軸まわりの回転で第三軸まわりに擬似的な回転現象が現れることなどである[11]．オイラー角表示法で見られる回転順序依存性の問題を回避するため，Chao は Gyroscopic Euler System[51]を，また Grood と Suntay は浮動軸座標系 (Floating-Axis-System)[53]を提案している．両者はほぼ同じ時期に別々に提案されたものであるが，本質的には同一のものであると見なせる[54]．ここでは，Grood らの浮動軸座標系に付い

---

[11] 詳細については，文献[17]を参照されたい．

第 2 章　生体関節と人工関節のバイオメカニクス

(a) Grood らの浮動軸座標系
　　（元図[53]を一部修正して使用）

(b) 浮動軸座標系を膝関節に適用した図

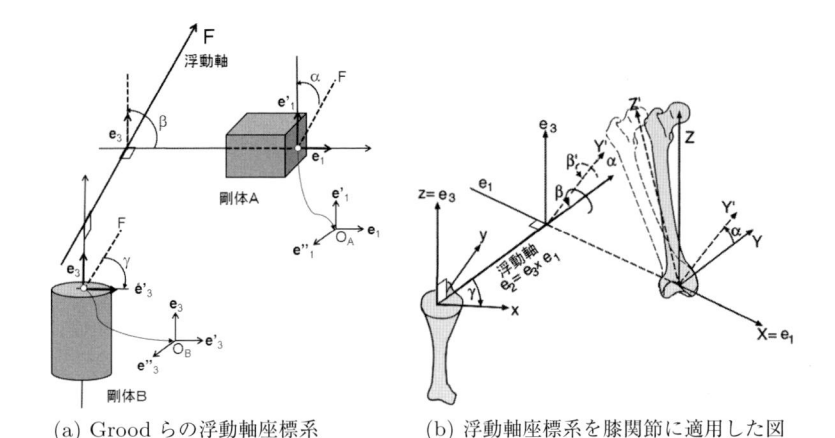

図 2.41　浮動軸座標系

て解説する．

図 2.41(a) で，剛体 A と B にはそれぞれ座標系 O_A-e_1-e'_1-e''_1，O_B-e_3-e'_3-e''_3 が固定されており，これらを固定座標系と呼ぶ．各固定座標系の中，基本ベクトル e_1，e_3 で表される 2 軸を固定軸と呼ぶことにする．一方，第 3 の軸，F は，固定軸 e_1，e_3 の外積，言い換えると e_1，e_3 の共通垂線で定義する．この第三の軸は，剛体 A，B のいずれにも固定されていないため，この軸を浮動軸と呼ぶ．剛体 A の回転は固定軸 e_1 と浮動軸 F との成す角 α で定義し，剛体 B の回転は固定軸 e_3 と浮動軸 F との成す角 γ で定義する．最後に，重要なことは第三の回転は 2 本の固定軸 e_1 と e_3 が浮動軸 F まわりで成す角 β で定義していることである．

Grood らの浮動軸を膝関節に適用した場合を図 2.41(b) に示す．同図で，留意すべきことは浮動軸 e_2 が，大腿骨固定座標系 X-Y-Z の X 軸（= e_1 軸）と脛骨固定座標系 x-y-z の z 軸（= e_3 軸）との外積（$e_2 = e_1 \times e_3$）で定義されていることである．Y 軸と浮動軸 e_2 との成す角 α で膝屈曲・伸展角を表し，x 軸と浮動軸 e_2 との成す角 γ で内・外旋角を表す．これに対し，膝の内・外反角は X 軸の e_2 軸まわりの回転角 β で表される．

図 2.41(b) で，回転順序依存性が存在しない秘密は e_2 軸が e_1 軸と e_3 軸の

外積で決定される点にあり，大腿骨が α だけ屈曲（X軸まわりに回転）した後も e_2 軸は変化せず，したがって内・外反角 β の定義も終始一貫している．しかし，3軸オイラー角表示法では，X軸まわりに回転した結果，新しい Y′ 軸ができてしまい，この Y′ 軸まわりに回転させることになるから，最初に回した角度 α が決まらないと，次に β をどれだけ回すべきかが決まらず，順序性が出てくるという訳である．

　以上で述べたように浮動軸座標系は，回転順序依存性というオイラー角表示法の最大の弱点を補ったものではあるが，浮動軸という仮想軸まわりの回転が何を意味するのかが一見してわかりにくく，臨床系で関節姿位を診断・評価する際の直感的理解を妨げている点は否めない．また，直交座標系でないことが障害となり，関節の力とモーメントを求めなければならないときには，オイラー角表示法に頼らざるを得なくなる．

　結局，臨床応用に適したわかりやすさを取るか，数学的厳密さを取るかは，研究者の判断にゆだねられることになる[54]．関節運動を正確に計測するといっても，何を目的にどこまでを狙っているかで計測の方法論は必然的に違ってくる．研究目的に合った計測・解析手法を採用することが関節のバイオメカニクス研究には必要である．

2.5.2　二関節筋の機能を組み込んだモデル解析の取組み

　近年，ロボット技術の進歩により人型ロボットの歩行動作がヒトのそれに近づいている．ホンダの ASIMO は優れた制御技術により歩行，走行を行うことが可能である．しかし，走行といっても時速6kmほどであり，ヒトの走行とは大きな差が存在する．二足歩行を行う人型ロボットは複雑なフィードバック制御により軌道制御を行っており，これには多量の演算を必要とするのに対し，ヒトにはそれほどの演算処理能力があるとは考えられない．それではヒトはどのようにして下肢の運動制御を行っているのであろうか．この運動制御に大きく貢献しているのが二関節筋である．人型ロボットには関節ごとにモータが配置されているが，ヒトには隣り合う二つの関節にまたがって配置された二関節筋が存在している．この二関節筋は陸上で歩行を行う動

物には一般的に存在するものであり，2関節の同時駆動による制御を考慮することが必要である．二関節筋の機能に関する研究は古くから行われてきているが，その集大成としては熊本らのグループの一連の研究が挙げられる[55]．熊本らは二関節筋が四肢リンク機構に見られる剛性制御，軌道制御機能に貢献していることを明らかにし，二関節筋による四肢先端の出力と方向の制御機能を解析している．また，これらの事例の中で二関節筋を考慮した3対6筋モデルを提案している．

以上のように二関節筋の機能に関する力学解析が行われ，その有効性が実証されているにも関わらず，実際のヒトの動作に対して二関節筋の有効性が検証された実例は少ない．先に紹介した Lombard のパラドックス（図2.4），膝高屈曲前傾姿勢で膝関節力の脛骨前後方向成分が増大する理由（図2.31），さまざまな下肢運動で膝関節にかかる荷重（表2.1）などの事例は，二関節筋の働きによる下肢先端の出力と方向の制御機能までを考慮した解析結果ではなかった．

熊本らの提案する3対6筋モデルとは，図2.42(a) に示すように平面2リンク機構の第一関節 H まわりに1対の単関節拮抗筋 e_1, f_1，第二関節 K まわりに1対の単関節拮抗筋 e_2, f_2，さらに関節 H，関節 K をまたぐ形で二関節拮抗筋 e_3, f_3 が配置されたモデルである．これに対し，二関節拮抗筋 e_3, f_3 を欠いた図2.42(b) のモデルを2対4筋モデルと呼ぶ．

図2.42(a) において，各筋 e_1, e_2, ..., f_2, f_3 の収縮力によるリンク先端 A の出力は Fe_1, Fe_2, ..., Ff_2, Ff_3 で表される．実際には各筋の収縮力からそれぞれ関節 H，関節 K まわりのトルクを計算し，さらにこのトルクを基に先端出力を計算しなければならないが，ここでは省略し，結果だけを示す．リンク HK とリンク KA の長さが等しく，6筋の張力もすべて等しいとすると先端 A の出力分布は同図 (a) に示すように6角形となる．ここで6角形の頂点 a〜f の中，b, e はリンク KA の延長線上に位置し，対角線 c-f はリンク HK と平行であり，a, d は関節 H と先端 A の延長線上に位置する．先端 A の出力分布形状が6角形であるということは先端周囲360°いかなる方向へも出力を発揮できることを意味する．一方，二関節拮抗筋を欠いた2対4筋モデルの先端出力分布は図2.42(b) に示すような4角形となり先端出力の方向が

(a) 3対6筋モデル　　(b) 2対4筋モデル

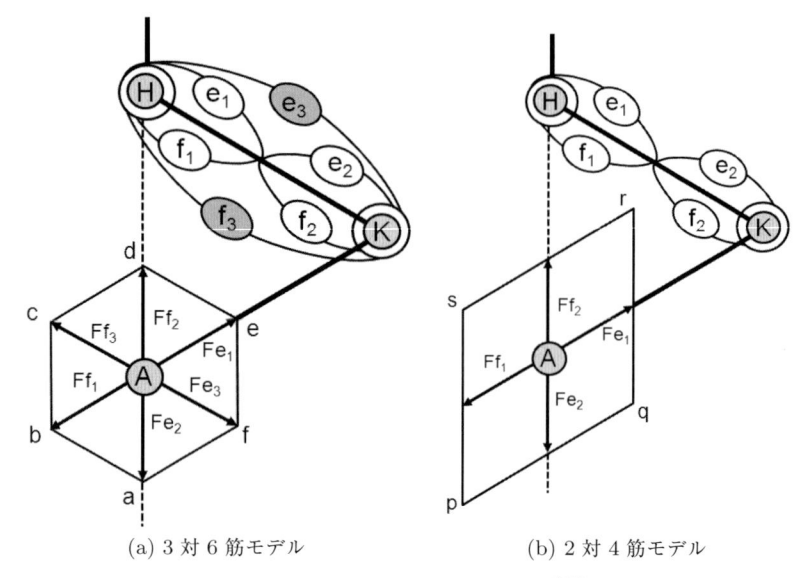

図 2.42 平面2リンクモデルの先端出力分布（元図[55]を修正して使用）

制約されることになる．

　図 2.42(a), (b) の出力分布形状の違いこそ二関節筋の果たす役割を明示したものであり，二関節筋の存在により，同図の2リンクモデルが上肢の場合は手部，下肢の場合は足部の出力方向をより自由に調整できるようになることがわかる．

　したがって，141〜146ページで述べた膝高屈曲前傾姿勢で膝関節力の脛骨前後方向成分が増大する理由の解明や，不静定問題の解決策についても，今後は二関節筋の機能を中心に据えた解析が必要である．

2.5.3　in vivo 実験を代行する人工膝関節シミュレータの開発

　一般に，医療機器を実用化するには，患者への適用認可（薬事法）を得るために臨床試験（治験）が必要である．しかるにわが国では人工関節に関しては，薬事法の認可を経ずに患者を対象とした評価試験が行えないというジレンマが存在する．このため，わが国の人工関節の開発・研究は本格的な臨

床試験を省略できるマイナーチェンジのレベルに止まっているのが実情である．2.3.4項で欧米で行われている膝関節荷重の in vivo 計測法を紹介したが，このような侵襲的計測法がわが国では許可されていないことは 141 ページの脚注で述べた通りである．このような状況を打開するために筆者らは in vivo 実験を代行する人工膝関節シミュレータの開発を計画しており，その概要を以下に紹介する．

　一般に人工関節シミュレータと言えば人工関節の摺動部（人工股関節なら臼蓋側のライナー，人工膝関節なら脛骨側インサート）に使われている超高分子量ポリエチレン (UHMWPE) の摩耗試験のためのシミュレータを指すことが多い．摩耗試験用シミュレータとは別に，切断肢に受動屈伸を行わせ，関節のキネマティクスや関節接触力を測定するためのシミュレータや 2.2.3 項で紹介した人工股関節の脱臼解析用シミュレータなども開発されているが，使用目的が限られており in vivo 実験を完全に代行するまでには至っていない．膝関節のキネマティクスや関節接触力を測定するためのシミュレータとしては Oxford Rig[56] や Kansas Knee[57] が世界的に有名であるが，前者は基本的に受動屈伸型である．後者は「大腿四頭筋力」を油圧力で発生させている点は画期的であるが，筋力の与え方が非生理的である上，対象動作は歩行のみであり，膝屈曲角度も 120°以上を目標とするに止まっている．

　上記のようなシミュレータでは in vivo 実験を完全に代行できない．その理由は以下の通りである．

　第一に，従来のシミュレータ試験では，体重負荷や筋収縮の結果，出力として生じた関節運動をシミュレータへの入力データに用いている（受動屈伸型）．摩耗試験用シミュレータの入力データには，ほとんどの場合，正常歩行データが用いられているが，人工関節の摩耗が進行した後でも正常歩行データで関節を動かし続けている．また，キネマティクスや関節接触力を測定するためのシミュレータでは各筋に一定張力を負荷する場合が多い．人工膝関節の場合，関節面形状は生体膝を模倣しているから，筋張力一定で受動屈伸を行わせれば生体膝同様のキネマティクスを再現し得る．問題は体重を負荷し，自身の筋力で膝屈伸を行う場合でも同様のキネマティクスを再現できるかどうかである．置換術後，麻酔下で医師が徒手的に行う受動屈伸は，筋力

が弛緩している状態での強制屈伸であるため，置換膝は常に良好な関節面接触様態や可動域を示す．しかし，ベッドでの自力屈伸や歩行訓練では筋収縮や体重負荷のため当該人工膝関節のキネマティクスが非常に悪化する．したがって自身の筋力を入力データとするような能動型シミュレータを用いなければ，in vivo 実験に匹敵するキネマティクスや関節力を求められないと考えられる．

　第二に，従来のシミュレータ試験では股関節と膝関節は別々に扱っている．下肢の運動は，股関節と膝関節が連携的に機能することで達成されるため，両関節が連動している条件下でそれぞれの関節を評価する必要がある．たとえば，しゃがみ込みから立ち上がる際，大腿直筋（二関節筋）は股関節屈筋であると同時に膝関節伸筋として働くから，股関節運動を含めないと自然な膝運動を再現できない．よって股関節と膝関節が連動する機構を採用したシミュレータで，キネマティクスや関節力を評価する必要がある．

　第三に，従来のシミュレータ試験機は，一般の機械装置と同様，1自由度運動を1アクチュエータで駆動しているが，ヒトの下肢運動機構は原則，1自由度2アクチュエータの駆動方式で構成されており，このような並列駆動方式をシミュレータに組み込む必要がある．たとえば，膝伸展には大腿直筋用と広筋用の2種のアクチュエータを同時使用する．この結果，2アクチュエータの出力比率をいかに決めるかが問題となり，前述した二関節筋によるリンク先端の出力と方向の制御問題や不静定問題との関わりが生ずる．シミュレータでこの出力比率を実験的に求めることはこれらの問題の解明につながる．

　第四に，従来のシミュレータ試験機は現用人工関節と同様，深屈曲動作を対象としておらず，新しく開発された深屈曲型の人工関節を評価する場合には使えない．

　以上で述べた4課題を解決すべく，筆者らは図 2.43 に示すようなシミュレータの開発を計画している．本シミュレータの特徴は，1) 生理的な関節運動を再現するため，自身の筋力で操作する駆動方式を用いていること，2) 股関節と膝関節が連動する機構を採用していること，3) 1自由度を2アクチュエータで並列駆動する方式を用いていること，4) 深屈曲動作を評価対象に含めていることの4点である．

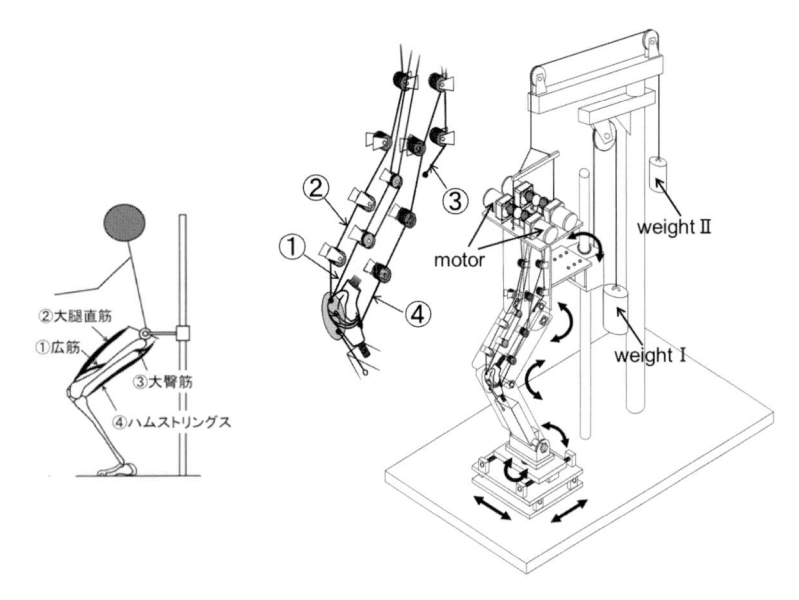

第 2 章 生体関節と人工関節のバイオメカニクス

図 2.43 in vivo 実験を代行する人工膝関節シミュレータの構想図

　本シミュレータでは図 2.43 に示すようにプーリー配置とワイヤー掛けを工夫し，股関節と膝関節に働く一関節筋（①，③）と二関節筋（②，④）で両関節を連動的に駆動する．上体リンクに配置した 4 台のパルスモータでワイヤーを牽引し筋張力を発生させる．同図のウエイト I, II は股関節位置や上体の姿勢を安定化し，かつ下半身重量や上体重量を補正する補助的役割しか持たない点は強調しておきたい．

　膝の深屈曲が外力による屈曲角 130°以上の強制肢位を意味することはすでに述べた通りである．そこで本シミュレータでは膝屈曲角 130°で図 2.43 の④ハムストリングス用のワイヤー長が最短となり，その後は上体重量で膝が完全深屈曲するように駆動機構や制御方式を工夫する．図 2.44 は本シミュレータによる屈曲動作の再現の様子を示したものであり，(a) → (b) → (c) に至る動作で，(c) に至る直前にハムストリングス用のワイヤー長は最短となり，その後は上体重量でワイヤーは伸ばされつつ，膝は屈曲し続け，(c) の完全深屈曲状態に至る．

　以上で述べたように，本研究の特色・意義は，従来のシミュレータとは設

(a) 伸展位　　　　　(b) 高屈曲位　　　　(c) 完全深屈曲位

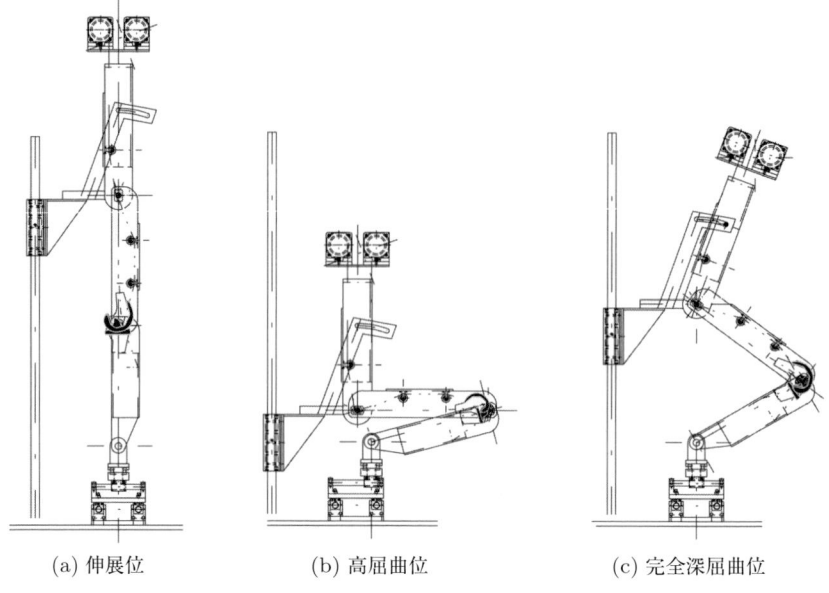

図 **2.44**　シミュレータによる屈曲動作の再現

　計コンセプトがまったく異なる人工膝関節シミュレータを開発し，人工膝関節のキネマティクスや関節接触力に関し，欧米で実施中の in vivo 実験に匹敵し得る評価試験を行おうとしている点にある．欧米でも今後は患者に負担を強いる侵襲的な in vivo 実験からの脱却が必要になると考えられるため，本研究はわが国の人工関節研究のこれまでの不利を克服し，逆に欧米を先導する研究になると期待される．

参考文献

(1) http://www.aurorahealthcare.org/yourhealth/healthgate/getcontent.asp? URL healthgate =%2214829.html%22（元図を修正して使用）

(2) Kapandji, I.A. 著, 荻島秀男監訳：カパンディ関節の生理学, II 下肢, 医歯薬出版 (1989) 6-15, 86–87.

(3) Morra, E., Rosca, M., Greenwald, J. and Greenwald, S.: The influence of Contemporary Knee Design on High Flexion; A kinematic comparison with the normal knee, *Journal of Bone and Joint Surgery*, 90 (2008), 195–201.

(4) Hallen, L.G. and Lindahl, O.: The "Screw-Home" Movement in the Knee Joint, *Acta Orthop Scand*, 37-1 (1966) 97–106.

(5) Solomonow, M., Baratta, R., Zhou, B.H., Shoji, H., Bose, W. and D'Ambrosia, R.: The Synergistic Action of the Anterior Cruciate Ligament and Thigh Muscles in Maintaining Joint Stability, *The American Journal of Sports Medicine*, 15-3, (1987), 207–213.

(6) Lombard, W.P. and Abbott, F.M.: The Mechanical Effects Produced by the Contraction of Individual Muscle of the Thigh of the Frog, *The American Journal of Physiology*, 20 (1907), 1–60.

(7) Hirokawa, S., Solomonow, M., Lu, Y., Lou, Z-P. and D'Ambrosia R.: Anterior-Posterior and Rotational Displacement of the Tibia Elicited by Quadriceps Contraction, *The American Journal of Sports Medicine*, 20-3 (1992), 299–306.

(8) 廣川俊二：膝十字靭帯と大腿筋との機能的連携作用，計測自動制御学会論文，35-4 (1999), 458–466.

(9) Sjolander, P.: A Sensory Role for the Cruciate Ligaments, Umea University Medical Dissertation, Departments of Physiology and Zoophysiology, University of Umea, Sweden (1989).

(10) Tsuda, E., Okamura, Y., Komatsu, T. and Tokuya, S.: Direct Evidence of the Anterior Cruciate Ligament-Hamstring Reflex Arc in Humans, *The American Journal of Sports Medicine*, Vol.29, No.1, (2001), 83–87.

(11) Friemert, B.: Intraoperative Direct Mechanical Stimulation of the Anterior Cruciate Ligament Elicits Short- and Medium-Latency Hamstrings Reflexes, *Journal of Neurophysiology*, Vol.94 (2005), 3996–4001.

(12) Baratta, R., Solomonow, M., Zhou, B.H., Letson, D., Chuninard, R. and D'Ambrosia, R.: Muscular Coactivation; The role of the antagonist musculature in maintaining knee stability, *The American Journal of Sports Medicine*, 16-2 (1988) 113–122.

(13) An, K.N., Himeno, S., Tsumura, H., Kawai, T. and Chao, E.Y.S.: Pressure Distribution on Articular Surfaces: Application to Joint Stability Evaluation, *Journal of Biomechanics*, 25-10 (1990), 1013–1029.

(14) Komistek, R.D., Kane, T.R., Mahfouz, M., Ochoa, J.A. and Dennis, D.A.: Knee Mechanics: A Review of Past and Present Techniques to Determine in vivo Loads, *Journal of Biomechanics*, 38-2 (2005), 215–228.

(15) Clauser, C.E., McConville, J.T. and Young, J.W.: Weight, Volume, and Center of Mass of Segments of the Human Body, *National Technical Information Service*, AD-710-622 (1969).

(16) 土屋和夫監修：(臨床歩行分析研究会編) 臨床歩行分析入門 (1989), 111–112, 医歯薬出版.

(17) 村上輝夫編著：生体工学概論 (2006), 8–17, コロナ社.

(18) 香田健史・勝原忠典・廣川俊二・大月彩香：人工膝関節運動の三次元モデル解析—第1報：人工関節置換膝の三次元力学モデル—，日本機械学会論文集 (C 編), 72-713 (2006), 153–160.

(19) 松野誠夫編：人工膝関節置換術—基礎と臨床— (2006), 65-84, 文光堂.

(20) Nakayama, K., Matsuda, S., Miura, H., Higaki, H., Otsuka, K. and Iwamoto, Y.: Contact Stress at the Post-Cam Mechanism in Posterior-Stabilized Total Knee Arthroplasty, *Journal of Bone and Joint Surgery*, 87-4 (2005), 483–488.

(21) Nakagawa, S., Kadoya, Y., Todo, S., Kobayashi, A., Sakamoto, H., Freeman, M.A.R. and Yamano, Y.: Tibiofemoral Movement 3: full flexion in the living knee studied by MRI, *J Bone Joint Surg*, 82-8 (2000), 1199–1200.

(22) 日垣秀彦・三浦裕正・岩本幸英：Mobile bearing TKA のキネマテックス，日本臨床バイオメカニクス学会誌，26 (2005)，345–353.

(23) 廣川俊二：体内における人工膝関節の動態計測，トライボロジスト，56-12 (2011)，758–764.

(24) Banks, S.A. and Hodge, W.A.: Accurate Measurement of Three-Dimensional Knee Replacement Kinematics using Single-Plane Fluoroscopy. *IEEE Transactions of Biomedical Engineering*, 43-6 (1996), 638–649.

(25) Zuffi, S., Leardini, A., Catani, F., Fantozzi, S. and Cappello, A.: A Model-Based Method for the Reconstruction of Total Knee Replacement Kinematics, *IEEE Transactions on Medical Imaging*, 18-10 (1999) 981–991.

(26) Mahfouz, M.R., Hoff, W.A., Komistek, R.D. and Dennis, D.A.: A Robust Method for Registration of Three-Dimensional Knee Implant Models to Two-Dimensional Fluoroscopy Images, *IEEE Transactions on Medical Imaging*, 22-12 (2003) 1–14.

(27) Wallace, T.P. and Wintz, P.A.: An Efficient Three-Dimensional Aircraft Recognition Algorithm using Normalized Fourier Descriptors, *Computer Graphics Image Processing*, 13 (1980) 99–126.

(28) Hirokawa, S., Hossain, M.A., Kihara, Y. and Ariyoshi, S.: A 3D Kinematic Estimation of Knee Prosthesis using X-ray Projection Images: Clinical assessment of the improved algorithm for fluoroscopy images, *Medical Biological Engineering & Computing*, 46-12 (2008), 1253–1262.

(29) For Orthopedic Injuries, a Robot that Follows Patients as They Move (http://news.ufl.edu/2006/01/19/joint-image/)

(30) Akagi, M.: Deep Knee Flexion in the Asian Population, Ed. by Bellemans, J., Ries, M.D. and Victor, M.K.: *Total Knee Arthroplasty*, Springer Berlin Heidelberg (2005), 311–316,.

(31) 総務省統計局平成 19 年国勢調査書

(32) Nakagawa, S., Kadoya, Y., Kobayashi, A., Tatsumi, I., Nishida, N. and Yamano, Y.: Kinematics of the Patella in Deep Flexion: Analysis with Magnetic Reasonance Imaging, *Journal of Bone and Joint Surgery*, 85-7 (2003), 1238–1242.

(33) 富田直秀：人工膝関節開発の基本理念，(シンポジウム：日本における新しい人工膝関節の開発)，臨床整形外科，34-2 (1999), 119–126, 医学書院.

(34) Zella, J., Barink, M., Malefijt, M.De.W. and Verdonschot, N.: Thigh-Calf Contact: Does it affect the Loading of the Knee in the High-Flexion Range?, *Journal of Biomechanics*, Vol.42, No.5 (2009), 587–593.

(35) Dahlkvist, N.J., Mayo, P. and Seedhom, B.B.: Forces during Squatting and Rising from a Deep Squat, *Engineering in Medicine*, Vol.11, No.2 (1982), 69–76.

(36) Akagi M, Nakamura T, Matsusue Y, Ueo T, Nishijyo K. and Ohnishi E.: The Bisurface Total Knee Replacement: A Unique Design for Flexion. Four-to-nine-year follow-up study. *Journal of Bone and Joint Surgery*, 82 (2000), 1626–1233.

(37) Bi-Surface, Total Knee System, KU Type, 日本メディカルマテリアル株式会社カタログ, Ver 7.0

(38) Ueo, T., Kihara, Y., Ikeda, N., Kawai, J., Nakamura, K. and Hirokawa, S.: Deep Flexion-Oriented Bisurface-Type Knee Joint and Its Tibial Rotation That Attributes Its High Performance of Flexion, *Journal of Arthroplasty*, 26-3 (2011), 476–482.

(39) 木原雄一・廣川俊二・上尾豊二：正座位における Bi-surface 型人工膝関節の位置・姿勢推定, 日本臨床バイオメカニクス学会誌, 30 (2009) 351–355.

(40) 廣川俊二・東藤貢・木口量夫・佛淵孝夫：完全深屈曲可能な人工膝関節の開発と評価, 日本臨床バイオメカニクス学会誌, 28 (2007), 225–231.

(41) Heinlein, B., Kutzner, I., Graichen, F., Bender, A., Rohlmann, A., Halder, A.M., Alexander Beier, A. and Bergmann, G.: ESB Clinical Biomechanics Award 2008; Complete Data of Total Knee Replacement Loading for Level Walking and Stair Climbing measured In Vivo with A Follow-up of 6–10 Months, *Clinical Biomechanics*, 24-4 (2009), 315–326.（元図を修正して使用）

(42) Orthoload, Loading of Orthopaedic Implants http://www.orthoload.com/main.php?act=home)（元図を修正して使用）

(43) Kutzner, I., Heinlei, B., Graichen, F., Bender A., Rohlmann A., Halder, A., Beier, A. and Bergmann, G.: Loading of the knee joint during activities of daily living measured in vivo in five subjects. *Journal of Biomechanics*, 43-11 (2010), 2164–2173.

(44) 廣川俊二・福永道彦・尹涛・河野谷仁：深屈曲からの立ち上がり動作を対象とした下肢の力学モデル解析, 日本機械学会論文集（C 編），76-770 (2010), 286–293.

(45) Ikai, M. and Fukunaga, T.: Calculation of Muscle Strength per Unit Cross-Sectional Area of Human Muscle by Means of Ultrasonic Measurement, *Europian Journal of Applied Physiology and Occupational Physiology*, 26-1 (1968), 26–32.

(46) 高桑宗右エ門・鈴木裕視・中川一刀・荒木高士・人見勝人：下肢の筋・骨格系に関する力学解析, 日本機械学会論文集（C 編），49-443 (1983), 1299–1305.

(47) Sasaki, M., Kiguchi, K., Yamshita, A., Ueno, M., Kobayashi, T., Mawatari, M. and Hotokebuchi, T.: Evaluation of Artificial Hip Joints with a Hip Joint Motion Simulator, *Proceedings of the 54th Annual Meeting of the Orthopaedic Research Society* (2008), Poster No.1744.

(48) Kiguchi, K., Hayashi, Y., Ueno, M., Kobayashi, T., Mawatari, M. and Hotokebuchi, T.: Generation of Artificial Hip Joint Dislocation by the Hip Joint Simulator Considering Joint Muscle Force and Joint Fluid, *Proceedings of the 57th Annual Meeting of the Orthopaedic Research Society*, (2011), Poster No.1003.

(49) Delp, S., Loan, P., Hoy, M., Zajac, F., Topp, E. and Rosen, J.: An Interactive Graphics-Based Model of the Lower Extremity to Study Orthopaedic Surgical Procedures, *IEEE Transactions on Biomedical Engineering*, 37-8 (1990), 757–767.

(50) Hill, A.V.: The Heat of Shortening and the Dynamic Constants of Muscle, *Proc. Roy. Soc.*, B126 (1938), 136–195.

(51) Chao E.Y.S.: Justification of tri-axial goniometer for the measurement of joint motion, *Journal of Biomechanics*, 13-12 (1960), 999–1006.

(52) Andriacchi, T.P., Alexander, E.J., Toney, M.K., Dyrby, C. and Sum, J.: A point cluster method for in vivo motion analysis: applied to a study of knee kinematics, *Journal of Biomechanical Engineering* 120-6, (1998), 743–749.

(53) Grood E.S. and Suntay W.J.: A joint coordinate system for the clinical description of three-dimensional movement; application to the knee, *Journal of Biomechanical Engineering* 105-2 (1983), 136–144.

(54) 宮崎信次・石田明允：関節の 3 次元的回転の記述について，バイオメカニズム学会誌, 15-4 (1991), 217–224.

(55) 熊本水頼編：ヒューマノイド工学, (2006), 東京電機大学出版会.

(56) Zavatsky A.B.: A kinematic-freedom analysis of a flexed-knee-stance testing rig, *Journal of Biomechanics*, 30-3 (1997), 277–280.

(57) Halloran, J.P., Clary, C.W., Maletsky, L.P., Taylor, M., Petrella, A.J. and Rullkoetter, P.J,.: Verification of predicted knee replacement kinematics during simulated gait in the Kansas Knee Simulator, *Journal of Biomechanical Engineering*, 132-8 (2010), 1–6.

第3章　生体関節と人工関節のバイオトライボロジー

村上輝夫

3.1　生体関節と人工関節におけるトライボロジー特性の重要性

　摩擦摩耗潤滑や軸受設計など,「相対運動を行いながら相互作用を及ぼしあう表面およびそれに関連する実際問題の科学と技術」は，トライボロジー (Tribology) と称されている．1966 年に英国において重要な科学技術分野として提唱[1]されて以来，世界中に普及した分野名である．とくに，生体系を対象とする場合には，D. Dowson, V. Wright により，バイオトライボロジー (Biotribology) として提唱[2]され，生体に関連した種々の摩擦現象が対象とされた．その中で重要な課題として，生体関節のトライボ性能の研究や人工関節におけるトライボ現象の解明が提示された．本章では，生体関節と人工関節の機能維持や耐久性向上の要となる科学技術であるバイオトライボロジー[3-5]の視点に立って，生体関節の巧みさや人工関節技術の現況と研究動向を紹介する．

　骨格系の可動関節は，滑膜関節 (synovial joint) と称されるが，その形態は多様であり，球関節，だ円関節，平面関節，蝶番関節，鞍関節などに分類される．図 3.1(a)[6]には球関節の例として股関節を示す．関節摩擦面は高含水軟質の関節軟骨 (articular cartilage) で覆われ，関節腔内に存在する関節液で潤滑される．可動関節は，関節形態および靱帯や関節包などの軟組織による拘束を受け，筋肉というアクチュエータで駆動される．とくに，下肢関節では日常の運動で体重の数倍の荷重や衝撃を受け，その面圧は数 MPa～10 MPa 以上にも達する．このような過酷な条件下でも，健全な機能を維持する生体関節は，生涯にわたり，摩擦係数 0.003～0.02 レベルの低摩擦に加えて低摩耗性（耐久性）を維持し，滑らかな運動を可能としている．

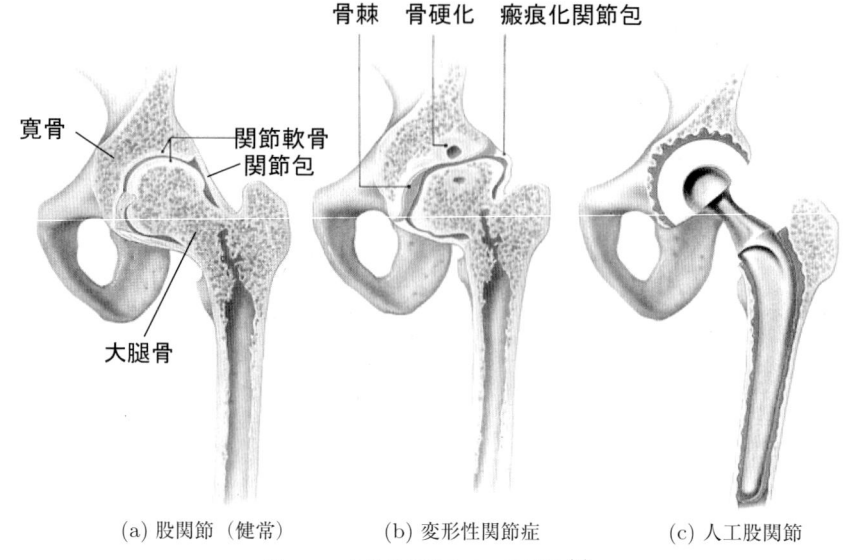

(a) 股関節（健常）　　(b) 変形性関節症　　(c) 人工股関節

図 3.1 生体股関節と人工股関節[6]

　このような優れた荷重支持能力と低摩擦・低摩耗特性を維持するには，骨端部を被覆する関節軟骨と下層の軟骨下骨・海綿骨構造および関節液の果たす役割が重要である．たとえば，歩行時には軟骨の弾性変形効果と関節液粘性効果に基づく弾性流体潤滑が低摩擦・低摩耗を実現し，薄膜潤滑時には固液二相潤滑や水和潤滑，境界潤滑・ゲル膜潤滑等が機能し，いわゆる「多モード適応潤滑」機構[7-11]として多モード・多階層の低摩擦・低摩耗機構を有している．なお，軟骨組織中に散在する軟骨細胞 (chondrocyte) は，軟骨組織の代謝制御を通して生体関節の優れた機能維持に寄与している．

　一方，特に老化にともない，荷重支持機能や潤滑機能が低下すると，関節軟骨の摩耗や損傷・変性が進行し，骨硬化・骨棘形成や関節面の変形を生じ，その結果，運動機能が低下し疼痛が発生する．このような変形性関節症（図3.1(b)）が進行すれば，歩行などの日常動作が困難になるため，今後の超高齢化社会への移行にともなう患者の増大が社会問題としても危惧されている．最近の推算では，全国では軽度の症例を含めると，2,400 万人以上の変形性関節症患者がいるとみなされている．東京大学 22 世紀医療センターの X 線撮

影調査(国内2地区)によると,50歳以上の男性の54%,女性の75%が変形性関節症だったとの衝撃的な報告[12]がなされており,変形性関節症の発症機構を解明し発症自体を抑止することが重要な課題となっている.症状が悪化し運動機能の低下や疼痛の発生に到った場合には自立的活動に困難を生じたり,「寝たきり」となる場合もある.このような症例に対しては,関節部位を生体適合性人工材料で構成される人工関節 (Artificial joint, Joint prosthesis)で置換する人工関節置換術を適用することにより運動機能の回復と除痛が可能となる.国内では人工股関節(図3.1(c)),人工骨頭,人工膝関節を主体にして年間約16万例の人工関節置換術が実施されており,極めて有効な臨床療法として定着している.しかし,とくに長期使用の場合には,人工関節摩擦面で発生する微小摩耗粉に対するマクロファージの異物応答が骨組織を変性させ,骨溶解 (Osteolysis) を生じさせる.その結果,究極的には人工関節の弛み (Loosening) を発生させる症例[13,14]が有り,再置換の問題が生じている.また,高摩擦の発生は緩みを促進させる.したがって,最新技術の導入による人工関節の低摩耗化・低摩擦化が強く要望されている.

人工関節の耐摩耗性や潤滑性能を根本的に改善するためには,生体関節の優れた潤滑機構を解明し,その機構を人工関節設計に反映させることが必要であり,各種材料組合せ・設計改良による性能改善や,生体規範の人工軟骨[3,10]による代替などの提案もなされている.また,軟骨細胞培養による軟骨再生が試みられ,動的静水圧負荷や圧縮負荷など[15,16]の機械的刺激による効果も報告されているが,現時点では正常な軟骨と同等な構造・機能の再生には到達していない.生体内における再生軟骨の負荷支持性や摩擦・摩耗特性を改善するためには,メカノバイオロジー (Mechanobiology) や再生医工学の視点から軟骨構造の再現や表面層の機能再生を検討する必要がある.

3.2 生体関節におけるトライボロジー

3.2.1 関節軟骨と関節液

荷重支持を担う摩擦面である関節軟骨と,潤滑液および軟骨細胞への栄養源としての関節液についての理解が必要とされるので,それらの組成構造・

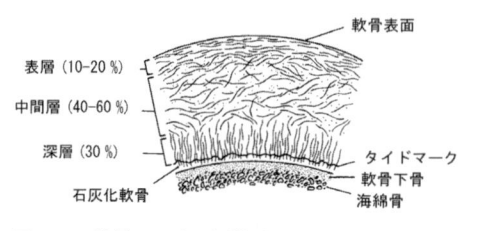

図 3.2 軟骨における層構造とコラーゲンの配向[17]

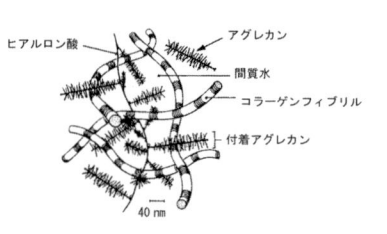

図 3.3 軟骨の細胞外マトリックス（コラーゲン・プロテオグリカン）[17]

物性などについて紹介する．

　生体関節のなかでも股関節・膝関節・足関節などの下肢関節は，歩行や走行などの日常運動の際には体重の数倍の荷重を受けながらも，生涯にわたり下肢の滑らかな運動を実現することに寄与している．図3.1(a) の股関節断面図に示すように，骨端部は荷重分散性や衝撃吸収性を有する海綿骨と，骨幹部外周を構成する骨密度の高い皮質骨で荷重支持されている．さらに，摩擦下で荷重を受ける表面は軟質・高含水性で潤滑性を有する関節軟骨で被覆された構造となっている．軟骨から海綿骨への移行部位では，図 3.2[17] に示すように，軟骨深層から石灰化軟骨・軟骨下骨・海綿骨と徐々に物性が変化する傾斜構造を有している．

　関節軟骨は，タイプ II を主体とするコラーゲン線維とプロテオグリカンを構成要素とする細胞外マトリックス（図3.3）および軟骨細胞から構成されており，70〜80％の水分を含有する軟組織である．海綿骨構造と相まって荷重分散・衝撃緩和作用を有するとともに，弾性変形効果により流体潤滑膜の形成を容易にし，吸着膜やゲル膜による表面保護作用も有している．コラーゲン線維は，軟骨表層では表層に平行に配向し，深層では石灰化層・軟骨下骨に直交する方向に配向（図3.2）しており，主として引張り荷重に対抗すると考えられている．プロテオグリカンは，保水性に富むコンドロイチン硫酸やケラタン硫酸がプロティンコア分子に結合し，長鎖のヒアルロン酸に結合した凝集体であるため，極めて高い保水性を有しており，主として圧縮荷重を支持する[18] とみなされている．コラーゲン線維とプロテオグリカンとの適宜な共存が軟骨組織の機能維持には必要となる．軟骨細胞は体積分率で10％以

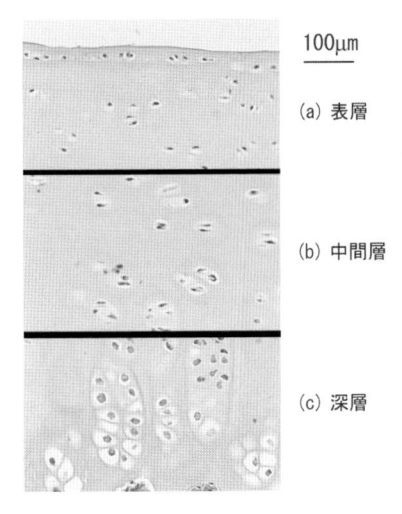

図 3.4 関節軟骨各層における軟骨細胞 (HE 染色像)[19]

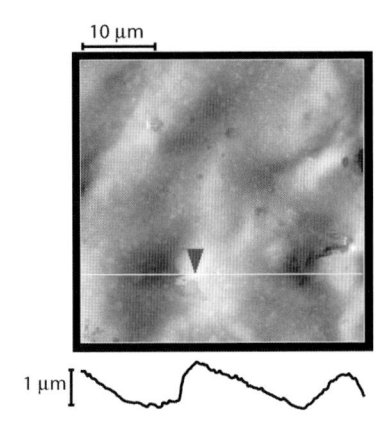

図 3.5 生体関節軟骨の AFM 像と白線部に対応する表面プロフィル[20]

下であり，弾性係数が細胞外マトリックスに比べると3桁程度低いため，荷重支持への寄与は少ない．図 3.4[19] の組織断面染色写真で示されるように，部位により形態や分布状態が異なり，その機能と役割が異なるものとみなされる．

軟骨表層の表面粗さは，潤滑モードの判定の際に重要な基準となるが，表面プロフィルの実測に際しては，いわゆる触針法における変形の影響や，大気中における乾燥・収縮の影響が危惧された．このような軟質材の表面プロフィル計測には，原子間力顕微鏡 (Atomic Force Microscopy, AFM) による液中での非接触的計測（タッピングモード）が適しており，図 3.5[20] に示すように，新鮮な軟骨は液中において高さ $1\sim2\,\mu\mathrm{m}$ 程度の凹凸を有するなだらかな表面であることが確認された．

軟骨組織の変形や応力などの力学特性の評価を行う場合には，弾性体（縦弾性係数：$1\sim20\,\mathrm{MPa}$ 程度）または粘弾性体としての単純化モデルで近似される場合もあるが，高含水性材料として液体による荷重負荷（流体圧発生）や輸送現象を考える場合には，固液二相理論 (Biphasic theory)[21] やイオン相を含めた三相理論などの適用が必要とされる．最近では，コラーゲン線維の

配向や軟骨細胞の存在の影響を考慮した力学解析の取組みが増えており，異方性や複雑構造の重要性が明確化されつつある．

図 3.1(a) に示したように，関節包と軟骨表面で囲まれた関節腔は潤滑機能に優れた関節液で満たされている．この関節包の内面の滑膜には，滑膜細胞が分布しており関節液の増粘成分であり軟骨基質の構成成分でもあるヒアルロン酸を産生している．また，関節液には，滑膜により濾過された血液成分が供給されており，潤滑成分および軟骨細胞への栄養成分として重要な役割を果たしている．したがって，関節液の主成分は血清成分を 30% 程度に希釈した濃度の血清タンパク（アルブミンやグロブリン類）やリン脂質，糖分などと，ヒアルロン酸であり，その粘性特性はヒアルロン酸の分子量と濃度に依存する．図 3.6[22] は，豚膝関節液の温度特性をヒト関節液の実測値と比較したものである．ヒトの関節液粘度が豚関節液より 1 桁程度高めになっているが，分子量は同程度（4×10^6 レベル）であり，ヒトの場合に濃度が 2〜4 倍高いことが粘性増加に寄与していると思われる．二足歩行を主活動とするヒトの関節では，進化の過程で関節液粘度が増大したとも推察されるが，詳細については系統的調査が必要とされる．いずれの関節液も顕著な非ニュートン粘性挙動を示しており，たとえば，低せん断速度下の軟骨面間の接近に対しては高粘性により接近速度を低減させ，10^5〜$10^6\,\mathrm{s}^{-1}$ の高せん断速度となる歩行時の下肢関節軟骨面間では関節液粘性が水の 2〜数倍まで低下し粘性抵抗の増大を抑止している．生体関節や人工関節の潤滑モード評価のために代替関節液が必要となる場合があるが，たとえば，主成分であるヒアルロン酸と主要蛋白であるアルブミンとの 2 成分のみの生理食塩溶液で代替すると図 3.7 に示すように粘性低下をきたす．一方，さらに γ グロブリンを添加することにより粘性の変化が抑制される．関節液は，多成分構成とすることにより粘性に関するロバスト性を維持しているとみなされる．また，関節液中には，軟骨表面に吸着膜を形成するリン脂質や糖蛋白複合体，血清蛋白などが含まれており境界潤滑作用として寄与する．

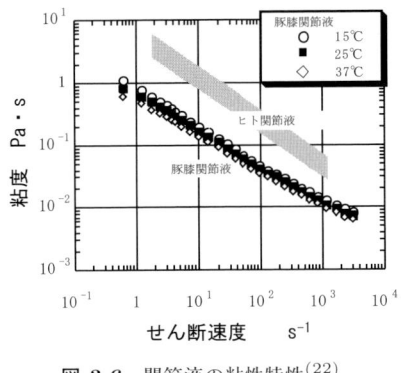

図 3.6 関節液の粘性特性[22]

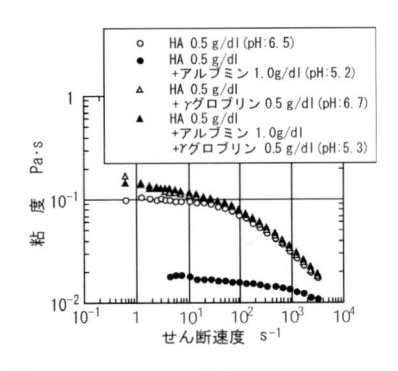

図 3.7 ヒアルロン酸 (HA) 溶液粘性に関する蛋白成分の影響[22]

3.2.2 生体関節の潤滑機構

A 生体関節における潤滑モードの多様性

生体関節の潤滑機構に関して，当初は，くさび作用による流体動圧効果を考慮した流体潤滑説と，軟骨表面の吸着膜が主役を演じる境界潤滑説との論争の時代[7]が続いた．しかし，この2説のみでは合理的な説明ができなかったため，軟骨内流体の滲出効果を重視した滲出 (Weeping) 潤滑[23]や，関節液の濃縮効果を考慮した押上げ (Boosted) 潤滑[24]，軟骨表面の弾性変形を考慮した弾性流体潤滑 (Elastohydrodynamic Lubrication, EHL) 説などが提案された．これらの諸説に対して，Dowson[7]や笹田[8]は，関節の荷重や速度が多様に変化することを考慮し，関節の潤滑モードは単一ではなく，作動条件に応じて多種の潤滑モードが機能するとの考え方を提案した．

たとえば，定常歩行時には流体潤滑が期待されるが，長時間立位静止後に始動する場合などでは，軟骨面間は接近し局所的な直接接触が生じ得る．そのような薄膜潤滑時に滲出潤滑がいかなる条件下で機能するかについては長年の議論があった．池内ら[25]は固液二相材料である健常な関節軟骨の透過率が非常に小さいため，局所的接触が発生し軟骨表面と内部間で大きな圧力勾配が発生した条件下でのみ内部液体の流出が生じ，潤滑に寄与することを指摘した．したがって，直接接触が生じていなければ，関節軟骨を弾性体としてモデル化できる．

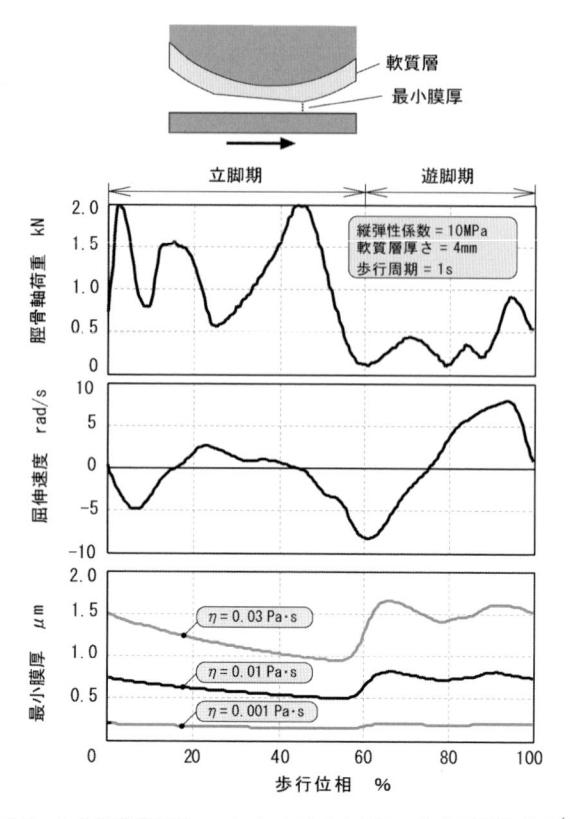

図 3.8 生体膝関節円柱モデルにおける歩行時の流体潤滑膜形成[11]

　歩行時など短時間で負荷を受ける場合には，流体動圧や軟骨間隙流体圧と固相弾性体の変形抵抗により荷重が支持されるが，軟骨を等価弾性率を有する弾性体モデルで近似すれば EHL 膜厚を算出できる．すなわち，定常歩行時には軟骨の弾性変形効果と関節液の粘性効果が EHL 膜形成に寄与する．高荷重低速の立脚期では，軟骨面が弾性変形しながら接近するため膜厚低減は緩やかでスクイズ作用の流体動圧により荷重が支持される．その後の低荷重遊脚期では，くさび作用により流体膜の回復が生じる．このように周期的な膜厚変化が生じ，立脚期の離床直前に膜厚が最小となることもわかった．膝関節を一定厚さの軟質層を有する円柱で模擬した場合の最小膜厚の計算例（粘度 η の異なる 3 種のニュートン粘性流体を仮定）を図 3.8 に示す．

第3章　生体関節と人工関節のバイオトライボロジー

関節軟骨
ソフトEHL

マイクロEHL

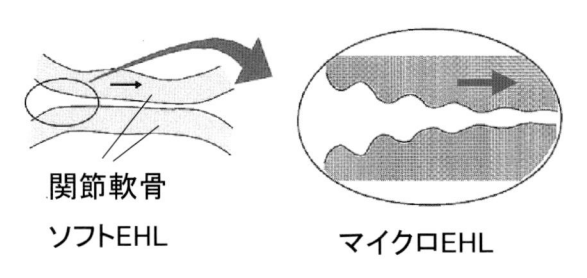

図 3.9　定常歩行における流体潤滑

　流体潤滑が可能となるためには，流体膜厚が摩擦面の表面粗さよりも厚い必要がある．流体膜厚は潤滑液粘度に依存するが，非ニュートン性の関節液は，歩行時の高せん断速度条件下では，0.01 Pa・s 以下になるため，ソフトEHL数値解析による最小流体膜厚は0.5～1 μm 程度となる．したがって，1～2 μm 程度の軟骨表面凹凸（図3.5，表面突起間干渉では両面を考慮）よりも薄くなり，流体潤滑が困難とみなされた．しかし，DowsonとJin[24]の数値解析により指摘されたように，負荷域では軟骨突起部が弾性変形により平坦化することにより摩擦面間の干渉が避けられる（マイクロEHL説）．したがって，歩行運動などでは，図3.9に示すように，流体潤滑膜形成により低摩擦・低摩耗が維持されるものとみなされる．

　一方，変形性関節症や関節リウマチが進行すると関節液中のヒアルロン酸の分子量低減や濃度低減に伴い粘性が低下し，流体潤滑膜厚が薄くなる．また，健常関節でも長時間静止立位時などには，スクイズ膜が徐々に薄くなり関節軟骨間で直接接触が発生し得る．

　まず，関節液粘度低下の影響を検討してみる．球面関節である新鮮豚肩関節の振子減衰試験（初期振幅：0.1 rad）により，潤滑液粘度（ヒアルロン酸(HA)の濃度）を変えて生体関節の摩擦特性を評価した測定例[10]を図3.10に示す．低荷重の100 N（平均面圧：0.25 MPa）と高荷重の1 kN（平均面圧：1.8 MPa）との新鮮軟骨の摩擦を比較すると顕著な違いがみられた．すなわち，低荷重100 Nの条件では，ストライベック曲線と称される下に凸の非線形摩擦特性を呈しており，〔粘度・滑り速度／荷重〕の中間値で摩擦の最小値を示し，右上がり域が流体潤滑，左部の高摩擦域が混合潤滑ないしは境界潤

滑域と判断された．一方，豚の体重（約 100 kg）相当の高荷重 1 kN の条件下では，低粘度域を含む全域で低摩擦を示した．これは臼蓋側半径に比べて骨頭側の半径が大きいために，荷重増により弾性変形が全域に広がり相互の形状適合性が改善するとともに，関節液の閉じ込め効果も強くなり流体潤滑膜形成が良好となるためと判断された．くさび膜形成に基づく従来のストライベック曲線の概念とは異なっており，高荷重に対処する生体関節の巧みさの一つである．

吸着膜の影響をみるために，洗浄剤により軟骨表面吸着膜を脱離させる（図 3.10 のプロット）と，境界潤滑に相当する低荷重低粘度域でのみ顕著な摩擦上昇が認められた．

通常の摩擦面では荷重増加により摩擦が増加するが，生体球面関節では低粘度潤滑液の場合に，厳しい条件と思われる高荷重の方が低摩擦を維持できた．すなわち，股関節や豚などの肩関節では，骨頭側の半径が相手面の臼蓋・臼か側の半径に比べて大きめになっており，低荷重負荷時には関節液を閉じ込めながら周辺部で局所的接触が発生し摩擦が上昇する．一方，高荷重の場合には軟骨面の形状適合性が増大するように弾性変形するため関節液を保持しやすい形状となり，弾性流体潤滑作用が有効になるとみなされる．したがって，図 3.10，図 3.11 の②に示すように，局所的な直接接触が生じる混合潤滑域（低荷重低粘度域）では，軟骨表面の吸着膜の有無が摩擦を変化させる．一方，潤滑液の粘度を高めることにより流体潤滑域へ移行させれば，吸着膜除去後でも摩擦が低減すること（図 3.11 の③）がわかる．本例は，変形性関節症に対するヒアルロン酸注入による潤滑モードの改善効果に対応する．なお，ヒアルロン酸注入治療は，粘性効果だけでなく，軟骨組織の修復に有効である点も重視すべきである．

境界潤滑作用を示す吸着成分としては，糖蛋白複合体[27]，リン脂質[28]や蛋白成分[29]などが提示されており，この混合潤滑域で摩擦上昇後の関節に対して，生理的濃度のリン脂質 Lα-DPPC（ジパルミトイルフォスファチジルコリン）や若干高濃度の γ-グロブリンを添加したところ，摩擦が改善（図 3.12[10]）した．一方，アルブミンを過剰に添加しても効果が無かったが，粘性低下（図 3.7）も影響した可能性がある．

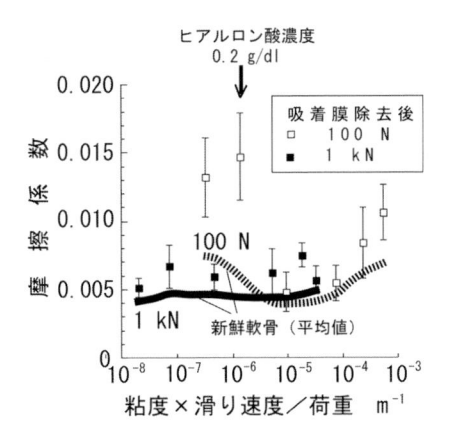

第 3 章　生体関節と人工関節のバイオトライボロジー

図 3.10 豚肩関節の振子試験における摩擦特性における吸着膜の影響[10]（$N=7$，エラーバーは標準偏差）

図 3.11 振子試験における吸着膜除去後の潤滑液粘度の影響

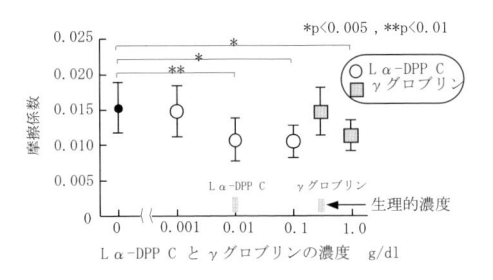

図 3.12 摩擦に対するリン脂質と蛋白の添加効果（$N=6$，エラーバーは標準偏差）[10]

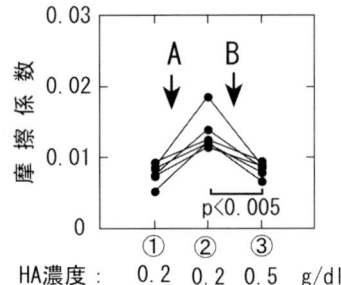

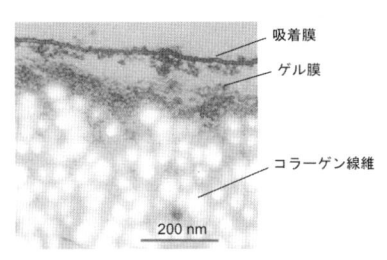

図 3.13 ラット膝蓋軟骨表面部断面の透過電顕像[30]

　図 3.13[30]に示すように，軟骨最表層は吸着膜で被覆されており，軽度の摩擦作用では吸着膜が脱離しても修復が可能であり，低摩擦低摩耗を維持できる．一方，過酷な摩擦にさらされると吸着膜の過剰な消耗をきたし，吸着膜の下層の軟骨表層部が直接接触を生じる．軟骨最表層下サブミクロン部は，コラーゲン線維や軟骨細胞を有せず，プロテオグリカンを主体とするゲル膜層で構成されており，低せん断特性を有していると推察された．後述するように，軟骨・ガラス平板間の摩擦—時間特性を追跡した実験により，最表層ゲル膜が低せん断特性を発揮して潤滑機能を果たすことが確認[31]された．

また，表面ゲル水和層が，粘性膜潤滑を拡張するとの考え方が，笹田[32]により提案されている．池内ら[33]は，軟骨極表層近傍におけるエバネッセント波（全反射界面から数十〜数百 nm 程度の近傍のみにわずかに染みだす光）の計測によりコラーゲン量を推算し，間欠摩擦試験において除荷静止時に水和が生じその後の摩擦が低減することを示した．また，Forster ら[34]は，固液二相潤滑[35]の視点から，混合潤滑・境界潤滑域では液性成分による負荷支持能力が薄膜潤滑の摩擦を規定することを指摘している．荷重負荷直後には，全負荷の 80〜90% を流体圧で支持する場合も多く，そのような表面部位では低摩擦を維持できる．とくに，固液二相潤滑[35-37]や水和潤滑[38]は関節における摩擦低減の巧みな機構であり，これらの潤滑機構に関する種々の研究が進展しつつあるので，以下に紹介する．

B 生体関節における固液二相性潤滑

生体関節の運動では，大別すると負荷部位が常時広範に移動する（ストロークが接触域に比べて十分長い）場合と，移動がない（少ない，あるいは微小振幅の）場合がある．ここでは，関節軟骨と剛体との往復動滑り摩擦試験に対する固液二相有限要素解析[39,40]を図 3.14 のモデルに適用した事例[41]を紹介する．関節軟骨のモデル化では，液相が 80% である固液二相要素について次の条件を付与した．

1) 固相弾性率の深さ分布（表層は柔らかく，深層は 20 倍程度高い剛性）[42]
2) 透過率の圧密効果（ひずみ増加による透過率の低減，圧密時の最小透過

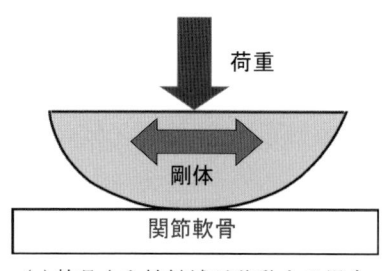

(a) 軟骨上を接触域が移動する場合　　(b) 軟骨上の接触域が移動しない場合

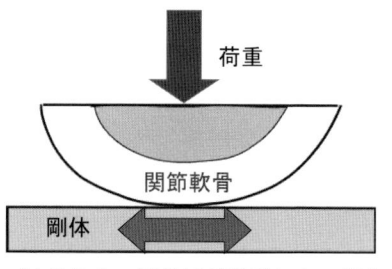

図 3.14　関節軟骨の接触域移動の有無を考慮した往復動摩擦

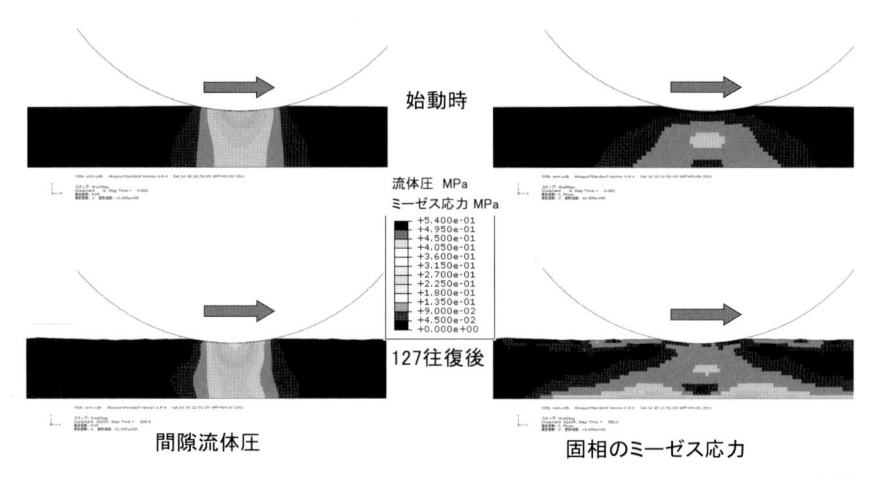

第 3 章 生体関節と人工関節のバイオトライボロジー

図中ラベル:
- 始動時
- 127 往復後
- 流体圧 MPa
- ミーゼス応力 MPa
- 間隙流体圧
- 固相のミーゼス応力

凡例値:
+5.400e-01
+4.950e-01
+4.500e-01
+4.050e-01
+3.600e-01
+3.150e-01
+2.700e-01
+2.250e-01
+1.800e-01
+1.350e-01
+9.000e-02
+4.500e-02
+0.000e+00

図 3.15 軟骨上を接触域が移動する場合の間隙流体圧と固相ミーゼス応力（口絵参照）[41]

率を設定）
3) コラーゲン線維に対応するバネ要素の付加

軟骨表面については，剛体との接触部位を除いて液体の透過を可能とし，軟骨背面（軟骨下骨部）は，非透過とした．軟骨層の厚さ：1.5 mm，円弧部半径：5 mm，荷重：0.5 N/mm，滑り速度：4 mm/s，ストローク：8 mm，周期：4秒，固体接触部の摩擦係数：0.2 とし，まず，ストローク中央で円柱面を接触させ，1秒間で全負荷を付与し，直後に往復運動を開始し，127 サイクルの間隙流体圧と固相ミーゼス応力の経時的変化を追跡した．

図 3.15 に軟骨上を接触域が移動する（軟骨側に荷重の負荷・除荷が繰返される）場合について，始動時と 127 サイクル（508秒）後の流体圧とミーゼス応力の分布を示す．ストロークが十分な長さを有する本条件下では，始動時から 127 サイクル後まで高い流体圧が維持されており，固相のミーゼス応力は低い値に止まっていることが確認される．軟骨内の液体の流れ分布の解析結果から，接触部周辺では内部液体の流出が認められるが，接触（荷重支持）部位が通過した表面域では液体の軟骨内への流入が確認され，除荷時における水和状態と変形の回復が示唆された．一方，図 3.16 には，軟骨上の接触域が移動しない（常時負荷の）場合の流体圧とミーゼス応力の変化を示す．

始動時

流体圧 MPa
ミーゼス応力 MPa
+5.400e-01
+4.950e-01
+4.500e-01
+4.050e-01
+3.600e-01
+3.150e-01
+2.700e-01
+2.250e-01
+1.800e-01
+1.350e-01
+9.000e-02
+4.500e-02
+0.000e+00

127往復後

間隙流体圧　　　　　　　　　　　　固相のミーゼス応力

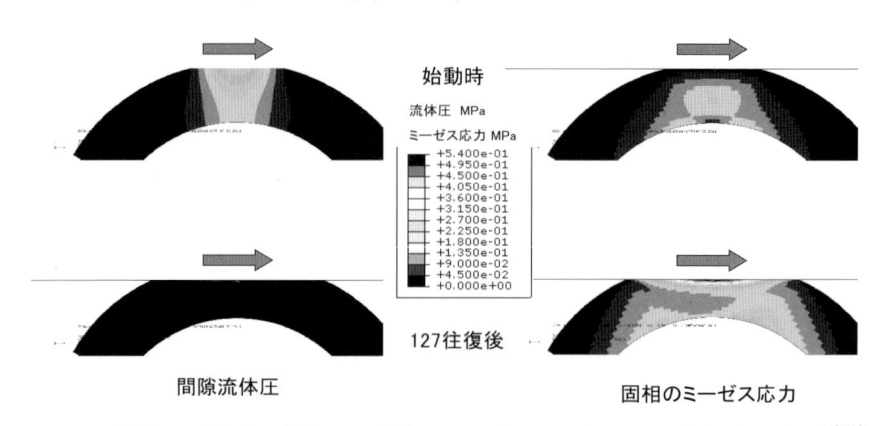

図 3.16 軟骨上の接触域が移動しない場合の間隙流体圧と固相ミーゼス応力（口絵参照）[41]

始動直後には高い流体圧が発生しているものの，127サイクル後には，間隙流体圧は低減し，代わりに固相のミーゼス応力が高くなり，軟骨の変形も過剰に進んでいることが注目される．液相の荷重支持分担率を算出すると，接触域移動の場合は，90%→83%の漸減に止まるのに対して，接触域が移動しない場合には，91%→27%に激減している．

以上の結果より，軟骨摩擦面内の保水状態と変形回復が可能なストロークが長めの条件下で接触域が移動する場合，流体潤滑による動圧効果を期待できない低速運動下でも，固液二相潤滑により荷重の大部が液相流体圧により支持される．その結果，低摩擦が維持され，表面損傷の発生も抑制されるものと期待される．一方，軟骨表面の接触域が移動しない場合には，固相の荷重支持率が急増し，摩擦の上昇や固相応力の増大が生じ，表面損傷の発生が危惧される．

固液二相潤滑理論に基づく摩擦係数 μ_{eff} の算定式については，荷重分担率に基づき，Athesian ら[36,37]により次式のように提案されている．

$$\mu_{\text{eff}} = \mu_{\text{eq}}(1-(1-\psi)W^p/W) \tag{3.1}$$

W：全荷重，W^p：流体圧による分担支持荷重，

μ_{eq}：固相接触部の摩擦係数，ψ：固相接触部の割合

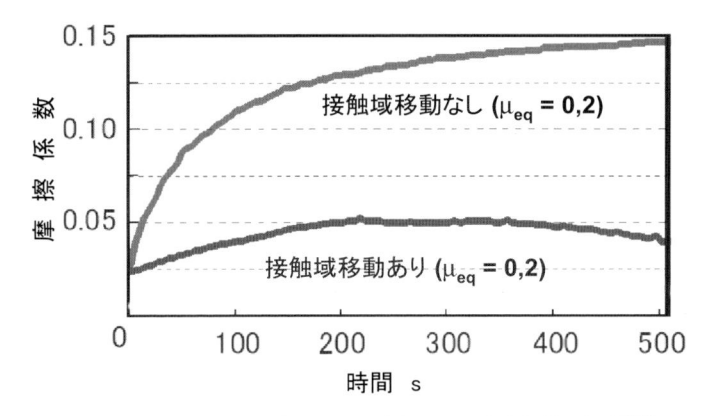

第 3 章 生体関節と人工関節のバイオトライボロジー

[グラフ: 縦軸 摩擦係数 0～0.15、横軸 時間 s 0～500。上側曲線「接触域移動なし ($\mu_{eq} = 0,2$)」、下側曲線「接触域移動あり ($\mu_{eq} = 0,2$)」]

図 3.17 関節軟骨の接触域移動の有無による摩擦特性の相違[41]

有限要素解析の結果を式 (3.1) に代入することにより求めた摩擦係数の経時的変化を図 3.17 に示す．この結果から，軟骨上を接触域が移動する場合には低摩擦（$\mu_{eq} = 0.2$ の場合には，0.05 以下，$\mu_{eq} = 0$ の場合には，0.01～0.02）が維持されるのに対して，接触域が移動しない常時負荷の場合には，摩擦が経時的に増大し高摩擦状態に移行することが明示されている．したがって，接触域が移動しない作動条件に相当する場合には，固相接触部の摩擦を低減し，軟骨母材の損傷を防止する手立てが必要となる．すなわち，吸着膜やブラシ膜，ゲル膜などによる潤滑機構の寄与が必要とされる．

このように生体関節では，作動条件の過酷さに応じて，階層性を有する多種の潤滑モードが交代的かつ協調的に機能しているとみなされる．すなわち，歩行時などでは流体潤滑が主役を果たす（図 3.8，図 3.9）が，薄膜潤滑下（図 3.18）では，固液二相潤滑や滲出潤滑，吸着膜やゲル膜による潤滑など，多種の潤滑機構が作動条件の過酷さに応じて機能し，低摩擦・低摩耗を維持していると考えられる．このような潤滑機構は，多モード適応潤滑 (Adaptive multimode lubrication)[9,10,41] と称され，生体関節システムにおけるフェイル・セイフ機構ともみなされる．以下では，各潤滑モードにおける低摩擦と低摩耗の機構の特徴について総括的な考察を行ってみる．

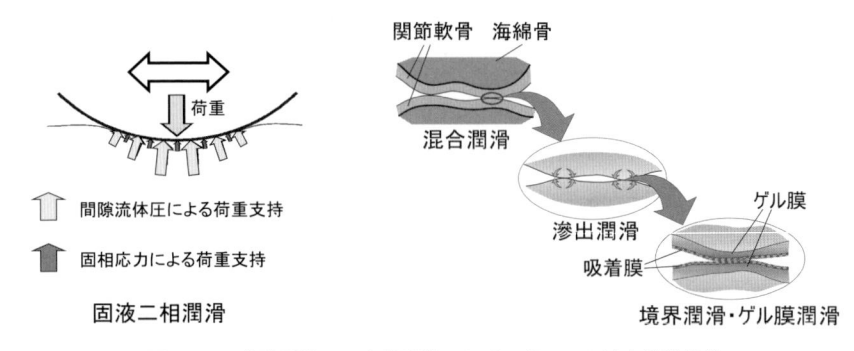

図 3.18　薄膜潤滑下の生体関節における多モード適応潤滑機構

C　生体関節における低摩擦性

生体関節において非常に低い摩擦（摩擦係数 0.003〜0.02 程度）を維持するためには，

(1) 摩擦面間における低せん断抵抗層の確保
(2) 摩擦面の変形に起因するヒステリシス損失の低減

が必要となる．後者については，健常な軟骨組織では，たとえば，歩行時の立脚期に体重の数倍の荷重を受ける位相では，低速運動の位相でも負荷速度はサブ秒であり，固液二相理論によれば，軟骨組織内の液体成分が負荷の 80〜90% 以上を分担支持し得る．そのため，固相の過大な変形を避けることが可能となり，繰返し荷重下でも弾性的挙動を示し，ヒステリシス損失の増大は避けられるようである．長時間起立後の始動時には，持続的な負荷作用により徐々に変形が進行するが，過酷な姿勢を継続しなければヒステリシス損失の増大は抑止できるものと思われる．ただし，軟骨組織が変性を生じ，粘弾性特性が変質するとヒステリシス損失が過大になる可能性がある．

低せん断層の確保としては，いわゆる流体潤滑モードでは，粘性流体膜自体が動圧を発生し全荷重を支持するとともに，低せん断層となる．関節液は，せん断速度が増大するにつれて粘性が大幅に低下するため，歩行時などの 10^5〜10^6 1/s の高せん断速度条件下でも粘性摩擦の増大を抑えて低摩擦を維持できる．

D　生体関節における水和潤滑と吸着膜形成

軟骨面間で局所的直接接触が発生する混合潤滑や境界潤滑モードでは，固体層間や分子間での低せん断すべり層として，吸着膜・ゲル膜や界面層がその機能を果たす．その実態については議論が進行中であるが，関節液中の潤滑性成分の補給（図 3.12）は，軟骨表面での吸着膜形成を促進し摩擦低減を可能とする．潤滑性の評価では，吸着膜強度とともに吸着膜構造のどの部位に低せん断抵抗層が存在するかを把握する必要がある．たとえば，アルブミンとγグロブリンの2種のタンパク成分が共存し，層状構造の吸着膜を形成した場合[43]（後述，図 3.43）を考えてみる．この場合には，軟骨表面に強い吸着膜を形成しやすいγグロブリンが軟骨表面の保護膜の役割を担い，せん断強度が相対的に弱いアルブミン分子層内，またはアルブミン・γグロブリンの界面で滑りが生じると推測される．関節液中のリン脂質としては，フォスファチジルコリンが主成分であり，細胞膜と同様に二分子膜を形成するのみならず，多層膜を形成することが報告されており，水溶液中では，二分子層の親水基面間では水分子が低せん断層を形成し，摩擦低減に寄与することが指摘されている．そのため，リン脂質の二分子層のみでは低摩擦の維持が困難であり，多分子層の存在が必要と思われる．上述の豚肩関節の摩擦試験（図 3.12）では，リン脂質 Lα-DPPC をリポソーム（リン脂質2重層から構成される小胞）として添加供給し摩擦低減を確認できたが，摩擦下では多層膜としての摩擦低減作用が機能していたと推測される．

軟骨の同一領域に常時荷重が作用する場合に摩擦を継続すると，固液二相潤滑の効果が漸減し固体接触部では吸着膜の形成状態が摩擦摩耗挙動を支配すると思われる．そこで，関節軟骨（楕円体）／ガラス平板間の往復動試験において，ある程度の流体潤滑効果も期待される滑り速度 20 mm/s レベルの往復動摩擦試験により評価を行った事例[44,45]を紹介する．一定荷重下で摩擦試験を継続すれば，摩擦面間では経時的に直接接触の増加が予測されるが，ゲル膜が維持されるならば水和潤滑の効果が期待される．一定荷重下で新鮮軟骨の摩擦運動が行われる場合には，図 3.19 に示すように，潤滑液により摩擦レベルは異なるが，いずれでも局所的直接接触域の拡大をともないながら

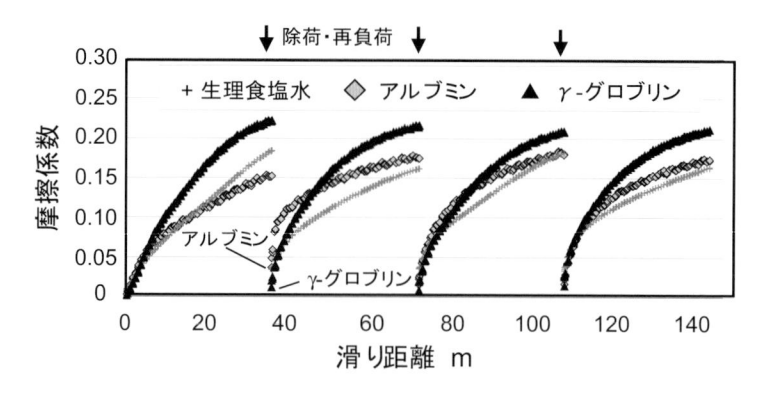

図 3.19 除荷・再負荷再始動を含む軟骨・ガラス間往復動摩擦特性[44]

摩擦が漸増する．この経時的変化は，上述の固液二相潤滑理論の (3.1) 式で予測されたように，間隙流体圧による支持荷重が漸減する摩擦漸増挙動と類似しているが，本条件下の 36 m (30 min) 摩擦時点では平衡状態に漸近しておらず過渡状態に相当する．本試験では，除荷の効果と潤滑モードの関連を検討した．たとえば 30 min 摩擦後に 5 min 程度の除荷を行った場合には，軟骨の変形がかなり回復するとともに軟骨表面で再水和が生じたと思われ，再負荷直後の再始動時には摩擦が明らかに低減した (図 3.19)．再始動後も摩擦を継続すると初回 (0 m 以降) と同様に摩擦が増大する現象が観察され，タンパク成分を含有している場合には，生理食塩水よりも高めになっており，とくに γ グロブリンの場合に高い摩擦となった．そこで，$36\,\mathrm{m} \times 4$ の摩擦試験を繰り返した後で，γ グロブリン溶液潤滑試験の軟骨表面について AFM による摩擦面観察 (図 3.20) を行ったところ，軟骨表面はかなり平滑な状態を維持しており，除荷後の吸着膜の回復 (生理食塩水より低い再始動摩擦) も良好であり，母材保護作用を果たしたものとみなされた．このように，0.2 を超える高い摩擦係数を示した状態では，経時的に潤滑膜が薄膜になり，液相による流体圧も低減し，固相・固相による荷重支持が主体になるため，両摩擦面上に残存する吸着分子間の強い相互作用が増大したものと考えられる．すなわち，吸着タンパク分子間のせん断抵抗により高摩擦を示したものの，摩擦面の軟骨母材の損傷は抑制されており，薄膜潤滑状態で吸着膜による境界

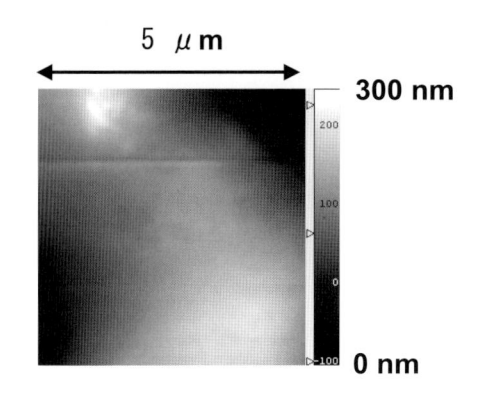

図 3.20 繰返し往復動摩擦試験（γ グロブリン溶液）後の軟骨表面 AFM 像[44]

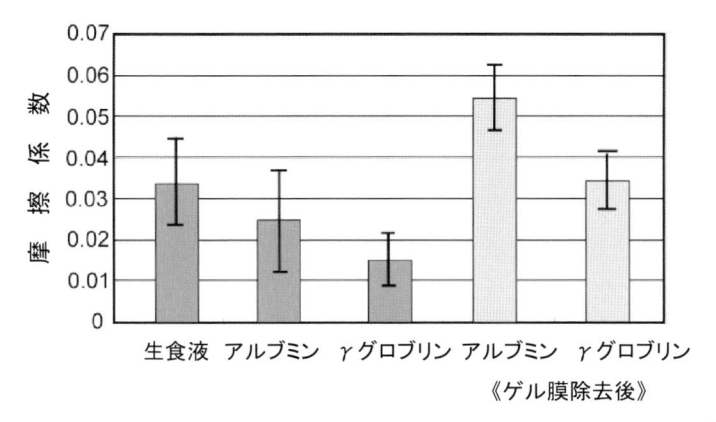

図 3.21 除荷・再始動後の最小摩擦への吸着膜の影響（エラーバーは標準偏差）[44]

潤滑モードの保護作用が主役を果たしたものと判断される．タンパク成分の存在は，潤滑モードの厳しさ（流体膜厚の大小）により，低摩擦作用と高摩擦作用の二面性を有することを留意すべきである．

　一方，20 mm/s の条件下でも生理食塩水中において長期の摩耗試験を行うと新鮮軟骨の表面ゲル膜を強制的に消耗できる．そこで，このゲル膜除去後の試験片で同様な除荷・再負荷の繰返し往復動試験を行うと，図 3.21 に示すように除荷による摩擦低減は起こるものの，再始動摩擦のレベルは新鮮軟骨よりも高めになり，摩擦レベルにはタンパク吸着膜の特性が影響した．すなわち，表層ゲル膜が一部削除された軟骨の再始動では最小摩擦が高めとなる

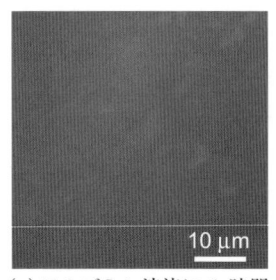

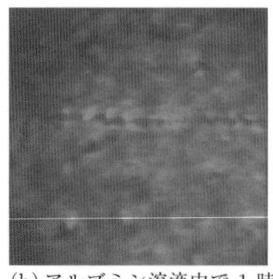

(a) アルブミン溶液に1時間　　(b) アルブミン溶液中で1時　　(c) γグロブリン溶液中で1時
　　浸漬後の軟骨表面　　　　　　　間摩擦試験後の軟骨表面　　　　間摩擦試験後の軟骨表面

図 3.22　軟骨表面の吸着膜形成蛍光像（口絵参照）[44]

ことより，新鮮軟骨における表面ゲル膜の摩擦低減効果を確認できる．この場合にも，再始動摩擦では，吸着性に優れる γ グロブリンが存在すればアルブミンよりも低摩擦を示した．

軟骨表面へのタンパク成分の吸着については，蛍光染色したタンパク成分を潤滑液成分として使用することにより，その場観察や事後観察から成分や摩擦表面による吸着挙動の違いが確認された（図3.22）[44]．一般に潤滑液に軟骨を浸漬しているだけでは1時間浸漬後でも吸着量は少ないが，適切な摩擦作用を受けた部位では吸着膜形成が促進されることが確認され，アルブミンよりも γ グロブリンが吸着しやすいこともわかった．

なお，タンパク成分吸着膜の存在により再始動摩擦が低減する現象は関節液の合理性という視点から考えると理解しやすいが，薄膜潤滑条件下でタンパク成分の存在により摩擦が増大する現象（図3.19）は見過ごせないことである．これらは，タンパク成分の二面性を反映している現象であり，たとえば，水溶液中でタンパク分子の親水基が表面に分布する状態の吸着膜を形成している場合には吸着膜表面近傍では水分子層を含む低せん断層が維持され低摩擦となる．一方，相対する摩擦面の吸着分子同士が直接に強く干渉する薄膜潤滑状態では，タンパク分子の2次構造（α ヘリックスや β シートなど）の変化や3次構造の折りたたみ（フォールディング）の変化にともなう疎水基の露出も生じる．そのため，タンパク分子同士の接着作用が強くなり大きいせん断抵抗を示し摩擦が増大すると考えられる．薄膜状態でも低摩擦を維

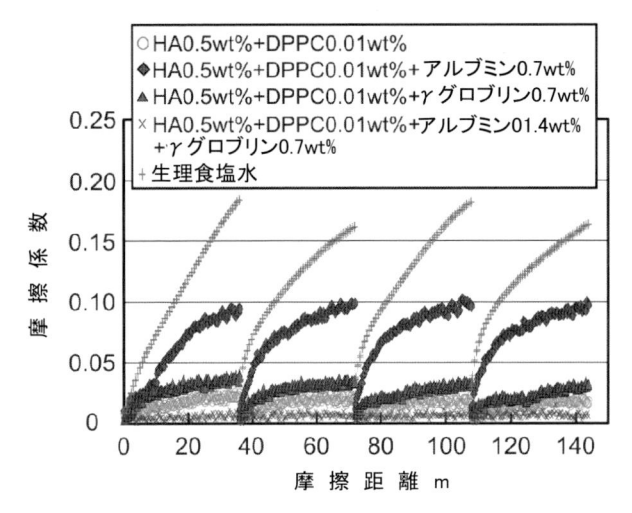

図 3.23　除荷・再負荷再始動を含む軟骨・ガラス間往復動摩擦特性

持するためには表面膜構造に低せん断層を有する必要がある．そこで，生体環境に近い評価をするために，関節液の潤滑性主要成分として，次の3種の組合せを変えてそれらの摩擦低減効果について検討した．

- ヒアルロン酸
- 血清タンパク（アルブミン，$\alpha_1 \sim \gamma$ グロブリン）
- リン脂質（フォスファチジルコリン，スフェンゴミエリンなど）

ここでは，前述の往復動試験において，潤滑剤主要成分について複数の組合せ条件で評価した．摩擦挙動の代表例[46]を図3.23に示す．増粘作用を有するヒアルロン酸(HA)のみを添加した場合には，最終摩擦係数が0.12～0.13程度に低下するだけであり[45]，リン脂質 $L\alpha$-DPPC (0.01 wt%) のみが存在する条件下でも 0.10～0.11 程度に止まった．HA と DPPC が共存する混合溶液では複合体も形成されるようであり，潤滑作用が有効に機能し，顕著な摩擦低減をもたらした．ただし，摩擦継続にともない摩擦の微増が観測され，最終的には 0.02 レベルとなった．

一方，DPPC添加HA溶液にタンパク成分1種を追加するとタンパク種に応じて干渉作用が生じるらしく，摩擦は高めとなった．とくにアルブミン添

加の場合には，pH7付近ではアルブミンおよびHAとも負電荷となり競合状態にあると思われ最終摩擦係数が0.09〜0.1レベルの高摩擦となった．γグロブリン添加の場合の最終摩擦係数は0.035レベルであった．単一タンパクのHA溶液[45]と比較するとDPPCの添加により摩擦が1/2〜1/3に低減しており，共存タンパク種により程度が異なるがリン脂質による摩擦低減効果は認められた．

アルブミンとγグロブリンは，楕円体状の球状血清タンパクであり，分子サイズや分子量が異なるとともに，アルブミンはαヘリックス構造が多く，γグロブリンはβシート構造が多い．また，疎水基の含有率はγグロブリンの方が高く，健常関節液のpH7.3〜7.4領域[3]では，γグロブリンは等電点に近く，正に帯電しているのに対して，アルブミンは常に負に帯電しているなど多様な相違点を有している．さらに，上述のように，関節軟骨表面では，γグロブリンの方が強固な吸着膜を形成する．

このような特性の異なる複数のタンパク成分を含めて，関節液成分により近い組成としてHA 0.5 wt％＋DPPC 0.01 wt％にアルブミン1.4 wt％＋γグロブリン0.7 wt％を含有する潤滑液で摩擦試験を行うと，最も低い摩擦状態（図3.23）を実現することができた[46]．経時的にも摩擦係数0.01レベルの低摩擦を維持しており，式(3.1)におけるμ_{eq}が非常に小さいことに対応する．これは，適正な多成分の共存により，母材保護層と低せん断層を有する吸着膜構造が形成されたためと推察され，関節軟骨が健全な状態を維持する境界潤滑状態の再現とみなされる．

E 生体関節におけるゲル膜潤滑

このような吸着膜も過酷な摩擦にさらされると脱離を生じうるし，潤滑液組成が異なったり軟骨表面が変性すると吸着膜構造も脆弱となり脱離を生じると考えられるため，軟骨表面のフェイル・セイフ機構として代替バリアの仕組みが必要とされる．関節軟骨（楕円体）とガラス平面間の往復動摩擦試験[31]において，流体潤滑効果が抑制される低速5 mm/s条件（平均面圧は0.13 MPa）で生理食塩水潤滑下で往復動摩擦試験を行ったところ，実験開始時には，摩擦係数が0.01〜0.02程度の低摩擦が観測されたが，実験継続に伴

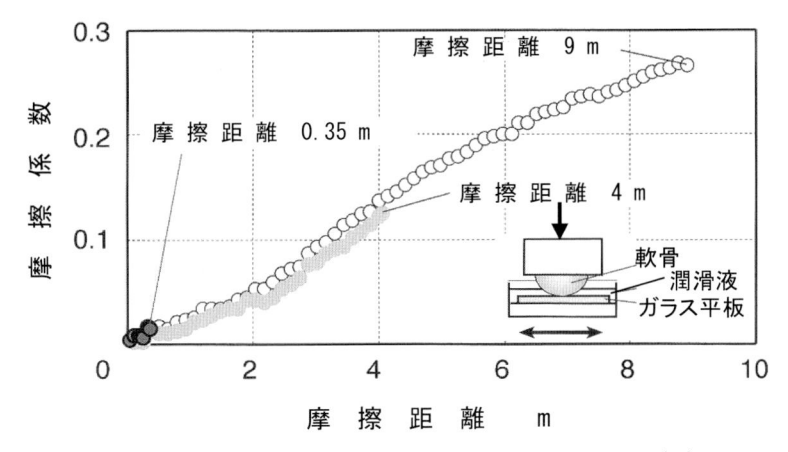

第 3 章 生体関節と人工関節のバイオトライボロジー

図 3.24 軟骨・ガラス間の往復動摩擦試験における摩擦挙動[31]

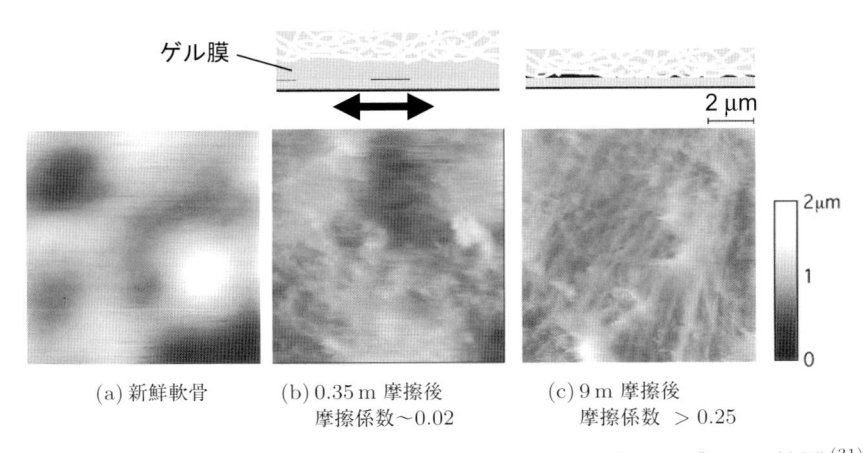

(a) 新鮮軟骨　(b) 0.35 m 摩擦後 摩擦係数 ～0.02　(c) 9 m 摩擦後 摩擦係数 > 0.25

図 3.25 軟骨・ガラス間の往復動摩擦試験における軟骨表面 AFM 像とゲル膜モデル (上図)[31]

い，摩擦が漸増した (図 3.24)．摩擦の経時的変化は，図 3.17 とは若干異なった．低摩擦時点および高摩擦時点で試験を中断し，軟骨表面を AFM で観察したところ，表面構造の顕著な変化を確認できた．ゲル膜が残存すれば低摩擦を維持できる (図 3.25(b)) が，摩擦の繰返しによりゲル状層が損耗すると，高摩擦状態 (本例では，摩擦係数 > 0.25) となり，下層のコラーゲン線維層が露出していることが観測された (図 3.25(c))．このように，吸着膜が脱離

した軟骨表面では，軟骨表層の潤滑性ゲル膜（図3.13）の修復[31,44,45]は，その機能維持に重要であると思われる．

このゲル状層の主成分は，プロテオグリカンとみなされ[47]，保水性に富んでおり，水和潤滑作用を有するとともに，ブラシ構造も取るためブラシ膜としての浸透圧による荷重支持性も期待されるため，低摩擦・低摩耗の役割を果たすと思われる．また，上述のように，吸着膜が脱離しゲル状層が直接にせん断作用を受ける場合には，コラーゲン線維を含む軟骨母材組織よりもせん断抵抗が小さいためにゲル状層が残存していれば固体潤滑剤と類似の機構により摩擦の急増を防いでいる．一方，固体・固体接触部の吸着膜脱離に続いてゲル状層もせん断作用ではく離を生じると，その下層のコラーゲン線維同士の摩擦相互作用により損傷が急激に進展すると思われる．ゲル状層を部分的に削除した軟骨試験片の摩擦試験を行ったところ，同じ潤滑剤を使用した新鮮軟骨に比べると摩擦の上昇が認められた（図3.21）．このように，吸着膜による境界潤滑と軟骨組織による固液二相潤滑や水和潤滑，固体潤滑が併存する摩擦状態では，吸着膜と摩擦面との適合性が重要であり，とくにゲル状膜では，コラーゲン線維が露出しない軽度の損傷に止まっている時点での修復の有無が機能維持のために重要になることが示唆される．

上述のように，吸着膜離脱後の過酷な条件下で低摩擦・低摩耗を維持するためには，プロテオグリカンを主成分とするゲル膜の修復[31,38]が重要であり，さらに吸着性成分の存在も必要とされる．プロテオグリカンは，軟骨細胞により産生される糖蛋白複合体であり，とくに摩擦刺激を感知した表層の軟骨細胞が補給産生することが期待される．このような修復機構の詳細は不明であるが，著者らの軟骨細胞培養試験による知見を紹介する．単離した軟骨細胞をアガロースゲル複合体として培養し，試験片の剛性が増大した場合には，プロテオグリカンやタイプⅡコラーゲンの産生が増加している[48]ことを確認できた．本条件下では，免疫染色法により分布を観察すると，コラーゲンが細胞周囲に止まる傾向があるのに対して，コンドロイチン硫酸やケラタン硫酸が細胞周囲に構造を形成するとともに周辺にも組織を形成していること（図3.26）が認められており，軟骨細胞により産生されたプロテオグリカンが拡散作用などにより表層ゲル膜として修復し得ることを示唆している．

軟骨細胞部位

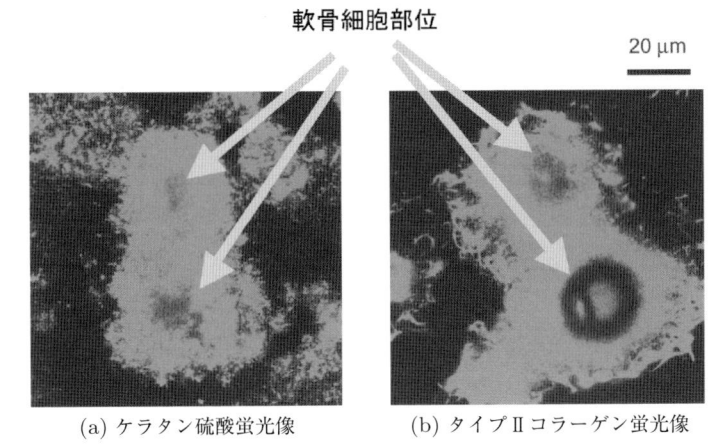

20 μm

(a) ケラタン硫酸蛍光像　　(b) タイプⅡコラーゲン蛍光像

図 3.26　培養軟骨細胞周囲の細胞外マトリックスの分布（22 日後）[48]

とくに，適宜な繰返し摩擦刺激[49]を与えると，しゅう動部位でのⅡ型コラーゲンや表層付近のケラタン硫酸の産生促進が観察された．

F　関節軟骨表層の重要性

さらに，表面層の軟骨細胞は，中間層や深層の軟骨細胞と異なり，潤滑性の Proteoglycan 4 (PRG4) を産生すること[50]が指摘されており，軟骨細胞に対する摩擦刺激が PRG4 の産生を促進すること[51,52]が報告されている．また，軟骨表層部では，PRG4 と Aggrecan を含むポリマーブラシ相の共存（図 3.27）[53]が提案されており，摩擦プロセスにおける軟骨細胞の応答挙動や表面構成成分の挙動解明[54]を含めて今後の究明が必要とされている．なお，PRG4 は，潤滑性を有する糖タンパク複合体であり，Superficial Zone Protein (SZP) やルブリシン (Lubricin) とも称されてきた．著者らも単離したルブリシンを HA 溶液に添加することにより軟骨の摩擦が半減する事例を確認したが，血清タンパク成分やリン脂質の吸着構造とは異なり，高分子電解質ブラシ (polyelectrolyte brush) 構造の表面層を形成すると推察される．詳細な表面構造の解明が必要とされるが，たとえば，母材のプロテオグリカンと強固につながる部位と，表面側の潤滑性を有する部位が適宜に配置され，図 3.27 のようにブラシ膜としての構造を形成できれば，良好な潤滑性表面層が構成

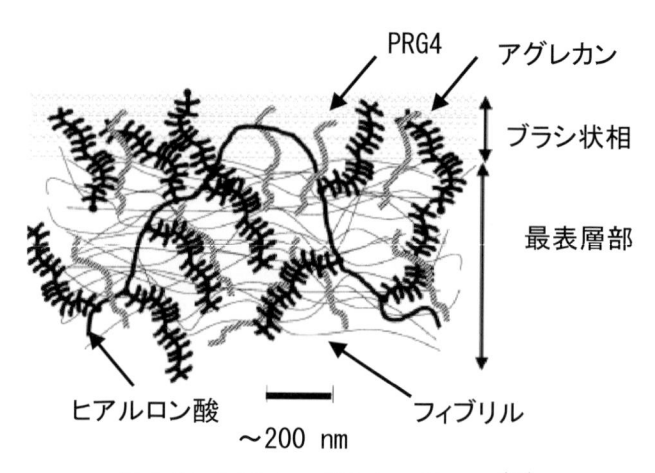

図 3.27 J. Klein の表面ブラシ相モデル[53]

されると思われる．なお，実際の摩擦面では，さらに関節液成分のリン脂質やタンパク質，ヒアルロン酸などから構成される吸着膜が形成されることを留意する必要がある．

とくに，摩擦状態を軟骨細胞が感知して潤滑性分子を産生することは，生体システムの多様な防御機能を示唆する事例とも思われる．メカノトランスダクションを含む一連の機構の詳細については，今後に解明されると期待される．

3.2.3 生体関節におけるトライボ機能の維持について

上述のように，生体関節は，多種・多様な潤滑機構を有しており，作動条件の過酷度に応じて各種の潤滑機構が協調的に機能する場合には，生涯にわたり低摩擦・低摩耗を維持できると考えられる．一方，とくに加齢にともなう変形性関節症の発症に関しては，潤滑機能の低下が誘因となる可能性がある．生体関節の潤滑機能の維持をはかるためには，

- 滲出潤滑や固液二相潤滑における流体圧発生がどの程度寄与し得るのか
- 吸着膜・ゲル膜・ブラシ膜を含む軟骨表層の自己組織化は摩擦下でいかになされるか

- ヒアルロン酸・極性成分の注入は有効か
- 薄膜状態における関節液の実効的粘性・粘弾性は水和潤滑機構との関連でどの程度機能するのか
- 軟骨表面の変性や修復の機構において細胞外基質中に分布して存在する軟骨細胞がいかに寄与するか

などの課題を解明する必要がある．とくに，軟骨細胞や滑膜細胞に対する力学的刺激の影響についてシグナル伝達システムを把握し，組織成分産生を通して軟骨の機能・構造の維持や機能低下に関与する代謝系や遺伝子情報[55]を含めて，生体システムとしての関節についての総合的考察が必要となろう．関節の摩擦部位は閉じたスペースで自立して機能する必要があり，ナノサイズの分子レベルから，マイクロサイズの細胞・細胞外組織レベルと軟骨組織や関節全体を対象とするマクロな視点にわたる多階層の連携的機能実現が重要であり，関節液組成を含む最適な構造の維持がトライボ機能の維持に寄与すると思われる．

生体関節のトライボ機能の巧みさについて理解を深めていただければ幸いである．

3.3 人工関節におけるトライボロジー

3.3.1 人工関節におけるトライボロジーの重要性

過度の摩耗や変性を生じた生体関節は，運動機能回復や除痛のために人工材料で構成された人工関節で置換される．臨床適用例の大部分は，人工股関節，人工骨頭と人工膝関節であるが，足・肩・肘・手・指関節についても各種の人工関節が使用されている．骨部への固定法にはセメントタイプとセメントレスタイプがあり，人工関節とセメントあるいは骨との界面におけるMicromovementや弛み発生には摩擦現象が関連するが，ここでは，とくに摩擦面のトライボ問題[5]に着目して議論する．

人工関節置換において摩擦面を人工材料で置換する場合には，軟骨代替材料として生体関節軟骨と同等な実用材料は存在しなかったために，材料物性のかなり異なる材料が使用された．形状設計の視点においては，生体類似の

荷重支持と可動域を再現するために，スペースの制限もあり，生体関節を単純化した形態のものが使用された．開発初期には耐食性材料としてのステンレス鋼（1912年），Co-Cr-Mo合金（1929年）や各種高分子材料の登場にともない，メタル・メタル製人工股関節や，各種人工骨頭，蝶番式（金属製）人工膝関節などが臨床応用された．メタル・メタル人工股関節は球面軸受に相当するが，初期の製品の真球度・半径すきま・表面粗さから判断すると流体潤滑モードの維持は困難であったと推定され，金属間の高摩擦は弛みの誘因となり，全般的に良好な成績は得られなかった．また，初期の蝶番型の膝関節は，二次元的な屈伸運動のみに対応する構造であったため，生体の三次元的な運動に対応できずに，折損や緩みをきたした．

このような背景の中で，生体関節では境界潤滑が主体であるとみなしていたチャンレー（J. Charnley）[56]は，低摩擦（低摩擦トルク）人工関節のアイデアの実現を試みた．まず，ステンレス鋼製骨頭に対して軟骨代替低摩擦人工材料としてPTFE（テフロン）を寛骨臼蓋ソケット側に使用したが，PTFEの耐摩耗性が不良であったために，短期の使用で過大な摩耗（年間2～3 mm深さ，図3.28(a)）を生じてしまった．多量で大径の摩耗粉は，生体反応も誘発した．実験室（水潤滑）評価で良好な耐摩耗性を示したガラス繊維強化PTFEなどを試みたが，生体内では摩耗を生じた．1962年当時，対策に苦慮していた彼のもとに，関節液潤滑下でPTFEよりも摩擦は若干高めであるが，耐摩耗性に優れた超高分子量ポリエチレン UHMWPE (Ultra-high molecular weight polyethylene) が持ち込まれた．この材料の導入により，年間の摩耗深さが0.05～0.2 mmのレベルまで抑えられ（図3.28(b)），その結果，人工関節置換術は世界中に普及した．

なお，摩擦トルク低減の目的により，骨頭直径が小さめ（22 mm）に設定されたために，摩擦距離の短縮による摩耗の低減（Holmの法則：摩耗量は荷重と滑り距離に比例）やポリマーの厚みの増大という利点もあったが，接触面圧は高めになった．人工関節と骨との固定にはPMMA系骨セメントが使用された．その後，人工股関節では面圧低下や流体潤滑効果[3]，脱臼抑止のために，骨頭径の増大化も実施された．

人工膝関節は，拘束性の強い蝶番型と，若干の自由度を許容する半拘束式，

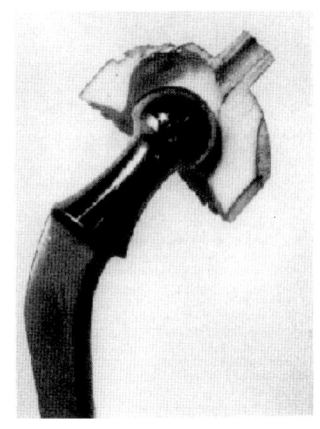

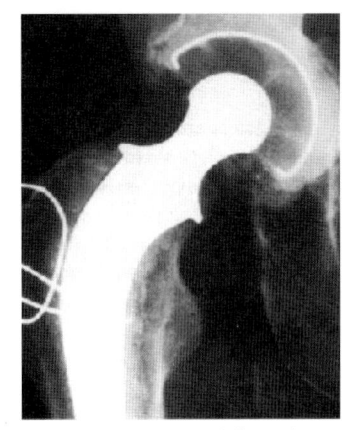

(a) PTFE 術後 3 年   (b) UHMWPE 術後 11 年
図 3.28　人工股関節臼蓋材料の変遷[56]

かなりの運動自由度を許容する表面置換型の解剖学的デザイン，および半月板の可動性を導入したモバイル型に大別される．開発初期の蝶番型は生体の三次元的運動への適応が不可能であり，折損や緩みが発生したために，表面置換型が主体となった．金属またはセラミック製大腿コンポーネントと UHMWPE 製脛骨コンポーネントを組み合わせた解剖学的デザインが主体であるが，最近では，第 2 章に紹介されているように，正座の可能な深屈曲可能なデザインの開発が進められつつある．一般には，屈伸に応じて転がり－滑り運動を行う形態が多く，伸展位での形状適合性を重視しているため，とくに屈曲位では高接触面圧となり，疲労性はくり摩耗（デラミネーション）[57,58]の発生（図 3.29）が問題となっている．この表面損傷は，運動時の繰返し接触応力が UHMWPE の降伏応力を越えるレベルにあることに起因しており，形状の最適化や疲労強度改善が必要とされている．

近年では，人工関節材料の材質・仕上げ精度の向上や，形状・固定法・術式の改善などにより 10～20 年以上の使用実績が得られているが，一部では，人工関節・骨（または骨セメント）界面での弛みや過大摩耗の発生により再置換例も生じている．摩耗粉，とくにサブミクロンサイズのポリエチレン摩耗粉が周囲組織・マクロファージの強い炎症反応を引き起こし，ついには骨

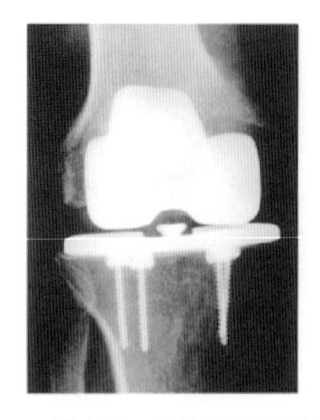

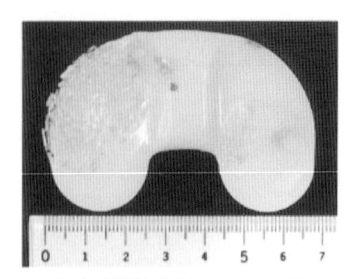

図 3.29 人工膝関節（右膝内側）におけるデラミネーション[58]

表 3.1 生体関節と人工関節（UHMWPE製）の比較

	生体関節	人工関節
摩擦面材料	軟骨／軟骨	耐食性金属／UHMWPE セラミックス／UHMWPE
潤滑液	関節液	体液，二次関節液
最大面圧	1〜5 MPa	2〜50 MPa
摩擦係数	0.003〜0.02	0.03〜0.1
潤滑モード	多モード適応潤滑	混合潤滑，境界潤滑
寿命	70〜80年	10〜20年

溶解を生じ，弛みをきたすことが指摘[13,14]されている．したがって，人工関節の摩耗を低減化することが臨床現場からの重大な要求になっている．

改善策を考慮するために，生体関節と人工関節（UHMWPEを有するタイプ）の相違点を表3.1に示す．潤滑液については，術直後は体液潤滑であるが，関節包・滑膜組織が修復されると二次関節液が供給される．たとえば，二次関節液の分析[59]によれば，増粘剤に相当するヒアルロン酸の濃度・分子量の低下や，蛋白成分の増加が報告されており，粘性や境界潤滑性が変化するため，健常な場合に比べて粘度は低めであるものの，類似した潤滑液環境とみなされる．したがって，摩擦面材料として関節軟骨の代わりに物性や構造の異なる人工材料を使用している点が最大の相違点となる．

人工関節の潤滑モードの判定は，歩行などを想定した条件における弾性流体潤滑膜の数値解析や，人工関節の実物を用いた実験的計測に基づいてなさ

れる．たとえば，歩行運動を模擬したシミュレータ試験における摩擦測定（ストライベック曲線による潤滑モード判定）[60]や電気抵抗法による流体膜形成の評価[61]の事例がある．実測例によると，UHMWPE を使用する人工関節のほとんどでは，程度の差はあれ摩擦面間で直接接触が生じており，混合潤滑または境界潤滑モードにあるとみなされる．

　一般に，流体潤滑の可能性の検討では，潤滑膜パラメータ $\Lambda =$ 流体潤滑膜最小膜厚 ($h_{\min}$) ／摩擦面の合成粗さ (σ) > 3 程度であれば，流体潤滑モードと判断される．球面軸受に相当する人工股関節について考えると，UHMWPE／メタル（骨頭径：28 mm，半径すきま：250 μm）の歩行立脚期相当の荷重：2.5 kN，速度：14 mm/s，関節液粘度：5 mPa·s の条件下では，

$$h_{\min} \fallingdotseq 0.07\,\mu\mathrm{m}, \quad \sigma \fallingdotseq 1\,\mu\mathrm{m} : \Lambda < 0.1$$

と見積もられ[62]，流体潤滑効果を期待できない．しかるに，メタル・オン・メタルやセラミック・オン・セラミックでは，半径や半径すき間に依存するが，$\Lambda > 3$ となる条件の選定が可能であり，流体潤滑を実現するデザインが可能と思われる．

　臼蓋側に UHMWPE を使用するデザインでは，その肉厚を 10 mm 程度確保する必要があり最大骨頭径の制限が生じるが，臼蓋側の薄肉化が可能となるハード・オン・ハードの組合せでは，大きめの骨頭径も採用可能となる．たとえば，最近のメタル・オン・メタル人工股関節では，半径すきまや構造設計にも依存するが，歩行条件下では摩擦面の弾性変形を考慮すると 0.1 μm 程度の流体潤滑膜が形成される（図 3.30）[63]ため，0.01 μm (Ra) レベルの仕上げを行えば流体潤滑が可能となる．その結果として，ハード・オン・ハードでは，流体潤滑効果と材料自体の耐摩耗性により，従来の UHMWPE に比べると摩耗量を 1/100 程度まで低減できるために，臨床応用が増えたようである．

　このように，定常歩行条件などでは，摩擦面の良好な表面仕上げがなされれば理論上では流体潤滑が可能と推察される．とくに，高精度の加工が可能なセラミックスでは，半径すき間を適切に選定すれば流体潤滑モードの実現は可能とみなされる．一方，10 μm 以下程度の過小な半径すき間になると，潤滑液の供給欠乏やセラミックス面間の吸着力発生をもたらす不都合な場合が

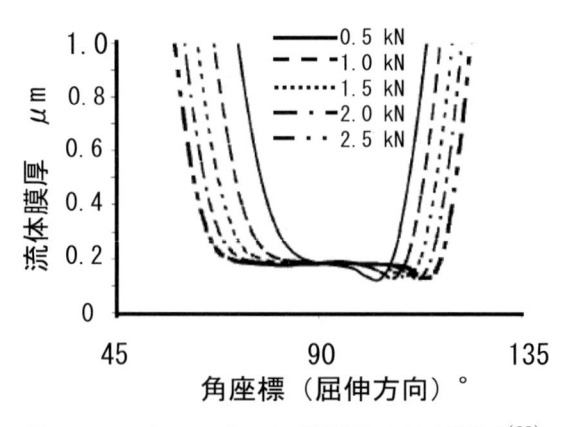

図 3.30 メタル・メタル人工股関節における潤滑膜[63]

あるため，性能評価に際しては，多様な作動条件を考慮した最適設計の視点に立って留意する必要がある．

　メタル・オン・メタルでも，材料・設計の改善や加工精度の向上もあり，以前よりも良好な成績が得られるようになったが，臨床応用においては，多様な条件で使用されるため，混合潤滑モードに相当する場合が多いと推察される．したがって，適切なアライメントの人工股関節では，通常の歩行条件下では，マイルドな混合潤滑状態に相当し，摩耗も軽微なレベルに留まるとみなされる．ただし，骨頭と臼蓋リム部が接触を発生するような過酷な作動状態になると，摩耗が急増する可能性があり，その対策を考慮する必要がある[64]．メタル・オン・メタル人工股関節においては，体内における金属摩耗粉や金属イオン溶出の影響が危惧されており，とくに骨頭径が大きい表面置換型において擬腫瘍が増殖した事例について各因子の評価[65]がなされている．本調査の結果に基づき，擬腫瘍の発生は，摩耗量や金属イオン溶出量だけでなく，患者の感受性 (patient susceptibility) に強く左右されるため軽度の摩耗でも留意すべきことが指摘されている．

　次に，人工膝関節の事例を紹介する．たとえば，図 3.31[61]は，導電処理UHMWPE 脛骨部と金属製大腿部から構成される人工膝関節の歩行シミュレータ試験における接触電気抵抗法による流体潤滑膜形成（分離度＝1：完全分離，分離度＝0：接触）を評価した結果である．解剖学的デザインの人工膝関

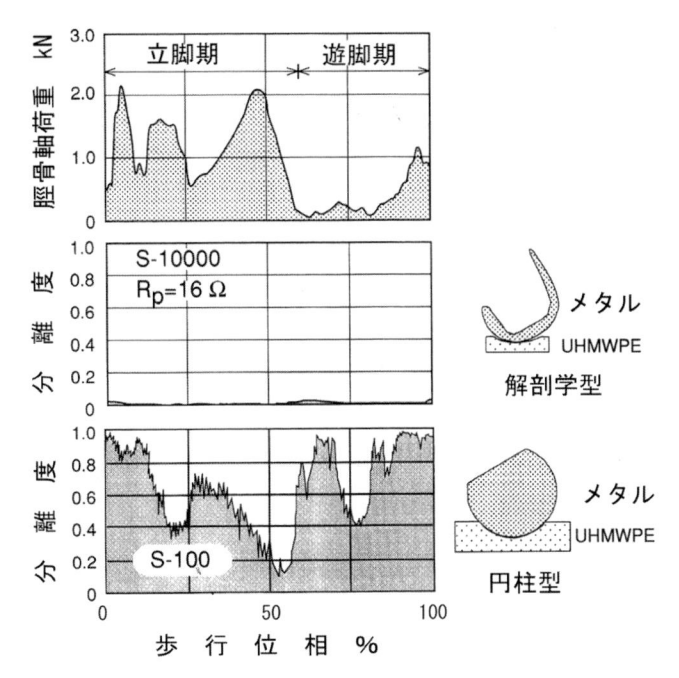

図 3.31 UHMWPE 製脛骨部を有する人工膝関節の歩行シミュレータ試験における潤滑膜形成[61]

節では高粘度潤滑液(動粘度 10,000 mm^2/s のシリコーンオイル S-10000) を用いても，歩行のほぼ全位相で接触が生じていることが確認された．一方，半径すきまを小さくした円筒型(大腿部半径：30.0 mm，脛骨部半径：30.3 mm) では形状適合性が改善され，中粘度潤滑液(動粘度 100 mm^2/s (20 ℃) のシリコーンオイル S-100) を用いれば高荷重の立脚期でも荷重・位相に応じた部分的流体膜形成が認められた．ただし，離床時にはかなりの接触も発生していることが確認された．

　以上のように，現用の人工関節では，多様な日常活動を通じて流体潤滑を常時維持することは難しく，通常は，混合潤滑，あるいは境界潤滑モードで作動しているとみなされ，低摩擦・低摩耗機能を維持するためには，トライボロジーの視点から種々の対策が必要とされている．

3.3.2　人工関節における摩耗機構の把握と摩耗特性の評価

　人工関節では，摩擦部位の過酷度[66]（たとえば，面圧 × 滑り速度）や材料の組合せ，周辺環境などにより摩耗機構が異なるので，評価に際しては対応する摩耗モード（凝着性，切削性，疲労性）を把握する必要がある．耐食性材料で構成される人工関節では，過剰な腐食摩耗は生じないが，活性成分によるポリエチレンの酸化劣化，金属酸化膜（不動態膜）の修復阻害や金属イオンの溶出，腐食化合物の産出など今後解決すべき問題がある．

　混合潤滑下における潤滑膜（流体膜・吸着膜）形成は一般には摩耗を低減させるが，吸着膜がポリエチレンの適度な移着（転移）を妨げるために摩耗が増大する場合もある．アブレシブ（切削性）摩耗に関しては，硬質材の表面仕上げの改善や骨セメント遊離粉の混入防止策により，最近では低減しつつある．人工股関節では，金属製骨頭に比べてセラミック製骨頭の場合はUHMWPEの摩耗が半減すること[67]が報告されている．なお，硬質材の表面仕上げの向上は，直接接触の機会を低下させるので凝着摩耗の発生を低減させるが，過度の平滑化は，移着を容易にする[68]ため，適度な表面仕上げが必要と考えられる．

　各種人工関節の摩耗特性評価法としては，新材料の一次スクリーニングとしての単純化した摩耗試験と，人工関節自体の摩耗評価として，関節の運動様式を模擬したシミュレータ試験[69]の両者が必要とされる．両試験において潤滑液として使用する模擬関節液と作動条件が摩耗特性を左右することが指摘されている．Charnleyが提示[70]したように，単純化試験における摩耗量について当時の実験室評価と臨床評価の間に2桁程度の大きな違いが生じたことを重視すべきであり，作動条件と潤滑液の影響に留意する必要がある．

　すなわち，潤滑液中における蛋白や脂質等の反応性成分の存在や低い溶存酸素濃度などの環境条件のみならず，荷重や転がり・滑り運動などの作動条件を考慮して，耐摩耗性を評価する必要がある．たとえば，人工股関節では屈伸時に内外旋や内外転の運動も加わるために三次元的な摩擦経路となるのに対して，一方向の摩擦試験では，UHMWPEが摩擦方向に配向を生じ強化されるため臨床例よりも摩耗が少なめになることが指摘されている．

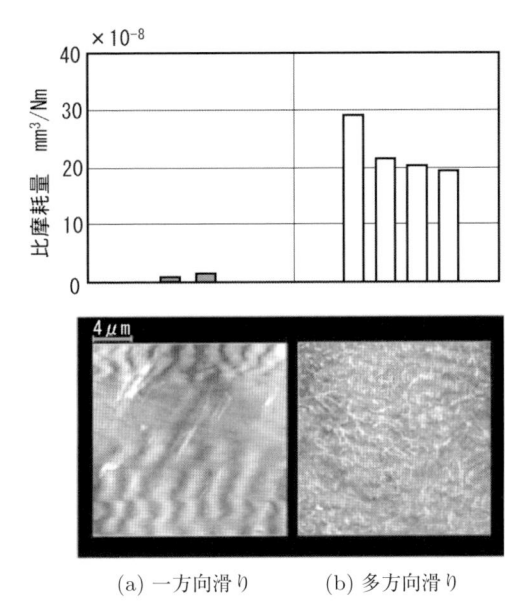

図 3.32 ピン・オン・ディスク試験における UHMWPE 摩耗に対する摩擦方向の影響（AFM 像）[71]

　一方向ピン・オン・ディスク試験やピン・オン・プレート往復動試験における UHMWPE の比摩耗量は，臨床データ（一般に $10^{-6}\,\mathrm{mm^3/Nm}$ のレベル）に比べて 2 桁少なくなる場合もある．図 3.32 は，血清希釈液中のピン・オン・ディスク試験[71]において，滑り方向を一定および多方向とした場合の比摩耗量と UHMWPE 摩擦面の AFM 像を示す．一方向の図 3.32(a) では，摩擦方向（図の左右方向）に直交する摩耗パターンが観察されるが，(b) 多方向では微細なフィブリル状（臨床摘出例と合致）を呈しており，摩耗量も増加した．また，XY テーブルを用いてピンの運動経路を制御した多方向滑りピン・オン・プレート試験機[72]による評価試験では，生体内の摩擦経路に対応する円形および 2 円弧の多方向摩擦経路において，単純な往復動摩擦に比べて約 1 桁高めの比摩耗量が得られた．なお，メタル同士やセラミックス同士の多方向試験では，UHMWPE と異なり大幅な摩耗増加は生じず，摩擦面の平滑化や摩耗低減が生じる場合もある．ただし，ハード・オン・ハードの人

工股関節のシミュレータ試験では，遊脚期に生じるマイクロセパレーション (micro-separation) を設定することにより，立脚期移行時のエッジ接触 (edge loading) が再現され，臨床例と類似の摩耗が再現されたとの報告[73]もある．したがって，評価に際してはどの程度厳しい条件を設定すべきかを検討する必要がある．

規格化された摩耗試験法の多くでは，潤滑液として二次関節液からヒアルロン酸を除いた組成に近い血清希釈溶液の使用が推奨されているが，ロットの違いや蛋白濃度のばらつきによる摩耗の相違が指摘されている．そのため，主要成分を調整した人工関節潤滑液の提案[74]もなされているが，たとえば，蛋白成分とリン脂質が共存する場合に，蛋白濃度が低い場合にはリン脂質が境界潤滑効果により摩耗低減の役割をする．一方，蛋白濃度が多め（生理的レベル）になるとリン脂質の添加がUHMWPEの可塑化に影響し摩耗を促進すること[75]が示されており，評価に際しては留意する必要がある．

3.3.3　人工関節におけるトライボ特性の高機能・高性能化

摩擦面の課題を解決するためには，トライボロジーの視点が重要であり，一般に，

(1) 潤滑・潤滑剤 (Lubrication, Lubricants)
(2) 設計 (Design)
(3) 材料 (Material)

の3つの視点[5]から取組みがなされる．潤滑剤として，人工的な人工関節液投与，たとえば，高粘度の人工関節液を採用すれば流体潤滑が可能になり機能向上も期待されるが，感染やメンテナンス・密封性に関する課題があり，通常は，体液・二次関節液による潤滑下において性能を改善する試みと臨床応用がなされてきた．上述したように，人工関節の多くは，混合潤滑または境界潤滑モードで作動しており，局所的直接接触に起因した摩耗や高摩擦が問題を起こしてきた．そのため，当初は，形状寸法設計改善や耐摩耗性材料の導入を重視した試みがなされたが，耐久性の根本的な向上のためには，潤滑

状態(モード)の改善や，摩擦面における過酷度を低減することが必要とされている．

人工股関節は，基本的には球面軸受であり，骨頭と臼蓋の半径ならびに半径すきまと表面粗さなどに依存して，面圧や流体潤滑膜形成能が規定される．

まず，UHMWPE を用いるタイプについて研究・開発の動向を紹介する．当初より境界潤滑モードを前提とした Charnley 型では，22 mm という小直径の採用によって，低摩擦トルクと摩擦距離短縮が実現されたが，UHMWPE を用いても面圧は若干高めとなった．近年の動向としては，脱臼防止策の改善を含めて，骨頭径を大きめにして面圧低下と流体膜形成改善をねらったデザインが増加している．なお，骨頭を UHMWPE 製として金属製臼蓋と組み合わせた例では臨床応用数は限定されているが，骨頭径を大きくすることが可能となり流体潤滑膜形成が改善され，長期臨床使用における低摩耗が実証されている[76]．

UHMWPE の改善に関しては，分子量増大による耐摩耗性や耐クリープ性の改善や，架橋処理 UHMWPE による摩耗低減[77]が実現され，人工股関節の多くで，低線量γ線照射 UHMWPE が臨床応用されている．γ線照射によるポリエチレンへの架橋処理(図 3.33)による摩耗低減効果は，大西ら[77]による日本発の技術であり，彼らは 1 MGy レベルの高線量照射の臨床応用を行い，30 年レベルの低摩耗を実証した．この事例が契機となり，架橋処理方法としては残存ラディカルの影響を抑止する条件が種々提案され，実用技術として世界中に普及した．なお，高線量照射では延性・強度の低下が生じるために，延性・強度などの低減の許容度との関連で最適条件[79]が探索され，通常は 100 kGy レベル以下が使用されている．

また，疎水性 UHMWPE の表面改質による水和潤滑の実現も試みられている．石川ら[80]は，ポリエチレン骨頭にジメチルアクリルアミド(DMAA)モノマーをグラフト重合させ，表層に 10 μm 厚さの親水性ゲル層を形成させ，ステンレス鋼製臼蓋と組合せた人工股関節の摩擦挙動を振子試験により評価し，0.01 レベルの低摩擦係数(未処理では 0.085)を実現した．この被覆材でも除荷なしで試験を繰返すと摩擦が漸増したが，試験間に 3 分間の除荷を行うと低摩擦の維持が可能であり，水和潤滑の回復が確認された．

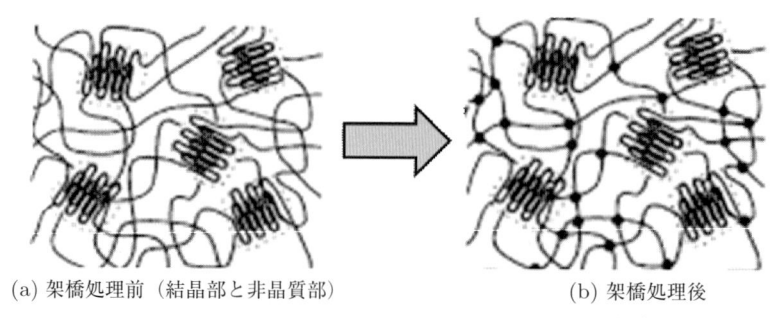

(a) 架橋処理前（結晶部と非晶質部）　　　　(b) 架橋処理後

図 3.33 UHMWPE における架橋処理のモデル図[78]

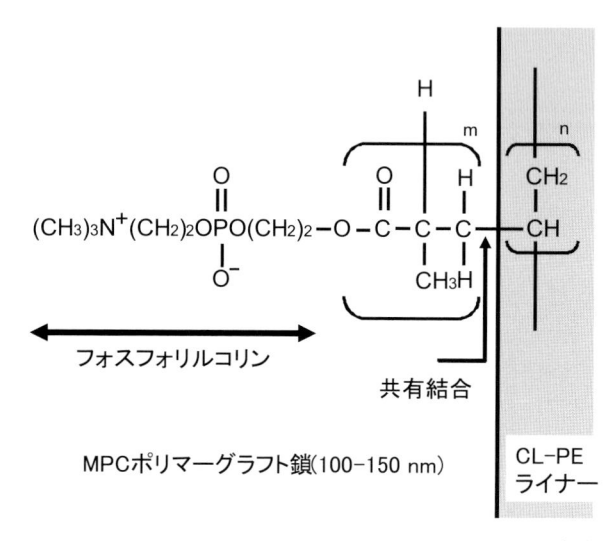

図 3.34 MPC ポリマーグラフト処理（原図を一部改変）[81]

一方，Moro ら[81]は架橋処理 UHMWPE (CL-PE) 製臼蓋ライナー表面にリン脂質 MPC (2-methacryloyloxyethyl phosphorylcholine) をグラフト重合処理させた人工股関節（図 3.34）の歩行模擬シミュレータ試験を行い，明瞭な摩耗低減効果（図 3.35）を示している．MPC は，細胞膜と類似した構造を有しており，水和潤滑作用が有効に機能すれば低摩耗を維持し，摩耗粉として遊離した場合でも異物反応を起こさないため，長寿命化に寄与するものと期待されており，2011 年には製品化が開始された．

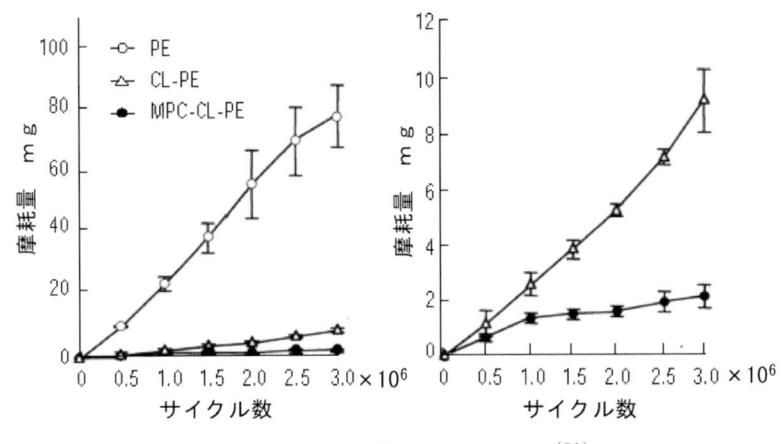

図 3.35 MPC 処理による摩耗の低減[81]

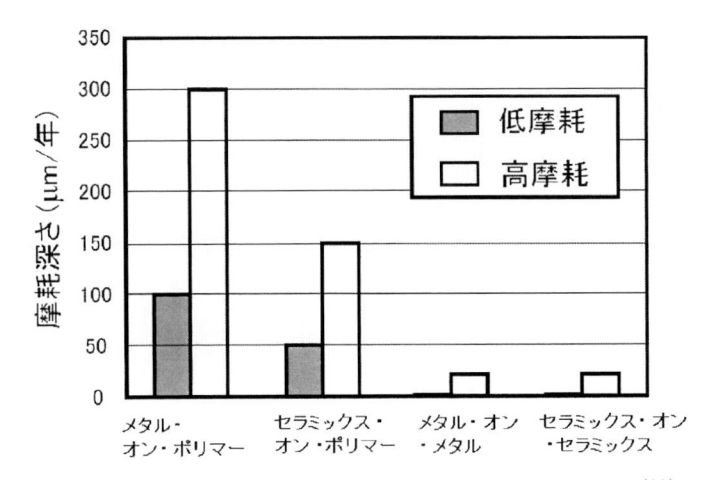

図 3.36 人工股関節臨床使用例の摩耗に対する材料組合せの影響[82]

次に，人工股関節臨床使用例の摩耗に対する材料組合せの影響[82,83]を図3.36に示す．前述のように，UHMWPE の相手材として金属の代わりにセラミックスを使用する UHMWPE の摩耗がほぼ半減する効果[67]が得られている．使用実績の長いアルミナに加えて靱性に優れるジルコニア（正方晶ジルコニア多結晶体）が導入されたが，長期使用では単斜晶への相転移に留意する必要がある．筆者ら[68]は，相転移が Arrhenius 法則に則り温度・時間

の関数として進行することを利用した熱水環境エージング処理ジルコニア試験片を用いて，長期使用時の評価を行った．処理時間の異なるジルコニアに対する相手面の UHMWPE の摩耗挙動を比較し，ジルコニア表面粗さの変化を含めて径時変化の影響を評価した．なお，鏡面仕上げのジルコニアでは UHMWPE の移着が過剰になり摩耗が増える場合が有り，一方，表面微細構造の変化が摩耗挙動を左右する場合も有った．したがって，実製品について表面形態と物性の変化を把握し適切な評価をする必要がある．なお，ジルコニアの結晶相変態を抑止するためには静的な熱水環境下の評価に基づくだけでなく，摩擦条件下での相変態が表層主体で進行するという機構についての理解[84]が重要と思われる．

最近では，アルミナセラミックスの破損の問題（主としてセラミック・オン・セラミックの場合）を低減し長期性能の改善を目指して各種のナノコンポジットセラミックスの開発も進められてきた．アルミナ強化ジルコニアも開発されたが，臨床応用例では主としてジルコニア強化アルミナ (ZTA: Zirconia toughened alumina) が認可され使用されている．ZTA では，ジルコニアを 20～25 wt％含有させて曲げ強度や破壊靭性値の調和をはかるとともに，熱伝導性で1桁優れるアルミナを基材にすることにより熱伝導性に劣るジルコニアの弱点を抑えている．また，ジルコニアの単斜相への変態を抑制可能な微細組織を実現することにより，機能向上が達成されている．その結果，アルミナに比べて曲げ強度と破壊靭性値の双方を高めるとともに，弾性率が若干低めとなりエッジローディング発生時の応力も若干低減する．ジルコニア強化アルミナにおける高面圧下の耐摩耗性の向上[85]は人工関節材料として重要な改善点である．

ただし，図 3.36 に示すように，材料組合せが同じでもかなりの高摩耗（この図の高摩耗レベルよりも高めの場合もある）となる事例が発生することに留意しておく必要がある．とくに，メタル・オン・メタルでは条件次第では高摩擦・高摩耗の問題例もある．マイルドな作動条件下では金属表面は酸化膜（不動態膜）で被覆されているために金属イオンの溶出は抑止されているが，高摩耗発生時には新生面がかなり露出するために，金属イオンの溶出も過剰となる可能性[65]があり，その対策としての表面処理や改質が検討されている．たとえば，

(a) 摘出例 (b) シミュレータ試験

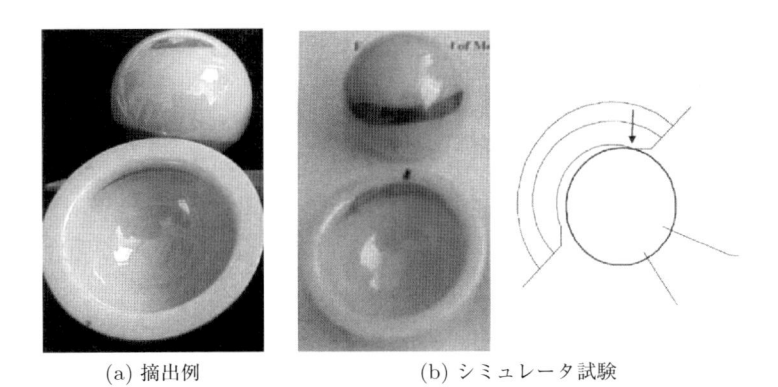

図 3.37 セラミック・オン・セラミック股関節におけるストライプ摩耗の事例[88]

Co-Cr-Mo 合金へのカーボンイオン注入 (Carbon ion implantation) 処理材は，ハード材同士の高面圧下の摩擦試験において，金属同士やダイヤモンドライクカーボン (DLC) 処理材よりも表面損傷を軽微なレベルに抑止出来た[86]．関節内での金属イオンの溶出は極力防止すべきであり，適切な物性傾斜構造や表面性状を付与する表面改質が必要と思われる．さらに，セラミックスの材料強度特性の改善やセラミック・オン・メタルの組合せなど種々の検討がなされ，後述するようなセラミック・オン・PEEK (poly (ether-ether-ketone)) の組合せも提案されている．

また，日常活動の多様性やアライメントの変化などを考慮すると摩擦面間の直接接触の発生を考慮して使用する必要がある．とくに，セラミック・オン・セラミックでは，エッジ接触などによる過酷な直接接触に起因するストライプ摩耗 (stripe wear) の発生（図 3.37）や，キュッキュッ，キーキーなどの異音 (squeaking) の発生が問題となっており，防止策が検討されている．

アルミナ・オン・アルミナ人工股関節の臨床例の一部では骨頭やカップの粗面化した部位に粒内 (intra-granular) 破壊タイプの摩耗の発生が観察されたが，縞 (stripe) 状の様相であったために，stripe wear[87,88] と称された．カップでの発生箇所は，エッジ部に近い部位であり，たとえば，関節の遊びに起因するマイクロセパレーション後のエッジ接触がこのような摩耗をもたらす

と考えられている．Stewart ら[89,90]は，人工股関節用歩行模擬シミュレータにおいて，内外側方向のバネを調整することにより，遊脚期に外側方向へのマイクロセパレーション (micro-lateral separation) を発生させた．その結果として，立脚期 heel strike 時にエッジ接触を発生させ，高面圧下の直接接触により stripe wear の発生を再現している．このような摩耗の防止には，エッジ接触を防止するアライメント調整や，エッジ部での面圧低下をもたらす最適形状設計とともに，材料自体の強度向上などが考えられている．このように摩耗の評価では，接触状態を反映した高面圧での評価が必要とされる．

一方，squeaking 自体は，30 年前頃[56]に Charnley が観測したことを報告しているが，セラミックス／セラミックス人工股関節の臨床応用の増加に伴い，異音を発生する症例[91]が発生しており，原因究明が必要とされている．一因として，アルミナ同士や，ジルコニア骨頭とアルミナカップの組合せで，セラミックスが過剰摩耗を生じ，潤滑液中にセラミックスの三元摩耗粒子が含有されている場合に発生すること[92]が指摘されている．実験例では，潤滑液を交換すると異音発生は一旦は停止したが，その後再開した．ストライプ摩耗を発生するマイクロセパレーション条件下の人工股関節モデルについての計算シミュレーション[92]では，エッジ接触時に振動は発生するものの低周波 (65 Hz) であった．三元摩耗粒子の挙動やステム／カップインピンジ現象，メタル移着，潤滑状態，アライメントなどを含めた系統的な研究による機構解明が待たれている．

次に，股関節に比べると複雑な形態を有する膝関節を代替する人工膝関節について現況を紹介する．人工膝関節では，数百例以上のデザインが林立しているが，使用例の多い解剖学的デザインでは，可動性との関連で形状適合性の限界があり，結果的に接触面圧が UHMWPE の塑性域に達するデザインが多く，はく離性摩耗損傷のデラミネーションの発生をもたらしている．趙ら[58]は摘出人工膝関節における摩耗後の UHMWPE インサートの弾塑性有限要素解析を行い，形状適合性が改善されれば塑性ひずみが低減することを示し，形状改善設計の有効性を指摘した．表面損傷の防止のためには，マクロな形状に対する応力解析とともに表面突起レベルのミクロ解析[93]による評価も必要である．また，形状適合性と可動性の両立をめざしたモバイル型

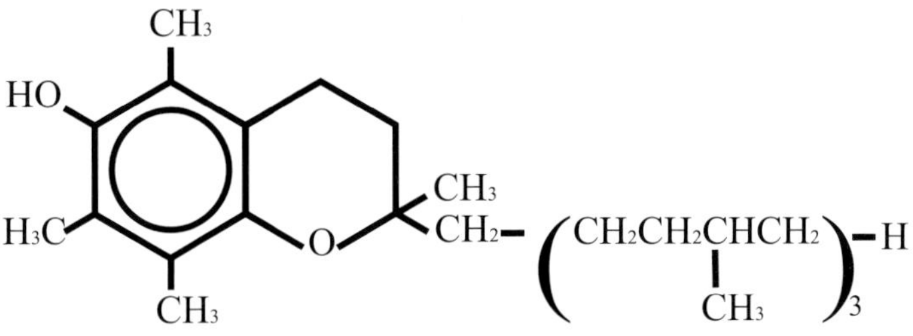

図 3.38　α トコフェロール

は，過大応力発生という弱点を克服する解決策のひとつであり，多くの臨床例で低摩耗を実現しているが，一方では，理想的な可動性が得られずにかなりの摩耗が発生した事例も報告されている．

　また，平行経路を交互に摩擦する多方向疲労滑り試験において，ガンマ線照射 UHMWPE では表面下き裂発生とフレーキング（はく離摩耗）が発生した場合と同じ条件下で，酸化防止剤として使用されるビタミン E（の主成分の α トコフェロール，図 3.38）を添加したガンマ線照射 UHMWPE 試験片の評価がなされた．後者では，表面下き裂が発生せず，フレーキングも発生しなかったとの Tomita らの報告[94]は世界中にビタミン E の利用を広める契機となった．ビタミン E の酸化防止作用だけでなく材料の機械的特性をも変化させたことが損傷防止に寄与したと思われる．さらに，摩耗低減にも有効であること[95]や摩耗粉への生体反応低減[96]が報告されており，今後も種々の改善策の提案が期待される．ビタミン E の添加法としては，成形時にブレンドする手法と架橋処理後に含浸させる手法がある．成形時にブレンドした場合には，その後の架橋処理の効果が低減されることが検討事項となっている．また，超臨界 CO_2 処理を利用した含浸法[97]の適用も検討されている．

　UHMWPE は人工関節摩擦面の主要材料として 50 年の使用実績があり，上述のように種々の方面から改善[98]がなされ多用されている．UHMWPE の耐摩耗性・耐久性を改善する基本技術の

(1) 架橋処理
(2) ビタミン E 添加

(3) リン脂質 (MPC) ポリマー処理

の三大技術が日本発の技術であることは，注目すべき事項である．

UHMWPE の代替となりうるポリマー系材料の臨床応用は実現されていないが，ハード・オン・ハード人工股関節に近いコンセプトとして，PEEK のカーボン繊維強化材を候補材料として評価がなされている．大径のセラミック骨頭と薄肉の CFR-PEEK 臼蓋カップから構成される人工股関節のシミュレータ試験における低摩耗の報告[99]がなされている．PEEK を用いた各種体内医療デバイスの臨床応用の増加とともに生体環境での生体適合性の実績が増えつつある．また，UHMWPE よりも強度も高く剛性が 1 桁高く海綿骨の物性に近いため，力学場における人工材料としての物性の違いの影響が軽減され，金属シェルを使用した場合に比べると臼蓋側骨部の Stress shielding を抑止できる利点を有している．さらに，金属イオンの溶出の問題が避けられ，しかも摩耗が低減すれば骨溶解の発生も抑制される．今後，摩擦が高いという弱点を克服し，摩耗粉の生体反応性，長期安定性などで問題が無ければ臨床応用される可能性がある．ただし，UHMWPE のカーボン繊維強化材では臨床応用後の摩耗発生の失敗例があり，生体環境を十分に反映した事前評価が必要とされる．

3.3.4　人工軟骨の導入による潤滑モードの改善

UHMWPE は，Charnley[56]が導入した当初は低摩擦・低摩耗の軟骨代替材として使用されたが，弾性係数が 600〜1000 MPa のレベルであり，関節軟骨に比べると二十倍以上高めであった．そのため，軟質摩擦面の弾性変形効果により流体潤滑膜形成が良好になるソフト EHL の効果は少なかった．そこで，ポリウレタンやシリコーンゴムなどの軟質材（1〜40 MPa 程度の弾性率）を人工軟骨として使用する試みがなされた．また，軟骨と類似した含水性材料として，各種のハイドロゲルの効果が評価された．

図 3.39[61]は，導電性シリコーンゴム（$E = 9$ MPa）脛骨部と金属製大腿部から構成される人工膝関節の歩行シミュレータ試験における接触電気抵抗法による流体潤滑膜形成の変化を示す．前述の UHMWPE に比べて，軟質材の

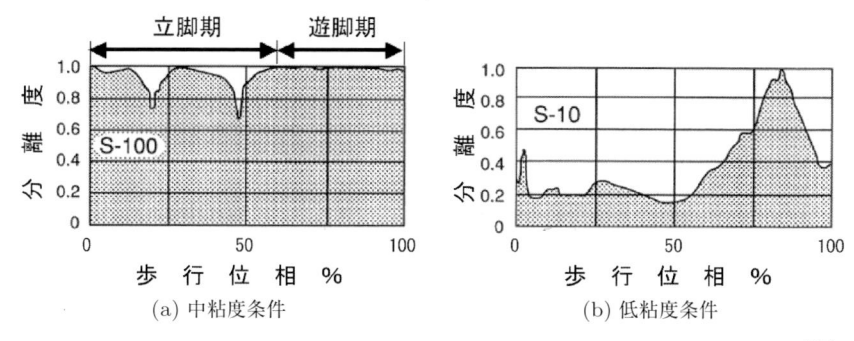

図 3.39 シリコーンゴム脛骨部を有する人工膝関節におけるにおける流体潤滑膜形成[61]

(a) 中粘度条件
(b) 低粘度条件

シリコーンゴムでは生体関節軟骨と同程度の弾性率であり，生体関節における流体潤滑膜形成（図 3.8）から推察できるように，ある程度の粘度の潤滑液を用いれば歩行条件下では流体潤滑を維持できることがわかる．一方，二次関節液で潤滑される生体内の人工膝関節では低粘度条件下で低摩擦・低摩耗を維持する必要が有り，図 3.39 の結果からも摩擦面間における直接接触の発生が予測され，そのような混合潤滑，または境界潤滑モードにおいて低摩擦性と表面の耐摩耗性が要求される．そこで，筆者らは，高含水性のポリビニルアルコール (PVA: poly (vinyl alcohol)) ハイドロゲル（繰返し凍結・解凍法）製人工軟骨を有する人工膝関節を試作し，セグメント化ポリウレタンの特性との比較評価を行った．摩擦面の弾性変形を考慮したソフト EHL における歩行条件下の流体潤滑膜（最小膜厚）を数値解析で求めるとサブミクロンの膜厚が算出されたが，低弾性率の PVA（$E = 1.0 \sim 1.2 \,\mathrm{MPa}$）が，ポリウレタン（$E = 40 \,\mathrm{MPa}$）より 3 倍以上厚めであった．

これらの軟質材を用いた試験片を製作し，関節液の主成分であるヒアルロン酸 (hyaluronic acid: HA) 溶液を用いた歩行シミュレータ試験を実施した．また，蛋白成分の影響を評価した．その結果を図 3.40 に示す．まず，ヒアルロン酸溶液で潤滑した場合でも，PVA ハイドロゲルがポリウレタンよりも若干低め（1/2 以下）の摩擦を示した．ただし，PVA では，位相によりスティック・スリップが発生した．一方，タンパク質を添加したヒアルロン酸溶液で潤滑した場合には，ポリウレタンの場合には，摩擦が増大したのに対して，

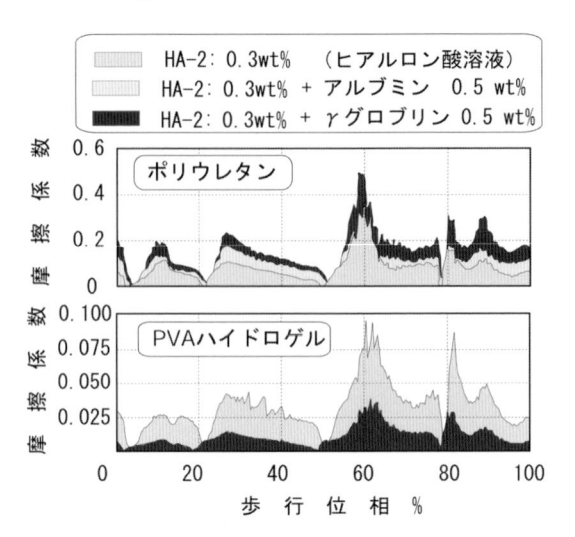

図 3.40 人工軟骨を有する人工膝関節の歩行時の摩擦特性[100]

PVAでは，摩擦が明らかに低減するとともに，スティック・スリップがほぼ消滅した．とくに，高荷重となる立脚期に摩擦係数 0.01 レベルの低摩擦を維持できた（図3.40）[100]．金属表面の AFM 観察によればタンパク成分添加状態では球状タンパク質が表面に吸着膜を形成していることが観察されており，流体膜厚の異なる混合潤滑モードにおいて2種の軟質材の摩擦挙動に関してタンパク吸着膜の二面性が生じたと思われる．すなわち，流体膜厚が薄いポリウレタンの場合にはタンパク吸着膜が相手面との接着作用を生じ摩擦を増大させたのに対して，流体膜厚が厚めとなる PVA ハイドロゲルの場合には，タンパク吸着膜が境界潤滑効果を発揮し摩擦を低減させたものと理解される．

ただし，日常の活動では，多様な作動状態に対応する必要があるので，局所接触が生じやすい低粘度・低速・高荷重条件で摩擦試験を行うと，過大な摩耗が生じた．そこで，潤滑液中のタンパク成分の濃度や比率を変えて摩耗実験を行ったところ，単一タンパク成分添加の場合にはタンパク濃度の増加とともに PVA の摩耗量が増大した．ところが，2種のタンパク質を共存させると，タンパク総濃度 2.1 wt%の場合にアルブミンと γ グロブリンが 1：2 または 2：1 の組成となる場合に摩耗が激減すること（図3.41）[101]が見出さ

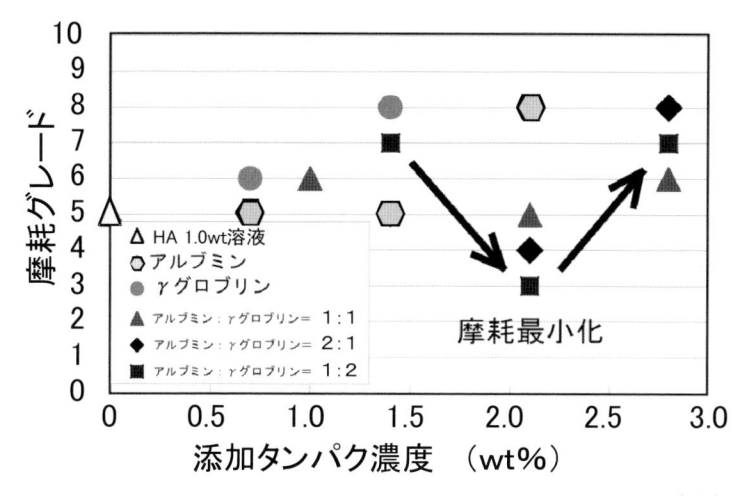

図 3.41 PVA ハイドロゲルの摩耗に及ぼす潤滑液タンパク成分の影響[101]

れた．また，片面をガラス平板とした場合に，低摩耗を生じる場合には，タンパク成分の吸着膜が層状構造を形成するのに対して，ヘテロな構造の膜が形成された場合には摩耗が増大することが確認（図3.42）[43]された．すなわち，母材側にγグロブリンが強固に吸着し母材を被覆し摩耗低減の役割を果たし，その溶液側に低せん断性のアルブミンの層状構造が存在することにより低摩擦を実現できるもの（図3.43）と推測された．

また，摩擦状態下の「その場」観察装置を開発し，吸着膜の形成状態を実測し，吸着膜の累積やはく離の発生を確認できた[102-104]．摩擦面では，単純な自己組織化に留まらず，トライボ誘起吸着膜形成（摩擦作用が吸着膜形成を促進）が生じていることも観測された．具体的な吸着膜の構造観察により，層状構造が形成されれば低摩擦・低摩耗となること，異種タンパクがヘテロな構造を形成すれば高摩擦・高摩耗となることが示された．多成分の関節液では，さらに複雑な層状構造であると推察され，今後の究明が必要とされている．

また，円二色分散計によりタンパク質二次構造の計測を行ったところ，アルブミンは，αヘリックスが主体で，γグロブリンはβシートが主体であることを確認できた[105]．このような構造の相違が吸着挙動や凝集・凝着挙動

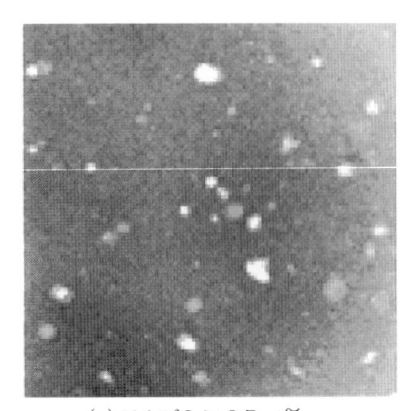

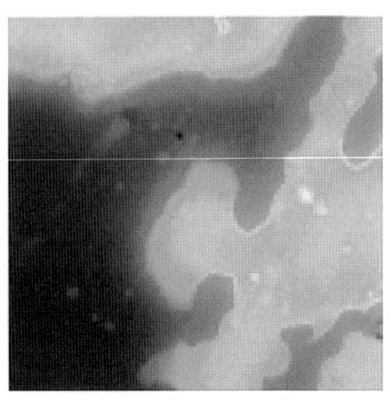

(a) アルブミン 0.7 wt%
　　γグロブリン 1.4 wt%
　　（層状構造）

(b) アルブミン 1.4 wt%
　　γグロブリン 1.4 wt%
　　（ヘテロ構造）

図 3.42 摩擦試験後の吸着膜蛍光像（明部がアルブミンに対応）（口絵参照）[43]

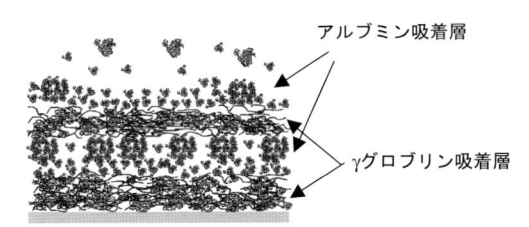

(a) 低摩擦・低摩耗

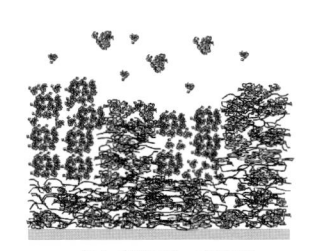

(b) 高摩擦・高摩耗

図 3.43 蛋白二成分系溶液における吸着膜構造モデル[43]

に関与していると考えられる．吸着現象には，その他に，タンパク成分分子量や，電荷状態，タンパクおよび摩擦面の親水・疎水性，溶液のpHなど各種の因子が関与するので，総合的に評価する必要がある．たとえば，リン脂質膜で模擬した軟骨表面近傍におけるタンパク成分の動的な吸着現象に関して，全反射（エバネッセンス）蛍光顕微鏡により吸着挙動に対する他成分共存やpHの影響をその場観察で評価できた[106]．

物理架橋によるPVAハイドロゲルは生体適合性に優れたゲルとして医療応用に適していると思われるが，構造・物性の影響も評価しておく必要があ

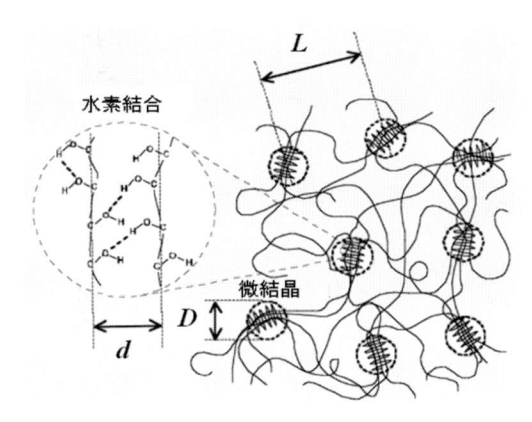

第 3 章　生体関節と人工関節のバイオトライボロジー

d: 微結晶ポリマー間の平均距離
D: 微結晶のサイズ
L: 微結晶間の距離

図 3.44　微結晶架橋による PVA ハイドロゲルのネットワーク構造[107]

る．上述の繰返し凍結・解凍法による PVA ハイドロゲルでは，微結晶部の水素結合による物理架橋ゲル（図 3.44）[107]としてネットワークが構成され，サブミクロンオーダでは，微結晶の密集部と非晶質的な部位が混在しているとみなされ，外観も白濁している．一方，同じく水素結合による物理架橋ゲルとして静置乾燥・膨潤過程を利用したキャスト・ドライ法[107]による PVA ハイドロゲルでは，より均一な微結晶構造を有しているとみなされ，透明である．このような微結晶の凝集構造の異なる PVA ハイドロゲルについて摩擦挙動を比較してみた．生理食塩水潤滑下における両人工軟骨モデルの往復動摩擦試験（人工軟骨部は常時負荷）における経時的な摩擦挙動[108]を図 3.45 に示す．生体関節軟骨の挙動を同時に示しているが，凍結・解凍ゲルでは，摩擦初期には関節軟骨よりは高めであるが，低めの初期摩擦から摩擦時間とともに徐々に増大しており，上述の図 3.17 の接触域移動なしの摩擦挙動と類似した経時変化を示した．ただし，摩擦の値は関節軟骨よりも若干高めを示した．一方，キャスト・ドライゲルでは，初期の低摩擦から微増に止まった．また，キャスト・ドライゲルで積層にすると，初期の低摩擦が最後まで維持された．

なお，これらの摩擦挙動は，ハイドロゲルの表面摩擦特性のみならず内部

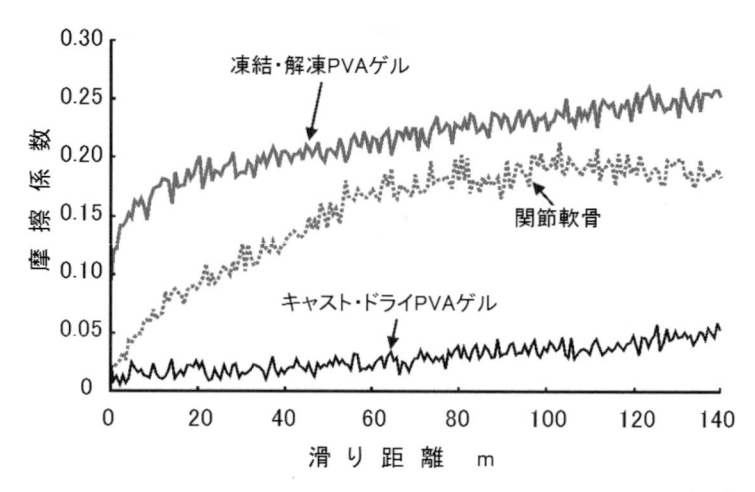

図 3.45 往復動摩擦試験における人工軟骨と関節軟骨の経時的摩擦挙動[108]

の液体の流出挙動・保水特性や変形挙動の相違に起因していると思われる．PVA ハイドロゲルでは，両種とも短時間で変形が平衡状態に移行するが，関節軟骨では，圧縮変形が徐々に進行した．

　図 3.45 で時間的な摩擦増加を示した凍結・解凍 PVA ハイドロゲルでも，潤滑液成分として関節液成分のヒアルロン酸やリン脂質・タンパク成分を加えることにより摩擦が低減した[109]．とくに，生体関節液の組成に近い潤滑液（ヒアルロン酸 0.5 wt%・DPPC 0.01 wt%・アルブミン 1.4 wt%・γ グロブリン 0.7 wt%）では，摩擦係数が 0.01 以下で，摩耗の発生も僅少であった．生体関節軟骨においても潤滑液成分の適切な選定により低摩擦状態の維持が可能であった（図 3.23）が，潤滑液の各成分による摩擦低減効果は，PVA ハイドロゲルと関節軟骨では異なった．表面構造や物性の違いが影響したと推測される．

　したがって，このように生体環境における表面特性の改善が必要とされるとともに，人工軟骨の構造や強度の改善も必要である．たとえば，PVA に関しては，射出成形・ガンマ線照射架橋[110]や，ホルマール化架橋によるポリビニルホルマール (PVF)[111,112]の適用，複合構造による強化などの開発研究がなされている．

また,ダブルネットワークゲル[113]による強度・変形・摩擦特性の最適化なども試みられており,水和潤滑機構を活かした人工軟骨の実現が期待されている.たとえば,Arakakiら[114]は,含水率90 wt%のPAMPS/PDMAAm (poly-(2-Acrylamido-2-methylpropane sulfonic acid/poly-(N,N-dimethyl acrylamide)ダブルネットワークゲルを用いて,軟骨部分欠損の治療法として動物膝関節内埋入試験により,低摩耗性を評価している.

3.3.5 人工関節は生体関節にどこまで接近するか?

現用の人工関節は,UHMWPEを用いるソフト・オン・ハードと,メタル・メタルまたはセラミックス・セラミックスなどのハード・オン・ハード,ならびに軟骨と組み合わせる人工骨頭が主体であり,材料学的には,生体関節と異なった代替インプラントである.一般には,15〜20年にわたり関節症患者の関節部荷重支持・運動機能の回復と除痛に貢献できる強力な医療デバイスとなっている.しかしながら,過酷な作動条件下では,短期間で損傷や弛みをきたす事例も生じている.そのため,上述のように,さらなる耐摩耗性の向上や摩耗粉の生体反応の低減,性能の改善のための種々の取組みがなされている.

関節軟骨に近い物性を有するハイドロゲル系人工軟骨では,実験室的には,生体関節に近いレベルの低摩擦・低摩耗を再現する可能性が示されているが,生体環境に耐えうる長期的信頼性が確立される必要がある.耐久性が確認され臨床応用が可能になれば,生体関節を規範とした高機能人工関節[10]となり得ると期待される.

近年,軟骨細胞や幹細胞,万能細胞(人工多能性幹細胞(induced pluripotent stem cell: iPS細胞))などによる軟骨再生が可能となりつつあるが,現時点では生体関節軟骨の構造や機能を十分には再現できていない.そのため,局部的変性欠損などの修復に限定されており,関節面全体の代替には人工関節置換が主要技術となっている.軟骨再生に関しては,細胞ソース・活性因子・培養環境・力学的刺激[15, 16, 51]など多種の視点から機能向上が進められているが,長期的機能維持のためには三次元構造構築とともに摩擦面である表層

の構造・機能の再生が重要であると思われる．最近では，再生軟骨でも三層構造（図 3.2，図 3.4）を再現することを積極的に考慮すべきとの議論[115]がなされており，表層の潤滑機能・耐摩耗機能の視点からも重視すべきと思われる．

今後は，人工物・組織再生に関する双方の技術が並行的に進歩すると思われ，すでに三次元織物構造スカッフォールドとハイドロゲルから構成される再生軟骨共存型[116]などハイブリッド人工関節を含めて，新たな発想や融合技術による高機能関節再建が試みられている．関節に必要とされる機能としては，荷重支持機能と滑らかな運動機能が重要であり，そこでは，優れた潤滑機構が必要とされる．生体関節における巧みな潤滑機構である多モード適応潤滑機構を再現しうる「ヒトに近づく人工関節」[117, 118]の実現が期待される．

参考文献

(1) Department of Education and Science: Lubrication (Tribology) Education and Research, *A Report on the Present Position and Industry's Needs*, HMSO, London (1966).
(2) Dowson, D. and Wright, V.: Bio-Tribology, *The Rheology of Lubricants*, Ed. by Davenport T.C., Institute of Petroleum, (1973), 81–88.
(3) 笹田 直・塚本行男・馬渕清資：バイオトライボロジー ―関節の摩擦と潤滑―，産業図書，(1988).
(4) 池内 健：生体関節のトライボロジー，トライボロジスト，45-2, (2000), pp.108–111.
(5) 村上輝夫：人工関節のトライボロジー，トライボロジスト，45-2, (2000), 112–118.
(6) 岡正典編集：人工関節・バイオマテリアル，メジカルビュー社，(1990), p.ii（口絵）．
(7) Dowson, D.: Modes of Lubrication in Human Joints, *Proc. Instn. Mech. Engrs.*, Pt 3J, 181, (1966-67), 45–54.
(8) 笹田 直：関節における摩擦と潤滑，潤滑，23-2, (1978), 79–84.
(9) Murakami, T.: The Lubrication in Natural Synovial Joints and Joint Prostheses, *JSME Intern. Journal, Ser.III*, 33-4, (1990), 465–475.
(10) Murakami, T., Higaki, H., Sawae, Y., Ohtsuki, N., Moriyama, S. and Nakanishi, Y.: The Adaptive Multimode Lubrication in Natural Synovial Joints and Artificial Joints, *Proc. Instn. Mech. Engrs., Part H: J. Engineering in Medicine*, 212, (1998), 23–35.
(11) 村上輝夫編著：生体工学概論，コロナ社，(2006).
(12) たとえば，朝日新聞 2006 年 6 月 13 日朝刊．

(13) Willert, H.G. and Semlitsch, M.: Reactions of the Articular Capsule to Wear Products of Artificial Joint Prostheses, *J. Biomed. Mater. Res.*, 11, (1977), 157–164.

(14) Ingham, E. and Fisher, J.: The role of macrophages in osteolysis of total joint replacement, *Biomaterials*, 26, (2005), 1271–1286.

(15) Knight, M., Toyoda, T., Lee, D. and Bader, D.: Mechanical compression and hydrostatic pressure induce reversible changes in actin cytoskeltal organization in chondrocytes in agarose. *J. Biomechanics*, 39, (1997), 1547–1551.

(16) Murata. T., Ushida, T., Mizuno, S. and Tateishi, T.: Proteoglycan synthesis by chondrocytes cultured under hydrostatic pressure and perfusion, *Materials Science and Engineering: C*, 6-4, (1998), 297–300.

(17) Mow, V.C., Hou, J.S., Owens, J.M. and Ratcliffe, A.: Biphasic and Quasilinear Viscoelastic Theories for Hydrated Soft Tissues. In: Mow VC, Ratcliffe, Woo SL-Y ed. *Biomechanics of Diarthrodial Joint, Vol.1*, Springer-Verlag, (1990), 215–260.

(18) Murakami, T., Sakai, N., Sawae, Y., Tanaka, K. and Ihara, M.: Influence of Proteoglycan on Time-Dependent Mechanical Behaviors of Articular Cartilage under Constant Total Compressive Deformation, *JSME International Journal, Series C*, 47, (2004), 1049–1055.

(19) 日本機械学会編：機械工学便覧 デザイン編 β8 生体工学, (2007), 52.

(20) Murakami, T., Hayakawa, Y., Higaki, H. and Sawae, Y.: Tribological Behavior of Sliding Pairs of Articular Cartilage and Bioceramics, *Proc. Intern. Conf. on New Frontiers in Biomechanical Engineering, JSME*, (1997), 233–236.

(21) Mow, V.C,, Kuei. S.C., Lai, W.M. and Armstrong, C.G.: Biphasic creep and stress relaxation of articular cartilage: theory and experiment, *J. Biomech. Eng.*, 102, (1980), 73–84.

(22) 村上輝夫・日垣秀彦・安藤博文・中西義孝：関節液系水溶液の粘性挙動とその関節潤滑における役割, 日本機械学会論文集, C編, 第63巻第607号, (1997), 750–756.

(23) McCutchen, C.W.: Physiological lubrication, *Proc. Instn. Mech. Engrs.*, 181, Pt3J, (1966-67), 55–62.

(24) Walker, P.S., Dowson, D., Longfield, M.D. and Wright, V.: "Boosted lubrication" in synovial joints by fluid entrapment and enrichment, *Ann. Rheum. Dis.*, 27 (1968), 512–520.

(25) 池内 健・岡 正典・森 美郎：股関節におけるスクイーズ膜効果のシミュレーション, 日本機械学会論文集, 55-510, C, (1989), 508–515.

(26) Dowson, D, and Jin, Z-M.: Micro-elatohydrodynamic lubrication in synovial joints, Engng. Med., 15, (1986), 63–65.

(27) Swann, D.A.: Macromolecules of synovial fluid, *The Joints and Synovial Fluids*, ed. By L. Sokoloff, Vol.1, (1978), 407–435 (Academic Press).

(28) Hills, B.A.: Oligolamellar lubrication of joints by surface active phospholipids, *J. Rheum.*, 16-1, (1989), 82–91.

(29) 日垣秀彦・村上輝夫：関節潤滑における関節液と軟骨表層の構成成分の役割（第2報）— 蛋白成分の境界潤滑性—，トライボロジスト，40-7, (1995), 598–604.

(30) Higaki, H., Murakami, T., Nakanishi, Y., Miura, H., Mawatari, T. and Iwamoto, Y.: The Lubricating Ability of Biomembrane Models with Dipalmitoyle Phosphatidylcholine and γ-Globulin, *Proc. Instn. Mech. Engrs., Part H: J. Engineering in Medicine*, 212, (1998), 337–346.

(31) Murakami, T., Sawae, Y., Horimoto, M. and Noda, M.: Role of Surface Layers of Natural and Artificial Cartilage in *Thin Film Lubrication, Lubrication at the Frontier*: ed Dowson D, et al, Elsevier, (1999), 737–747.

(32) 笹田 直：関節の潤滑機構 —絞り膜 EHL と表面ゲル水和潤滑—，日本臨床バイオメカニクス学会誌，21, (2000), 17–22.

(33) Naka M.H., Hattori K. and Ikeuchi K.: Evaluation of the superficial characteristics of articular cartilage using evanescent waves in the friction tests with intermittent sliding and loading. *J. Biomechanics*, 39(12), (2006), 2164–2170.

(34) Forster, H. and Fisher, J.: The influence of continuous sliding and subsequent surface wear on the friction of articular cartilage, *Proc. Instn. Mech. Engrs., Part H: J. Engineering in Medicine*, 213(4), (1999), 329–345.

(35) Ateshian, G.A.: Theoretical Formulation for Boundary Friction in Articular Cartilage, *J. Biomech. Eng.*, 119(1), (1997), 81–86.

(36) Ateshian, G.A., Wang, H. and Lai, W.M.: The role of interstitial fluid pressurization and surface porosities on the boundary friction of articular cartilage. *ASME J. Tribology* 1998, 120, (1998), 241–248.

(37) Ateshian, G.A.: The role of interstitial fluid pressurization in articular cartilage lubrication, *J. Biomechanics*, 42, (2009), 1163–1176.

(38) 特集・水和潤滑とその展開，トライボロジスト，52-8,(2007).

(39) Pawaskar, S. S., Jin, Z. M. and Fisher, J.: Modelling of fluid support inside articular cartilage during sliding. *Proc. IMechE., Part J: J. Engineering Tribology*, 221, (2007), 165–74.

(40) Sakai, N., Hagihara, Y., Furusawa, T., Hosoda, N., Sawae, Y. and Murakami, T.: Analysis of biphasic lubrication of articular cartilage loaded by cylindrical indenter, *Tribology International*, 46, (2012), 225–236.

(41) Murakami, T.: Importance of adaptive multimode lubrication mechanism in natural and artificial Joints, *Proc. Instn. Mech. Engrs., Part J: J. Engineering Tribology*8, 226(10), (2012), 827–837.

(42) Hosoda, N., Sakai, N. Sawae, Y. and Murakami, T.: Finite Element Analyses of Articular Cartilage Models Considering Depth-Dependent Elastic Modulus and Collagen Fiber Network, *Journal of Biomechanical Science and Engineering*, 5-4, (2010), 437–448.

(43) Nakashima, K., Sawae, Y. and Murakami, T.: Study on Wear Reduction Mechanisms of Artificial Cartilage by Synergistic Protein Boundary Film Formation, *JSME International Journal*, 48(4), (2005), 555–561.

(44) Murakami, T., Nakashima, K., Sawae Y., Sakai, N. and Hosoda, N.: Roles of adsorbed film and gel layer in hydration lubrication for articular cartilage, *Proc. Instn. Mech. Engrs., Part J: J. Engineering Tribology*, 223(2), (2009), 287–295.

(45) Murakami, T., Nakashima, K., Yarimitsu, S., Sawae Y. and Sakai, N.: Effectiveness of adsorbed film and gel layer in hydration lubrication as adaptive multimode lubrication mechanism for articular cartilage, *Proc. Instn. Mech. Engrs., Part J: J. Engineering Tribology*, 225(2), (2011), 1174–1185.

(46) Murakami, T., Yarimitsu, S., Nakashima, K., Sawae Y. and Sakai, N.: Synergistic mechanism of adaptive multimode lubrication in natural synovial joints, Presented at the International Conference on BioTribology, London (2011).

(47) Sawae, Y., Murakami, T., Matsumoto, K. and Horimoto, M.: Study on Morphology and Lubrication of Articular Cartilage Surface With Atomic Force Microscopy, *Japanese Journal of Tribology*, 45, (2001), 51–62.

(48) 花木昭宏・石山翔生・澤江義則・村上輝夫：再生軟骨モデルにおけるII型コラーゲンの組織構造形成と力学的機能発現, 平成16年度日本エムイー学会九州支部学術講演会論文集, (2005), p11.

(49) 福田圭祐・澤江義則・後川将悟・村上輝夫：軟骨細胞による組織形成に対する摩擦負荷培養の影響, 日本機械学会第24回バイオエンジニアリング講演会論文集, (2012).

(50) Schumacher, B.L., Block, J.A., Schmid, T.M., Aydelotte, M.B. and Kuettner, K.E., A novel proteoglycan synthesized and secreted by chondrocytes of superficial zone of articular cartilage, *Arch Biochem Biophys*, 311, (1994), 144–152.

(51) Grad, S., Gogolewski, D., Alini, M. and Wimmer, M.A.: Effects of Simple and Complex Motion Patterns on Gene Expression of Chondrocytes Seeded in 3D Scaffolds, *Tissue Eng.*, 12 (2006), 3171–3179.

(52) Nugent-Derfus,G.E., Takara, T., O'Neilly,J.K., Cahill, S.B., Gortz, S., Pong, T., Inoue, H., Aneloski, N.M., Wang, W.W., Vega, K.I., Klein, T.J., Hsieh-Bonassera, N.D., Bae, W.C., Burke, J.D., Bugbee, W.D. and Sah, R.L.: Continuous passive motion applied to whole joints stimulates chondrocyte biosynthesis of PRG4, *Osteoarthritis and Cartilage*, 15, (2007), 566–574.

(53) Klein, J.: Molecular mechanisms of synovial joint lubrication, *Proc. Instn. Mech. Engrs., Part J: J. Engineering Tribology*, 220, (2006), 691–710.

(54) 澤江義則：関節機能再建を目指した再生軟骨のトライボロジー, トライボロジスト, 53, (2008), 799–804.

(55) Miyamoto, Y., Mabuchi, A., Shi D., Kubo, T., Takatori, Y., Saito, S., Fujioka, M., Sudo A., Uchida, A., Yamamoto S., Ozaki, K., Takigawa, M., Tanaka, T., Nakamura, Y., Jiang, Q. and Ikegawa S.: A functional polymorphism in the 5' UTR of GDF5 is associated with susceptibility to osteoarthritis, *Nature Genetics*, 39, (2007), 529–533.

(56) Charnley, J.: *Low Friction Arthroplasty of the Hip*, Springer-Verlag (1979).

(57) Wang,A., Sun,D.C., Stark, C. and Dumbleton, J.H.: Wear mechanisms of UHMWPE in total joint replacements, *Wear*, 181-183 (1995) 241

(58) Cho, C.H., Murakami, T., Sawae, Y., Sakai, N., Miura, H., Kawano, T. and Iwamoto, Y.: Elasto-plastic contact analysis of an ultra-high molecular weight polyethylene tibial component based on geometrical measurement from a retrieved knee prosthesis, *Proc. Instn. Mech. Engrs., Part H: J. Engineering in Medicine*, 218, (2004) 251–259.

(59) Delecrin, J., Oka, M., Takahashi, S., Yamamuro, T. and Nakamura, T.: Changes in Joint Fluid After Total Arthroplasty, *Clin. Orthop.*, 307, (1994), 240.

(60) O'Kelly, J., Unsworth, A., Dowson, D. and Wright, V.: An Experimental Study of Friction and Lubrication in Hip Prostheses, *Engng. Med.*, 8, 3 (1979) 153.

(61) Murakami, T., Ohtsuki, N. and Higaki, H.: The Adaptive Multimode Lubrication in Knee Prostheses with Compliant Layer during Walking, *Thin Films in Tribology*, ed. by D. Dowson et al, Elsevier (1993), 673–682.

(62) Jin, Z.M., Dowson,D. and Fisher,J.: Analysis of fluid film lubrication in artificial hip joint replacements with surfaces of high elastic modulus, *Proc. IMechE, Part J: J. Engineering in Medicine*, 211, (1997), 247–256.

(63) Jagatia, M. and Jin, Z.M.: Analysis of elastohydrodynamic lubrication in a novel metal-on-metal hip joint replacement, *Proc. Instn. Mech. Engrs., Part H: J. Engineering in Medicine*, 216, (2002), 185–193.

(64) Fisher, J.: Bioengineering reasons for the failure of metal-on-metal hip prostheses, *J. Bone Joint Surg* [Br], 93-B-8, (2011), 1001–1004.

(65) Matthies, A.K., Skinner, J.A., Osmani, H., Henckel, J. and Hart, A.J. : Pseudotumors Are Common in Well-positioned Low-wearing Metal-on-Metal Hips, *Clin Orthop Relat Res*, 470, (2012), 1895–1906.

(66) 三浦裕正・日垣秀彦・馬渡太郎・諸岡孝明・村上輝夫・岩本幸英：人工関節摩耗予測のパラメータについて，リウマチ科，21-3, (1999), 218–223.

(67) Oonishi, H., Igaki H. and Takayama, Y.: Comparison of Wear of UHMW Polyethylene Sliding Against Metal and Alumina in Total Hip Prostheses, *Bioceramics*, 1 (1989) 272–277.

(68) Murakami T. and Ohtsuki N.: Friction and Wear Characteristics of Sliding Pairs of Bioceramics and Polyethylene: Influence of Aging on Tribological Behavior of Tetragonal Zirconia Polycrystals, *Bioceramics*, 5 (1992) 365–372.

(69) たとえば，ISO 14242-1 (2002).（人工股関節），ISO 14243-3 (2004)（人工膝関節）

(70) Charnley, J.: Correlation of Clinical and Laboratory Wear Measurement, One Day Course on Laboratory and Clinical Evaluation of Joint Replacement at the University of Leeds (1982).

(71) 澤江義則・村上輝夫：多方向滑り試験による超高分子量ポリエチレンの摩耗評価．トライボロジー会議，1999 春 東京 予稿集 (1999), 91–92.

(72) 澤野貴紀・村上輝夫・澤江義則・門田孝洋：多方向滑りピン・オン・プレート試験機を用いた人工関節材料の摩耗評価，日本機械学会論文集 C 編，69-683 (2003), 1892–1899.

(73) Nevelos, J., Walter, W. and Fisher, J.: Microseparation of the centers of alumina-alumina artificial hip joints during simulator testing produces clinically relevant wear rates and patterns. *The Journal of Arthroplasty*, 15-6, (2000) 793–795

(74) 平成 17 年度経済産業省基準認証研究開発事業（人工股関節部材等の安心・安全性に係わる評価技術の標準化）成果報告書，(財) ファインセラミックスセンター (2006).

(75) Sawae, Y., Yamamoto, A. and Murakami, T.: Influence of protein and lipid cpncentration of the test lubricant on the wear of ultra high molecular weight polyethylene, *Tribology International*, 41, (2008), 648–656.

(76) 前澤伯彦・上里尚美・片山國昭・笹田 直：日本人工関節学会誌，28 (1998) 151.

(77) 大西啓靖：超長期耐用を目指した人工股関節の開発研究とその長期臨床成績，バイオマテリアル，23-1, (2005), 21–29.

(78) 藤沢 章：人工関節ポリマーコンポーネントの改良，「ここまできた人工骨・関節 ―バイオマテリアルから再生医工学へ―」(立石哲也 編著), 米田出版, (2012), 69–74.

(79) 澤野貴紀・村上輝夫・澤江義則：人工関節用超高分子量ポリエチレンの摩耗に及ぼす γ 線照射量の影響，日本機械学会論文集 C 編，71-705,(2005) 1760–1765.

(80) 石川泰成・笹田 直・池内 健：ハイドロゲルを被覆したポリエチレン骨頭の摩擦特性，日本臨床バイオメカニクス学会誌，**20**, (1999), 325–328.

(81) Moro, T., Takatori, Y., Ishihara, K., Konno, T., Takigawa, Y., Matsushita, T., Chung, U.J., Nakamura, K. and H. Kawaguchi, H.: Surface grafting of artificial joints with a biocompatible polymer for preventing periprosthetic osteolysis, *Nature Materials*, 3, (2004), 829–836.

(82) Issac, G.H., Thompson, J., Williams, S. and Fisher, J., Metal-on-metal bearings surfaces: materials,manufacture, design, optimization, and alternatives, *Proc. IMechE, Part H: J. Engineering in Medicine*, 220, 119–133(2006).

(83) Semlitsch, M. and Willert, H.-G.: Clinical wear behaviour of ultra-high molecular weight poly- ethylene cups paired with metal and ceramic ball heads in comparison to metal-metal pairings of hip joint replacements. *Proc. IMechE, Part H: J. Engineering in Medicine*, 211, (1997). 73–88.

(84) Ikeda, J., Iwamoto, M, Yarimitsu, S. and Murakami, T.: Differences in Kinetics of Phase Transformation of 3Y-TZP Ceramics between Aging Test under Hydrothermal Environment and Hip Simulator Wear Test, *J. Biomechanical Science and Engineering*, 7 (2012), 199–210.

(85) 中西健文：人工関節摺動部セラミックスの現状，セラミックス，46-4, (2011), 282–286.

(86) Koseki, H., Shindo, H., Baba K., Fujikawa T., Sakai, N. Sawae Y. and Murakami, T.: Surface-engineered metal-on-metal bearings improve the friction and wwear properties of local area contact in total joint arthroplasty, *Surface & Coatings Tevhnology*, 202 (2008), 4775–4779.

(87) Walter, W.L., Insley, G.M., Walter, W.K. and Tuke, M.A.: Edge Loading in Third Generation Alumina Ceramic-on-Ceramic Bearings Stripe Wear, *J. Arthroplasty*, 19, 402–412 (2004).

(88) Mak, M., Jin, Z., Fisher,J. and Stewart, T.D.: Influence of Acetabular Cup Rim Design on the Contact Stress During Edge Loading in Ceramic-on-Ceramic Hip Prostheses, *J. Arthroplasty*, 26, 131–136 (2011).

(89) Stewart, T.D., Tipper, J.L., Streicher, R.M., Ingham, E. and Fisher, J.: Long-term wear of HIPed alumina on alumina bearings for THR under microseparation conditions, *J. Mater.Sci.: Mater. Medicine*, 12, 1053–1056 (2001).

(90) Stewart, T.D., Tipper, J.L., Gerald, I., Streicher, R.M., Ingham, E. and Fisher, J.: Long-term Wear of Ceramic Matrix Composite Materials for Hip Prostheses Under Severe Swing Phase Microseparation J. Biomed. Mater. Res., Appl. Biomater., Part B, 417, 19–26 (2003).

(91) Restrepo,C., Parvizi,J., Kurtz, S.V. Sharkey, P.F. Hozack, W.J. and Rothman, R.H.: The Noisy Ceramic Hip: Is Component Malpositioning the Cause?, J. Arthroplasty, 23, 643–649 (2008).

(92) Sariali,E., Stewart,T., Jin,Z. and Fisher,J.: Three-dimensional modeling of in vitro hip kinematics under micro-separation regime for ceramic on ceramic total hip prosthesis: An analysis of vibration and noise, J. Biomech., 43, (2010) 326–333.

(93) Cho, CH., Murakami, T. and Sawae, Y.: The wear phenomenon of ultra-high molecular weight polyethylene (UHMWPE) joints, *Wear of orthopaedic implants and artificial joints*, Ed. by S. Affatato, Woodhead Pub., (2012), 221–245.

(94) Tomita, N., Kitakura, T.,Onmori, N., Y. Ikada, Y. and Aoyama, E.: Prevention of Fatigue Cracks in Ultrahigh Molecular Weight Polyethylene Joint Components by the Addition of Vitamin E, *J Biomed Mater Res* (appl Biomater), 48, (1999), 474–478.

(95) Teramura S., Sakota H., Terao T., Endo M. M., Fujiwara K. and Tomita N.: Reduction of Wear Volume from Ultrahigh Molecular Weight Polyethylene Knee Components by the Addition of Vitamin E, *Journal of Orthopaedic Research*, 24-4 (2008), 460–464.

(96) Teramura, S., Russell, S., Bladen, C.L., Fisher, J., Ingham, E.,Tomita, N., and Tipper, J.K.: Reduced Biological Response to Wear Particles from Vitamin E Enhanced UHMWPE, *J. Bone & Joint Surgery*, British Volume 93-B SUPP I (2011), 74.

(97) 中嶋和弘・澤江義則・村上輝夫・高城敏巳：表面粗さと潤滑液組成がビタミンE含浸超高分子量ポリエチレンの摩擦特性に与える影響，トライボロジー会議 2011 春 東京．予稿集，(2011), 165–166.

(98) Kurtz, S.M. (Ed.): *UHMWPE Biomaterials Handbook*, Second Edition, Elsevier (2009).

(99) Scholes, S.C., Inman, I.A., Unsworth, A. and Jones, E.: Tribological assessment of a flexible carbon-fibrereinforced poly (ether–ether–ketone) acetabular cup articulating against an alumina femoral head, *Proc. Instn. Mech. Engrs., Part H: J. Engineering in Medicine*, 222(3), (2008), 273–283.

(100) Murakami, T., Sawae, Y., Higaki, H., Ohtsuki, N. and Moriyama, S.: The Adaptive Multimode Lubrication in Knee Prostheses with Artificial Cartilage during Walking, *Elastohydrodynamics '96: Fundamentals and applications in lubrication and traction*, (1997) 371–382 (Elsevier Science).

(101) 中嶋和弘・村上輝夫・澤江義則：人工軟骨候補材料ポリビニルアルコールハイドロゲルの摩耗評価及び耐摩耗性向上に寄与する蛋白質の影響，日本機械学会論文集（C編），70(697), (2004), 2780–2786.

(102) Yarimitsu, S., Nakashima, K., Sawae, Y. and Murakami, T.: Study on the mechanisms of wear reduction of artificial cartilage through in situ observation on forming protein boundary film, *Proc. The 3rd Asia International Conference on Tribology*, (2006), 811–812.

(103) Murakami, T., Sawae, Y., Nakashima, K., Yarimitsu, S. and Sato, T.: Micro- and nanoscopic biotribological behaviours in natural synovial joints and artificial joints, *Proc. Instn. Mech. Engrs., Part J: J. Engineering Tribology*, 221(3), (2007), 237–245.

(104) Yarimitsu, S., Nakashima, K., Sawae, Y. and Murakami, T.: Study on the Mechanisms of Wear Reduction of Artificial Cartilage through in situ Observation on Forming Protein Boundary Film, *Tribology Online*, 2-4, (2007), 114–119.

(105) Nakashima, K., Sawae, Y. and Murakami, T.: Influence of protein conformation on frictional properties of poly (vinyl alcohol) hydrogel for artificial cartilage, *Tribology Letters*, 26(2), (2007), 145–151.

(106) Sawae, Y., Yotsumoto, K. and Murakami, T.: Interaction of Protein with Phospholipid Surface Layer Studied by Total Internal Reflection Fluorescence Microscopy, *Proc. 5th Kobe International Forum: Biotribology 2005*, (2005), pp.60–63.

(107) Otsuka, E. and Suzuki,A.: A simple method to obtain a swollen PVA gel crosslinked by hydrogen bonds, *Journal of Applied Polymer Science*, 114-1, (2009), 10–16.

(108) Murakami, T., Yarimitsu, S. Nakashima, K., Sawae, Y., Sakai, N., Araki, T. and Suzuki A.: Time-dependent frictional behaviors in hydorogel artificial cartilage materials, *Proc. 6th International Biotribology Forum: BIOTRIBOLOGY FUKUOKA 2011*, (2011), 65–69.

(109) Murakami, T., Yarimitsu, S. Nakashima, K.,Yamaguchi, T., Sawae, Y., Sakai, N., Araki, T. and Suzuki A.: Adaptive Multimode Lubrication Mechanism in Articular Cartilage and Artificial Hydrogel Cartilage, *Proc. 7th International Biotribology Forum: BIOTRIBOLOGY XI'AN 2012*, (2012), 27.

(110) Oka, M., K Ushio, P Kumar, K Ikeuchi, S H Hyon, T Nakamura and H Fujita, Development of artificial articular cartilage, *Proc. Instn. Mech. Engrs., Part H: J. Engineering in Medicine*, 214, (2000), 59–68.

(111) 中西義孝・日垣秀彦：水和潤滑を利用した軸受の開発，トライボロジスト，52-8, (2007), 598–603.

(112) Nakanishi, Y., Takashima, T., Higaki, H., Shimoto, K., Umeno, T., Miura, H. and Iwamoto Y., Development of Biomimetic Bearing with Hydrated Materials, *Biomechanical Science and Engineering*, 4 (2009), 249–264.

(113) Yasuda, K., Gong J.P., Katsuyama, A., Nakayama, A., Tanabe, Y., Kondo, Y., Ueno M. and Osada, Y.: Biomechanical properties of high-toughness double network hydrogels, *Biomaterials*, 26, (2005) 4468–4475.

(114) Arakaki, K., Kitamura, N., Fujiki, H., Kurokawa, T., Iwamoto, M., Ueno, M., Kanaya, F., Osada, Y., Gong, J.P. and Yasuda, K.: Artificial cartilage made from a novel double-network hydrogel: in vivo effects on the normal cartilage and ex vivo evaluation of the friction property. *J. Biomed. Mat. Res.* Part A 91, (2010), 1160–1168.

(115) Malda, J., Rene van Waeren, P. and Dhert, W.J.A.: Biomaterial approaches to induce zonal cartilage organization, *9th World Biomaterials Congress*, (2012) ky-45.1.

(116) Moutos, F.E., Freed, L.E. and Guilak, F.: *Nature Materials*, 6, (2007) 162–167.

(117) 村上輝夫, ヒトに近づく人工関節, テクノエイジ 九州ハイテク最前線 Part3, 三田出版会編 葦書房, (1986), 191–200.

(118) http://bio.mech.kyushu-u.ac.jp/SPR/

索　引

2D-3D レジストレーション法, 127
3 対 6 筋モデル, 157

ACL, 112
ACL-ハムストリングス反射弓, 116
ADP, 22
α アクチニン, 20
α トコフェロール, 209
ATP, 22

Bi-surface 型, 139

CGMD, 56
Cosserat 弾性体理論, 71
CR 型, 122
CS 型, 124

G-アクチン, 42
γ-グロブリン, 176, 188
Gyroscopic Euler System, 154

Hill の式, 26, 151

in vitro 実験, 117
in vivo 実験, 118
iPS 細胞, 94, 217

Lombard のパラドックス, 113

MAP キナーゼ, 17

MB 型, 125
MPC, 94, 204, 210

Normal mode analysis, 69

p130Cas, 16
PCT, 154
Proteoglycan 4 (PRG4), 191
PS 型, 124
PTFE, 194

QM/MM 法, 44

SMD 法, 44, 52
Src, 16

THA, 146
TKA, 121
Tri-Surface 型, 140

UHMWPE, 135, 194, 201, 203

アイソフォーム, 21
アクチン, 8
アクチン関連タンパク質, 48
アクチン細胞骨格, 41
アクチン単量体, 47
アクチンネットワーク, 66, 73, 74
アクチンフィラメント, 5, 20, 42, 50, 65, 68

索引

アクトミオシン, 8
アクトミオシン収縮, 20
アポトーシス, 13
アライメント, 147
アルブミン, 176, 188

イメージマッチング法, 127
インテグリン, 21
インピンジ, 111

エッジ接触, 202
炎症促進シグナル, 19, 35
炎症促進反応, 35

横紋筋, 26
オシレーション角, 146

カーボンイオン注入, 207
海綿骨, 168
架橋処理 UHMWPE, 203
加水分解, 22
可塑化, 104
滑膜関節, 167
カム部, 124
間隙流体圧, 174
感受性, 198
関節液, 167
関節軟骨, 167

基質, 14
基準振動解析, 69
拮抗筋, 112
キナーゼ, 16
キネティクス, 109
キネマティクス, 109
キャスト・ドライ法, 215
臼蓋, 146
吸着膜, 176, 177
境界潤滑, 173, 194, 199
許容応力, 89

金属イオン溶出, 198
筋力モデル法, 119

くさび作用, 173
繰り返し伸展刺激, 10

血清希釈溶液, 202
血清タンパク, 172
ゲル膜, 177, 189
原子間力顕微鏡, 171

恒常値, 19
酵素, 14
後方脱臼, 149
固液二相潤滑, 178
固液二相理論, 171
骨格筋, 23
骨芽細胞, 3
骨細胞, 3
骨溶解, 169
コネクチン, 27
コラーゲン線維, 95, 170, 189
混合潤滑, 175, 199
コンフォメーション, 15

再構築, 12
再生医療, 94
再生系細胞, 11
再置換, 169
細胞シート, 94
細胞接着, 21
細胞力学, 5
細胞力学シミュレーション, 76
サルコメア, 22

時間・空間スケール, 52
シグナル伝達, 10
自死（アポトーシス）, 13
持続的伸展負荷, 10
自由エネルギ, 29

索　引

周期的伸展刺激, 36
重合, 8, 59
重合・脱重合, 41, 53, 63
焦点接着斑, 21
初期ひずみ, 32
ジルコニア強化アルミナ, 206
深屈曲, 136
人工関節, 169, 193
人工関節潤滑液, 202
人工股関節, 169, 193
人工骨頭, 193
人工膝関節, 193
人工心臓, 93
人工軟骨, 169, 211
滲出潤滑, 173
振動流れ, 35

水和潤滑, 178, 203
数理モデリング・シミュレーション, 76
スクイズ作用, 174
スクリューホーム運動, 111
ストライプ摩耗, 207
ストライベック曲線, 175
ストレスシールディング, 89
ストレスファイバ, 5, 7

生体環境設計, 91
生体機能設計, 90
生体規範設計, 91
生体適合性, 89
切断, 41, 53
接着斑, 10
せん断応力, 3
前方脱臼, 149

増殖因子, 12
増殖シグナル, 19
粗視化, 42, 52, 53, 62
粗視化分子動力学法, 54, 56
粗視化モデル, 57

ターンオーバー, 28
タイチン, 27
ダブルネットワークゲル, 217
多方向摩擦経路, 201
多モード適応潤滑, 168, 181
弾性流体潤滑, 173

力応答, 7
力の感知, 7
超高分子量ポリエチレン, 194
張力ホメオスタシス, 32

定常的せん断応力, 10
適応, 7
デラミネーション, 195
デラミネーション摩耗, 126

等尺性収縮, 20
糖蛋白複合体, 176
トライボロジー, 167

内皮細胞, 3
軟骨下骨, 168
軟骨細胞, 168

二関節筋, 144
二次関節液, 196

ネガティブフィードバック, 12
熱ゆらぎ, 51

脳卒中促通リハビリ療法, 104

バイオトライボロジー, 167
ハイドロゲル, 211
拍動流れ, 35
パターンマッチング法, 127
パラメータ同定法, 145

ヒアルロン酸, 172, 175, 211

非筋 II 型ミオシン, 20
非筋細胞, 8
非筋サルコメア, 27
ビタミン E, 209
表面ゲル水和層, 178

フィラメントの力学的特性, 50
フール・プルーフ, 100
フェイル・セイフ, 100, 181, 188
フォスファターゼ, 16
不静定問題, 120
浮動軸座標系, 154
部分構造合成法 (SSM), 68
ブラウン動力学 (BD) 法, 54, 55, 59
フリーボディダイアグラム法, 119
フルオロ画像, 129
プロテオグリカン, 170, 190
分化, 11
分岐, 41
分岐・束化, 70
分子構造の熱ゆらぎ, 50
分子動力学 (MD) 法, 43, 44
分子動力学解析, 42
分子の拡散, 53
分子レベル, 42

平滑筋細胞, 3
変形性関節症, 168

ポジティブフィードバック, 38
ポスト部, 124
ホメオスタシス, 13
ポリビニルアルコール, 211
ポリビニルホルマール, 216

マイクロ・ナノバイオメカニクス, 77
マイクロ EHL, 175
マイクロセパレーション, 202
マイクロパターン, 36

マクロファージ, 169, 195
摩耗モード, 200
マルチスケールメカニクス, 75
マルチスケールモデリング, 41

ミオシン II, 20
ミオシン軽鎖, 22, 28
ミスアライメント, 126

無機リン酸, 22

メカノコントローラ, 19
メカノセンサ, 14
メカノトランスダクション, 192
メカノバイオロジー, 77, 169

モータータンパク質, 8

弛み, 90, 169

力学環境, 7
力学環境への適応, 7
力学・生化学的因子の相互作用, 76
力学的刺激, 3, 10
力学的ホメオスタシス, 13
リフトオフ, 116
リモデリング, 12
流体潤滑, 173, 197
流体動圧, 173
量子 MD 法, 44
リン酸化, 16
リン脂質, 172

ルブリシン, 191

連続体モデル, 64–66, 71
連続体レベル, 42

ロールバック, 111

機械工学最前線 7 *Frontiers of Mechanical Engineering Vol.7* **バイオメカニクスの最前線** *Frontiers of Biomechanics* 2013年2月15日　初版1刷発行	編　者 著　者 発行者 発行所 印　刷 製　本	日本機械学会 佐藤正明・出口真次　ⓒ2013 安達泰治・村上輝夫 廣川俊二 南　條　光　章 **共立出版株式会社** 東京都文京区小日向4丁目6番19号 電話 (03) 3947-2511（代表） 郵便番号 112-8700 振替口座 00110-2-57035 番 URL http://www.kyoritsu-pub.co.jp/ 加藤文明社 中條製本
検印廃止 NDC 530 ISBN 978-4-320-08174-1		一般社団法人 自然科学書協会 会員 Printed in Japan

[JCOPY] ＜(社)出版者著作権管理機構委託出版物＞
本書の無断複写は著作権法上での例外を除き禁じられています．複写される場合は，そのつど事前に，(社)出版者著作権管理機構（電話 03-3513-6969，FAX 03-3513-6979，e-mail: info@jcopy.or.jp）の許諾を得てください．

■機械工学関連書　　　　　　　　　　　　　http://www.kyoritsu-pub.co.jp/　共立出版

工学公式ポケットブック 第2版	太田 博訳
機械工学概論	佐藤金司他著
詳解 機械工学演習	酒井俊道編
ヘルスモニタリング	山本鎮男編著
構造健全性評価ハンドブック	構造健全性評価ハンドブック編集委員会編
コンピュータによる自動生産システム I・II	橋本文雄他著
環境材料学	長野博夫他著
基礎 材料工学	渡邊慈朗他著
機械系の基礎力学	山川 宏著
有理連続体力学の基礎	徳岡辰雄著
わかりやすく例題で学ぶ機械力学	太田 博他著
基礎と応用 機械力学	清水信行他著
弾性力学	荻 博次著
かんたん材料力学	松原雅昭他著
わかりやすい材料力学の基礎	木田外明他著
演習形式 材料力学入門	寺崎俊夫著
工学基礎 材料力学 新訂版	清家政一郎著
材料力学 第2版	清水篤嗣著
詳解 材料力学演習 上・下	斉藤 渥他著
新形式 材料力学の学び方・解き方	材料力学教育研究会編
Excelで解く機械系の運動力学	増山 豊著
破壊力学	小林英男著
破壊事故	小林英男編著
超音波による欠陥寸法測定	「超音波による欠陥寸法測定」編集委員会編
わかりやすい振動工学	砂子田勝昭他著
振動工学概論	明石 一著
詳解 振動工学 基礎から応用まで	武田信之著
改訂 機械材料	佐野 元著
機械材料 第2版	田中政夫他著
基礎 金属材料	渡邊慈朗他著
金属材料の加工と組織	森永正彦他著
材料加工プロセス	山口克彦他編著
機械技術者のための材料加工学入門	吉田総仁他著
機械・材料系のためのマイクロ・ナノ加工の原理	近藤英一著
ナノ加工学の基礎	井原 透著
機械工作法 I・II 改訂版	朝倉健二・橋本文雄著
精密工作法 上・下 第2版	田中義信他著
先端機械工作法	末澤芳文著
実用切削加工法 第2版	藤村善雄著
新編 機械加工学	橋本文雄他著
図解 よくわかる機械加工	武藤一夫著
基礎 精密測定 第3版	津村喜代治著
最新工業計測 新訂版	佐藤泰彦著
制御工学の基礎	尾崎弘明著
詳解 制御工学演習	明石 一著
基礎 メカトロニクス	神崎一男著
システム工学	赤木新介著
工科系のためのシステム工学	山本郁夫他著
基礎から実践まで理解できるロボット・メカトロニクス	山本郁夫他著
概説 ロボット工学	西川正雄著
ロボティクス	三浦宏文他訳
ロボットハンドマニピュレーション	河﨑晴久著
身体知システム論	伊藤宏司著
工業熱力学 第2版	斎藤 孟他著
熱流体力学	中山 顕他著
基礎 伝熱工学	北村健三他著
ネットワーク流れの可視化に向けて交差流れを診る	梅田眞三郎他著
流体工学と伝熱工学のための次元解析活用法	五十嵐 保他著
例題でわかる基礎・演習流体力学	前川 博他著
原子・分子の流れ	日本機械学会編
対話とシミュレーションムービーでまなぶ流体力学	前川 博他著
工科系 流体力学	中村育雄他著
工学基礎 機械流体工学	中村育雄他著
流体工学の基礎	大坂英雄他著
詳解 流体工学演習	吉野章男他著
計算流体力学	棚橋隆彦著
アイデア・ドローイング 第2版	中村純生他著
技術者必携 機械設計便覧 改訂版	狩野三郎著
標準 機械設計図表便覧 改新増補5版	小栗富士雄他著
機構学	森 政弘編
工学基礎 機構学 増訂版	太田 博著
製図基礎 第2版	金元敏明著
CADの基礎と演習 AutoCAD 2011を用いた2次元基本製図	赤木徹也他著
はじめての3次元CAD SolidWorksの基礎	木村 昇著
SolidWorksで始める3次元CADによる機械設計と製図	宋 相載他著
JIS機械製図の基礎と演習 第4版	熊谷信男他著
配管設計ガイドブック 第2版	小栗富士雄他著
CAD/CAMシステムの基礎と実際	古川 進他著
CAEのための数値図形処理	金元敏明著